21世纪高等学校规划教材 | 计算机科学与技术

计算机导论

张 凯 主编

清华大学出版社
北 京

内 容 简 介

本书从计算机硬件、软件、网络和应用等几个方面对计算机科学与技术专业课程和相关知识点进行了介绍。主要内容包括计算机专业知识体系、计算机发展史、计算机体系结构、计算机网络、操作系统、软件与程序设计、数据库、软件工程、计算机图形学、人工智能、计算机安全、计算机新技术和应用。本书的重点是让学生了解计算机的学科体系、课程结构，为其下一步的学习做好准备。

本书可作为普通高等学校计算机科学与技术专业本科生的教材，也可以作为相关专业技术人员的参考资料。

图书在版编目(CIP)数据

计算机导论/张凯主编.--北京：清华大学出版社，2012.3
（21世纪高等学校规划教材·计算机科学与技术）
ISBN 978-7-302-27773-6

Ⅰ. ①计…　Ⅱ. ①张…　Ⅲ. ①电子计算机－高等学校　Ⅳ. ①TP3

中国版本图书馆 CIP 数据核字(2011)第 281262 号

责任编辑：闫红梅　薛　阳
封面设计：傅瑞学
责任校对：胡伟民
责任印制：何　芊
出版发行：清华大学出版社
　　　　网　　址：http://www.tup.com.cn, http://www.wqbook.com
　　　　地　　址：北京清华大学学研大厦 A 座　　邮　　编：100084
　　　　社 总 机：010-62770175　　　　　　　　邮　　购：010-62786544
　　　　投稿与读者服务：010-62776969, c-service@tup.tsinghua.edu.cn
　　　　质 量 反 馈：010-62772015, zhiliang@tup.tsinghua.edu.cn
印 装 者：三河市李旗庄少明印装厂
经　　销：全国新华书店
开　　本：185mm×260mm　　印　　张：18.5　　字　　数：462 千字
版　　次：2012 年 3 月第 1 版　　　　　　印　　次：2012 年 3 月第 1 次印刷
印　　数：1～3000
定　　价：29.00 元

产品编号：045377-01

编审委员会成员

浙江大学	吴朝晖	教授
	李善平	教授
扬州大学	李 云	教授
南京大学	骆 斌	教授
	黄 强	副教授
南京航空航天大学	黄志球	教授
	秦小麟	教授
南京理工大学	张功萱	教授
南京邮电学院	朱秀昌	教授
苏州大学	王宜怀	教授
	陈建明	副教授
江苏大学	鲍可进	教授
中国矿业大学	张 艳	教授
武汉大学	何炎祥	教授
华中科技大学	刘乐善	教授
中南财经政法大学	刘腾红	教授
华中师范大学	叶俊民	教授
	郑世珏	教授
	陈 利	教授
江汉大学	颜 彬	教授
国防科技大学	赵克佳	教授
	邹北骥	教授
中南大学	刘卫国	教授
湖南大学	林亚平	教授
西安交通大学	沈钧毅	教授
	齐 勇	教授
长安大学	巨永锋	教授
哈尔滨工业大学	郭茂祖	教授
吉林大学	徐一平	教授
	毕 强	教授
山东大学	孟祥旭	教授
	郝兴伟	教授
中山大学	潘小轰	教授
厦门大学	冯少荣	教授
厦门大学嘉庚学院	张思民	教授
云南大学	刘惟一	教授
电子科技大学	刘乃琦	教授
	罗 蕾	教授
成都理工大学	蔡 淮	教授
	于 春	副教授
西南交通大学	曾华燊	教授

出 版 说 明

　　随着我国改革开放的进一步深化,高等教育也得到了快速发展,各地高校紧密结合地方经济建设发展需要,科学运用市场调节机制,加大了使用信息科学等现代科学技术提升、改造传统学科专业的投入力度,通过教育改革合理调整和配置了教育资源,优化了传统学科专业,积极为地方经济建设输送人才,为我国经济社会的快速、健康和可持续发展以及高等教育自身的改革发展做出了巨大贡献。但是,高等教育质量还需要进一步提高以适应经济社会发展的需要,不少高校的专业设置和结构不尽合理,教师队伍整体素质亟待提高,人才培养模式、教学内容和方法需要进一步转变,学生的实践能力和创新精神亟待加强。

　　教育部一直十分重视高等教育质量工作。2007 年 1 月,教育部下发了《关于实施高等学校本科教学质量与教学改革工程的意见》,计划实施“高等学校本科教学质量与教学改革工程”(简称“质量工程”),通过专业结构调整、课程教材建设、实践教学改革、教学团队建设等多项内容,进一步深化高等学校教学改革,提高人才培养的能力和水平,更好地满足经济社会发展对高素质人才的需要。在贯彻和落实教育部“质量工程”的过程中,各地高校发挥师资力量强、办学经验丰富、教学资源充裕等优势,对其特色专业及特色课程(群)加以规划、整理和总结,更新教学内容、改革课程体系,建设了一大批内容新、体系新、方法新、手段新的特色课程。在此基础上,经教育部相关教学指导委员会专家的指导和建议,清华大学出版社在多个领域精选各高校的特色课程,分别规划出版系列教材,以配合“质量工程”的实施,满足各高校教学质量和教学改革的需要。

　　为了深入贯彻落实教育部《关于加强高等学校本科教学工作,提高教学质量的若干意见》精神,紧密配合教育部已经启动的“高等学校教学质量与教学改革工程精品课程建设工作”,在有关专家、教授的倡议和有关部门的大力支持下,我们组织并成立了“清华大学出版社教材编审委员会”(以下简称“编委会”),旨在配合教育部制定精品课程教材的出版规划,讨论并实施精品课程教材的编写与出版工作。“编委会”成员皆来自全国各类高等学校教学与科研第一线的骨干教师,其中许多教师为各校相关院、系主管教学的院长或系主任。

　　按照教育部的要求,“编委会”一致认为,精品课程的建设工作从开始就要坚持高标准、严要求,处于一个比较高的起点上。精品课程教材应该能够反映各高校教学改革与课程建设的需要,要有特色风格、有创新性(新体系、新内容、新手段、新思路,教材的内容体系有较高的科学创新、技术创新和理念创新的含量)、先进性(对原有的学科体系有实质性的改革和发展,顺应并符合 21 世纪教学发展的规律,代表并引领课程发展的趋势和方向)、示范性(教材所体现的课程体系具有较广泛的辐射性和示范性)和一定的前瞻性。教材由个人申报或各校推荐(通过所在高校的“编委会”成员推荐),经“编委会”认真评审,最后由清华大学出版社审定出版。

目前,针对计算机类和电子信息类相关专业成立了两个"编委会",即"清华大学出版社计算机教材编审委员会"和"清华大学出版社电子信息教材编审委员会"。推出的特色精品教材包括:

(1) 21世纪高等学校规划教材·计算机应用——高等学校各类专业,特别是非计算机专业的计算机应用类教材。

(2) 21世纪高等学校规划教材·计算机科学与技术——高等学校计算机相关专业的教材。

(3) 21世纪高等学校规划教材·电子信息——高等学校电子信息相关专业的教材。

(4) 21世纪高等学校规划教材·软件工程——高等学校软件工程相关专业的教材。

(5) 21世纪高等学校规划教材·信息管理与信息系统。

(6) 21世纪高等学校规划教材·财经管理与应用。

(7) 21世纪高等学校规划教材·电子商务。

(8) 21世纪高等学校规划教材·物联网。

清华大学出版社经过三十多年的努力,在教材尤其是计算机和电子信息类专业教材出版方面树立了权威品牌,为我国的高等教育事业做出了重要贡献。清华版教材形成了技术准确、内容严谨的独特风格,这种风格将延续并反映在特色精品教材的建设中。

清华大学出版社教材编审委员会
联系人:魏江江
E-mail:weijj@tup. tsinghua. edu. cn

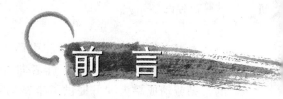

前　言

　　"计算机导论"是计算机科学与技术专业本科生的一门专业基础课程,也是该专业的导入课程。其目的是引导学生对计算机科学与技术学科有一个全面的、概括性的了解。本书在构思上有三个想法:一是介绍计算机科学与技术本科专业所开的课程和这些课程涉及的知识点;二是介绍计算机科学技术的发展前沿;三是介绍计算机的一些基本操作。

　　全书有两大部分,第一部分是基础理论知识,第二部分是基本操作能力。全书共 19 章,内容如下所述。

　　第 1 章为计算机专业知识体系,介绍计算机学科概述、课程体系和专业能力要求。

　　第 2 章为计算机发展史,介绍早期计算机、计算机发展史和中国计算机发展。

　　第 3 章为计算机体系结构,介绍计算机系统的组成、存储系统组织结构、输入/输出系统和计算机系统分类。

　　第 4 章为计算机网络,介绍计算机网络概述、Internet 和未来计算机网络。

　　第 5 章为操作系统,介绍操作系统概述、主要操作系统和操作系统的新发展。

　　第 6 章为软件与程序设计,介绍软件概述、程序设计、数据结构、编译原理和计算机语言发展。

　　第 7 章为数据库,介绍数据库概述、关系数据库、常用数据库系统和数据库新发展。

　　第 8 章为软件工程,介绍软件工程概述、软件开发模型、软件开发方法、软件开发环境与工具和软件新的开发方法。

　　第 9 章为计算机图形学,介绍计算机图形学和计算机图形学应用。

　　第 10 章为人工智能,介绍人工智能概述和人工智能应用。

　　第 11 章为计算机安全,介绍计算机安全概述、计算机病毒、计算机犯罪与道德伦理。

　　第 12 章为计算机新技术和应用,介绍硬件新技术、网络新技术、软件开发新技术、生物计算、智慧环境与生活。

　　第 13 章为微机操作与实验。

　　第 14 章为 Windows 操作与实验。

　　第 15 章为 Word 基本操作。

　　第 16 章为 Excel 操作与实验。

　　第 17 章为 PowerPoint 演示文稿制作。

　　第 18 章为 Internet 操作与实验。

　　第 19 章为网页制作。

　　本书由张凯教授主编。张凯编写第 1 章至第 12 章,杨薇编写第 13 章至第 15 章,张雯婷编写第 16 章,李立双编写第 17 章至第 19 章,张雯婷对全书的文字进行了校对。本书的讲稿在 3 届本科生中进行过试讲,效果较好,1 届学生参加了试读并提出了一些宝贵意见。在此,对所有关心本书的学者、同仁和学生表示感谢。

　　本书在编写过程中,参考和引用了大量国内外的著作、论文和研究报告。由于篇幅有限,本书仅列举了主要文献。作者向所有被参考和引用的论著的作者表示由衷的感谢,他们的辛勤劳动成果为本书提供了丰富的资料。如果有的资料没有查到出处或因疏忽而未列出,请原作者原谅,并告知我们,以便于在再版时补上。

　　由于作者水平有限,望读者对本书的不足之处提出宝贵意见。

　　本教材的课件可以到清华大学出版社网站下载,或直接与作者联系,我们将尽量满足您的要求。谢谢!

　　联系方式：zhangkai@znufe.edu.cn。

张　凯

2011 年 10 月 10 日

目 录

第一部分 基础理论知识

＊星号为选讲内容。

第一部分

基础理论知识

第1章

计算机专业知识体系

1.1 计算机学科概述

1.1.1 学科概述

计算机科学与技术是研究信息过程、并用于表达此过程的信息结构和规则及其在信息处理系统中实现的学科。计算机科学与技术研究的对象是现代计算机及其相关的现象。该学科是将计算机系统的结构和操作、计算机系统的设计和程序设计的基本原则集于一体并将其运用于各种信息加工任务的有效方法。该学科包括计算机科学与工程技术两方面,二者相互作用、相互影响。

半个多世纪以来,计算机科学技术迅猛发展,成为当代非常重要的学科。随着电子技术的发展,计算机的逻辑器件不断更新换代,目前已经进入了超大规模纳微集成电路时代。微电子技术的变化发展,直接带动了计算机系统结构的发展,许多行之有效的理论和方法得以应用。计算机已经从早期的单一计算装置发展成多计算机系统、并行分布式计算机系统、计算机网络等多种形式的高性能系统。微型计算机的产生与发展,改变了人类社会的生产和生活方式。软件理论和技术的发展及软件工程方法导致了软件设计和开发方法的根本变革。理论研究已经从单纯的对计算模型的研究发展到计算机系统理论、软件理论、计算理论和应用技术理论等多个研究分支,并拓展到人工智能等方面。

计算机科学与技术学科涉及理论计算机科学、计算机软件、计算机系统结构、计算机应用技术等领域以及与其他学科交叉的研究领域。

计算机软件理论主要研究软件设计、开发、维护和使用过程中所涉及的软件理论、方法和技术,并探讨计算机科学与技术发展的理论基础。

计算机系统结构研究计算机硬件与软件的功能分配、软硬件界面的划分、计算机硬件结构、组成与实现方法和技术。计算机应用技术研究计算机在各个领域中应用的原理、方法和技术,所涉及的研究内容非常广泛。

计算机应用技术专业是一门应用十分广泛的专业,它以计算机基本理论为基础,突出了计算机和网络在实际生产和生活中的应用。

该专业的学生将系统地学习计算机的软硬件及其应用的基本理论、基本技能与方法,初步具有运用专业基础理论及工程技术方法进行系统开发、应用、管理和维护的能力。

1.1.2 计算机专业定位

根据 2011 版《普通高等学校本科专业目录》，从计算机专业的视角看我国的信息学科，可将信息学科划分为三大类：计算机类专业、相近专业、交叉专业。

1. 计算机类专业

计算机类专业下设计算机科学与技术、软件工程、网络工程、信息安全、物联网工程、智能科学与技术和电子与计算机工程，共 7 个本科专业。

在专业要求与就业方向上，这些专业不但要求学生掌握计算机基本理论和应用开发技术，具有一定的理论基础，同时还要求学生具有较强的实际动手能力。学生毕业后能在企事业单位、政府部门从事计算机应用以及计算机网络系统的开发、维护等工作。

2. 相近专业

与计算机相近专业很多，如电气工程及自动化、智能电网信息工程、电子信息工程、电子科学与技术、通信工程、微电子科学与工程、光电信息科学与工程、信息与计算科学、信息工程和自动化，共 10 个本科专业。

3. 交叉专业

与信息科学交叉的专业很多，如网络与虚拟媒体、地理信息系统、地球信息科学与技术、生物信息学、地理空间信息工程、信息对抗技术、信息管理与信息系统、电子商务、信息资源管理和动画，共 10 个本科专业。

1.2 课程体系

1.2.1 课程体系概述

1. 培养目标

本专业旨在培养和造就适应社会主义现代化建设需要，德智体全面发展、基础扎实、知识面宽、能力强、素质高、具有创新精神，系统掌握计算机硬件、软件的基本理论与应用的基本技能，具有较强的实践能力，能在企事业单位、政府机关、行政管理部门从事计算机技术研究和应用、软硬件和网络技术的开发、计算机管理和维护的应用型专业技术人才。修业年限 4 年。授予工学或理学学士学位。

2. 专业培养要求

本专业学生主要学习计算机科学与技术方面的基本理论和基本知识，进行计算机研究与应用的基本训练，使其具有研究和开发计算机系统的基本能力。本科毕业生应具备以下几方面的知识和能力。

（1）掌握计算机科学与技术的基本理论、基本知识。

（2）掌握计算机系统的分析和设计的基本方法。

（3）具有研究开发计算机软硬件的基本能力。

（4）了解与计算机有关的法规。

（5）了解计算机科学与技术的发展动态。

（6）掌握文献检索、资料查询的基本方法，具有获取信息的能力。

3. 主要课程

本专业的主干学科和实践性教学环节简介如下。

（1）主干学科：电路原理、模拟电子技术、数字逻辑、数值分析、计算机原理、微型计算机技术、计算机系统结构、计算机网络、高级语言、汇编语言、数据结构、操作系统、数据库原理、编译原理、图形学、人工智能、计算方法、离散数学、概率统计、线性代数、算法设计与分析、人机交互、面向对象方法、计算机英语等。

（2）主要实践性教学环节：包括电子工艺实习、硬件部件设计及调试、计算机基础训练、课程设计、计算机工程实践、生产实习、毕业设计（论文）等。

4. 个人发展方向与定位

计算机科学与技术类专业毕业生的职业发展路线基本上有如下两条。

（1）第一类路线：纯科学路线，也称科学型。信息产业是朝阳产业，对人才提出了更高的要求。这类人员本科毕业后，一般想继续深造，攻读硕士或博士学位，甚至进入博士后进行研究工作。其未来的职业定位于计算机科学研究工作。

（2）第二类路线：纯技术路线，也称工程或应用型。这类人员本科毕业后，开始一般从事编写程序的工作，但这是一项脑力劳动强度非常大的工作，随着年龄的增长，很多从事这个行业的专业人才往往会感到力不从心，因而由技术人才转型到管理类人才不失为一个很好的选择。

1.2.2 知识点要求

计算机科学的课程大致分为计算机理论、计算机硬件、计算机软件和计算机网络4部分。

1. 计算机理论

（1）离散数学。由于计算机所处理的对象是离散型的，所以离散数学是计算机科学的基础，主要研究数理逻辑、集合论、近世代数和图论等。

（2）算法分析理论。主要研究算法设计与分析中的数学方法与理论，如组合数学、概率论、数理统计等，用于分析算法的时间复杂性和空间复杂性。

（3）形式语言与自动机理论。研究程序设计及自然语言的形式化定义、分类、结构等有关理论以及识别各类语言的形式化模型（自动机模型）及其相互关系。

（4）程序设计语言理论。运用数学和计算机科学的理论研究程序设计语言的基本规律，包括形式语言文法理论、形式语义学（如代数语义、公理语义、指称语义等）和计算机语言学等。

（5）程序设计方法学。研究如何从好结构的程序定义出发，通过对构成程序的基本结构的分析，给出能保证程序高质量的各种程序设计规范化方法，并研究程序正确性证明理论、形式化规格技术、形式化验证技术等。

2．计算机硬件

（1）元器件与储存介质。研究构成计算机硬件的各类电子的、磁性的、机械的、超导的、光学的元器件和存储介质。

（2）微电子技术。研究构成计算机硬件的各类集成电路、大规模集成电路、超大规模集成电路芯片的结构和制造技术等。

（3）计算机组成原理。研究通用计算机的硬件组成以及运算器、控制器、存储器、输入和输出设备等各部件的构成和工作原理。

（4）微型计算机技术。研究目前使用最为广泛的微型计算机的组成原理、结构、芯片、接口及其应用技术。

（5）计算机体系结构。研究计算机软硬件的总体结构、计算机的各种新型体系结构（如并行处理机系统、精简指令系统计算机、共享储存结构计算机、阵列计算机、集群计算机、网络计算机、容错计算机等）以及进一步提高计算机性能的各种新技术。

3．计算机软件

（1）程序设计语言的设计。根据实际需求设计新颖的程序设计语言，即程序设计语言的语法规则和语义规则。

（2）数据结构与算法。研究数据的逻辑结构和物理结构以及它们之间的关系，并对这些结构做相应的运算，设计出实现这些运算的算法，而且确保经过这些运算后所得到的新结构仍然是原来的结构类型。常用的数据包括线性表、栈、队列、串、树、图等。相关的常用算法包括查找、内部排序、外部排序和文件管理等。

（3）程序设计语言翻译系统。研究程序设计语言翻译系统（如编译语言）的基本理论、原理和实现技术。包括语法规律和语法规律的形式化定义、程序设计语言翻译系统的体系结构及其各模块（如词法分析、语法分析、中间代码生成、优化和目标代码生成）的实现技术。

（4）操作系统。研究如何自动地对计算机系统的软硬件资源进行有效的管理，并最大限度地方便用户的使用。研究的内容包括进程管理、处理机管理、存储器管理、设备管理、文件管理，以及现代操作系统中的一些新技术（如多任务、多线程、多处理机环境、网络操作系统、图形用户界面等）。

（5）数据库系统。主要研究数据模型以及数据库系统的实现技术。包括层次数据模型、网络数据模型、关系数据模型、E－R数据模型、面向对象数据模型、给予逻辑的数据模型、数据库语言、数据库管理系统、数据库的存储结构、查询处理、查询优化、事务管理、数据库安全性和完整性约束、数据库设计、数据库管理、数据库应用、分布式数据库系统、多媒体数据库以及数据仓库等。

（6）算法设计与分析。研究计算机及其相关领域中常用算法的设计方法，并分析这些算法的实践复杂性和空间复杂性，以评价算法的优劣。主要内容包括算法设计的常用方法、排序算法、集合算法、图和网络的算法、几何问题算法、代数问题算法、串匹配算法、概率算法和并行算法等以及对这些算法的时间复杂性和空间复杂性的分析。

（7）软件工程学。是指导计算机软件开发和维护的工程学科,研究如何采用工程的概念、原理、技术和方法来开发和维护软件。包括:软件生存周期方法学、结构化分析设计方法、快速原型法、面向对象方法、计算机辅助软件工程(CASE)等,并且详细论述了在软件生存周期中各个阶段所使用的技术。

（8）可视化技术。可视化技术是研究如何用图形来直观地表征数据,即用计算机来生成、处理、显示能在屏幕上逼真运动的三维形体,并能与人进行交互式对话。该技术不仅要求计算结果的可视化,而且要求过程的可视化。可视化技术的广泛应用,使人们可以更加直观、全面地观察和分析数据。

4. 计算机网络

（1）网络结构。研究局域网、远程网、Internet、Intranet 等各种类型网络的拓扑结构和构成方法及接入方式。

（2）数据通信与网络协议。研究实现网络上计算机之间进行数据通信的链接、原理技术以及通信双方必须共同遵守的各种规约。

（3）网络服务。研究如何为计算机网络的用户提供方便的远程登录、文件传输、电子邮件、信息浏览、文档查询、网络新闻以及全球范围内的超媒体信息浏览服务。

（4）网络安全。研究计算机网络的设备安全、软件安全、信息安全以及病毒防治等技术,以提高计算机网络的可靠性和安全性。

1.2.3　学习方法

计算机专业科目很多、很杂,是一门以实践为主的学科,与其他学科的学习方法有很大差异。所以,该专业的学习方法有其自身的特点。

1. 确立学习目标

计算机科学的发展虽然只有短短的 60 年的时间,但其领域之广、内容之多、发展速度之快,是其他众多学科所不能相比的。因此学习和掌握它的难度也就比较大。因此,要学好计算机,必须先为自己定下一个切实可行的目标。计算机科学与技术类专业毕业生的职业发展路线基本上有两条——科学研究型和工程应用型。计算机科学与技术专业的本科生进校的第一天就应该明确自己的职业发展定位,是成为科学研究型人才,还是工程应用型人才,需要较早的确定下来。

2. 了解教学体系和课程要求

计算机专业教学计划中的课程分为必修课和选修课。必修课是指为保证人才培养的基本规格,学生必须学习的课程。必修课包括公共必修课、专业必修课和实习实践环节。选修课是指学生根据学院(系)提供的课程目录可以有选择修读的课程。它分为专业选修课和公共选修课。具有普通全日制本科学籍的学生,在学校规定的修读年限内,修满专业教学计划规定的内容,达到毕业要求,准予毕业,发给毕业证书并予以毕业注册。符合国家和学校有关学士学位授予规定者,授予学士学位。

学校采用学分绩点和平均学分绩点的方法来综合评价学生的学习质量。学分绩点的计算方法,考核成绩与绩点的关系如表 1-1 所示。

表 1-1   考核成绩与绩点的关系

成绩	绩点	成绩	绩点	成绩	绩点	成绩	绩点
90～100	4.0	86～89	3.7	83～85	3.3	80～82	3.0
76～79	2.7	73～75	2.3	70～72	2.0	66～69	1.7
63～65	1.3	60～62	1.0	<60	0		

在此强调学分绩点的重要性是因为学分绩点与学士学位紧密联系在一起。有些同学,大学 4 年毕业时只能拿到毕业证,不能拿到学士学位证,一个关键的问题是学分绩点不够(当然也可能是毕业论文的问题)。每个学校都对学士学位学分绩点有一个最低要求,请同学们特别注意。

3．预习和复习课程内容

"预习"是学习中一个很重要的环节。但和其他学科中的"预习"不同的是,计算机学科中的预习不是说要把教材从头到尾地看上一遍,这里的"预习",是指在学习之前,应该粗略地了解一下诸如课程内容是用来做什么的、用什么方式来实现等一些基本问题。

在复习时绝不能死记硬背条条框框,而应该能在理解的基础上,灵活运用。所以在复习时,首先要把基本概念、基本理论弄懂,其次要把它们串起来,多角度、多层次地进行思考和理解。由于本专业的各门功课之间有着内在的相关性,如果能够做到融会贯通,无论是对于理解还是记忆,都有事半功倍的效果。贯穿整个过程的具体方法是看课件、看书和做练习,以能够更好地加深理解和触类旁通。

4．正确把握课程的性质

除数学、英语、政治、体育和公共选修课外,纯计算机专业本科的课程大致可以分为 3 类,一是理论性质的课程,二是动手实践性质的课程,三是理论和实践性都有的课程。因此,学习不同类型的课程时采用的方法有很大的不同。

理论性很强的课程包括离散数学、概率统计、线性代数以及算法设计与分析、计算机原理、人工智能、数字逻辑、操作系统等。这类课程的学习,以理解、证明和分析方法为主。

实践性很强的课程包括电子工艺实习、硬件部件设计及调试、计算机基础训练、课程设计、计算机工程实践、高级语言、汇编语言、面向对象方法等。这类课程的学习,以理解和动手实践为主,力求做到可以应用其知识解决实际问题。

理论和实践性都有的课程包括电路原理、模拟电子技术、数值分析、微型计算机技术、计算机系统结构、计算机网络、数据结构、数据库原理、编译原理、图形学、计算方法、人机交互等。这类课程的学习,既要理解和分析其中的原理和方法,也要动手实践以加深理解。

总之,想在任何学科上学有所成,都必须遵循一定的方法。尤其是计算机这样的学科,有些课程理论性很强,而另外一些课程对动手实践要求很高,这就要求计算机专业的本科生必须方法得当,否则会事倍功半。

1.3 能力要求

1.3.1 基本能力要求

我国的高等教育从上世纪末开始步入了规模发展阶段,计算机专业成为中国目前最大的理工科专业,多年来在校学生一直都保持在 40 余万人次。在其专业教育过程中,以"趋同性"和"知识型"为主的教育模式不仅降低了教育教学的效率,更成为制约人才培养的重要因素。因此,如何科学施教、有效发挥优势、提高办学质量、培养有特色的计算机人才成为每个有责任感的计算机专业教师必须面对的问题。

计算机专业人才的"专业基本能力"归纳为如下 4 个方面。

(1) 计算思维能力。

(2) 算法设计与分析能力。

(3) 程序设计与实现能力。

(4) 计算系统的认知、开发及应用能力。

其中,科学型人才以第一、第二种能力为主,以第三、第四种能力为辅;工程型和应用型人才则以第三、第四种能力为主,以第一、第二种能力为辅。

1.3.2 创新能力要求

1. 定义

创新能力是运用知识和理论,在科学、艺术、技术和各种实践活动领域中不断提供具有经济价值、社会价值、生态价值的新思想、新理论、新方法和新发明的能力。创新能力是民族进步的灵魂、经济竞争的核心。当今社会的竞争,与其说是人才的竞争,不如说是人的创造力的竞争。

创新能力,按更习惯的说法,也称为创新力。创新能力按主体分,最常提及的有国家创新能力、区域创新能力、企业创新能力等,并且存在多个衡量创新能力的创新指数的排名。

2. "科学研究型"人才计算机专业的要求

研究型人才是指具有坚实的基础知识、系统的研究方法、高水平的研究能力和创新能力,在社会各个领域从事研究工作和创新工作的人才。

研究型人才要面向计算机科学技术的发展前沿,满足人类不断认识和进入新的未知领域的要求;要能够预测计算机科学技术发展的趋势并在基础性、战略性、前瞻性的科学技术问题的发现和创新上有所突破。

研究型人才要有良好的智力因素,具备敏锐的观察力、较好的记忆力、高度的注意力、丰富的想象力和严谨的思维能力,以及在这些能力之上形成的个人创造力,具备能够主动发现并解决问题的能力。

研究型人才同样要具备必要的非智力因素,包括强烈的求知欲和创造欲、好奇和敢于怀疑的精神,必须勤奋好学,有恒心和坚强的毅力,不畏艰险,追求真理。

研究型人才必须具备深厚和宽泛的计算机基础知识,掌握科学的研究方法、具有不断创新的能力,具备宽广的科学视野,具有高尚的情操和较高的科学精神、人文精神。

研究型人才要勤于探索,不断创新,坚持真理,勇于承担时代和社会赋予的责任,积极推动社会重大进步与变革。

1.3.3 工程素质要求

1. 定义

工程素质是指从事工程实践的工程专业技术人员的一种能力,是面对工程实践活动时所具有的潜能和适应性。工程素质的特征是:

① 敏捷的思维、正确的判断和善于发现问题;

② 理论知识和实践的融会贯通;

③ 把构思变为现实的技术能力;

④ 具有综合运用资源、优化资源配置、保护生态环境、实现工程建设活动的可持续发展的能力并能达到预期目标。

工程素质实质上是一种以正确的思维为导向的实际操作,具有很强的灵活性和创造性。工程素质主要包含以下内容:

① 广博的工程知识素质;

② 良好的思维素质;

③ 工程实践操作能力;

④ 灵活运用人文知识的素质;

⑤ 扎实的方法论素质;

⑥ 工程创新素质。

2. "工程应用型"人才计算机专业的要求

工程素质的形成并非是知识的简单综合,而是一个复杂的渐进过程,将不同学科的知识和素质要素融合在工程实践活动中,使素质要素在工程实践活动中综合化、整体化和目标化。学生工程素质的培养,体现在教育的全过程中,渗透到教学的每一个环节。不同工程专业的工程素质,具有不同的要求和不同的工程环境,要因地制宜、因人制宜、因环境和条件差异进行综合培养。

所谓计算机专业的应用型人才是指能将专业知识和技能应用于所从事的计算机实践的一种专门的人才类型,是熟练掌握社会生产或社会活动的基础知识和基本技能,主要从事计算机一线生产的技术或专业人才,其具体内涵是随着高等教育历史的发展而不断发展的。应用型人才就是把成熟的技术和理论应用到实际的生产生活中的技能型人才。计算机专业"工程应用型"人才的素质应该是:有敏捷的反应能力、有学识和修养、身体状况良好、有团队精神、有领导才能、高度敬业、创新观念强、求知欲望高、对人和蔼可亲、有良好的职业操守、有良好的生活习惯、能适应环境和改善环境。

思考题

1. 什么是计算机学科？
2. 信息学科有几大类？
3. 获得学士学位有什么要求？
4. 简述计算机专业的学习方法。
5. 简述计算机专业本科的能力要求。
6. 你如何定位你自己的发展方向？学术型和工程型分别有什么要求？
7. 计算机专业的创新能力有什么要求？
8. 计算机专业的工程素质有什么要求？

第2章

计算机发展史

2.1 早期计算机

2.1.1 早期计算工具

1. 算筹与算盘

在世界计算工具的早期发展史上,东方的炎黄子孙所作出的贡献尤为突出。早在商代,中国就开始使用十进制记数法了,领先世界长达一千余年。周朝,算筹问世了。算筹是中国特有的一种计算工具。算筹是一种竹制、木制或骨制的小棍,在棍上刻有数字。把算筹放在地面或盘中,就可以一边摆弄小棍,一边进行运算。"运筹帷幄"中的"运筹"就是指移动筹棍,当然运筹还含有筹划的意思。

珠算盘是一种古老的计算装置。珠算是由算筹演变而来的。在筹算时,上面每一根筹当五,下面每一根筹当一,这与珠算盘上档一珠当五、下档每一珠当一完全一致。由于在打算盘时,会遇到某位数字等于或超过十的情况,所以珠算盘采用上二珠下五珠的形式。珠算利用进位制记数,通过拨动算珠进行运算,而且算盘本身能存贮数字,因此可以边算边记录结果。打算盘的人,只要熟记运算口诀,就能迅速算出结果,进行加减运算比用电子计算器还快。由于珠算盘结构简单、操作方便迅速、价格低廉又便于携带,在我国的经济生活中长期发挥着重大作用,并盛行不衰,是在电子计算器出现以前,我国最受欢迎、使用最普遍的一种计算工具。

2. 铺地锦与纳皮尔算筹

1617 年,英国数学家纳皮尔在他所著的一本书中,介绍过一种计算工具,后来人们把它称为纳皮尔算筹。它是根据一种称为"格子乘法"的原理制成的。"格子乘法"是用笔算进行乘法时所使用的一种方法。它又称为"写算",据说最早起源于印度,后来传到中亚细亚,到15 世纪传到我国。由于格子及斜线组成的图像犹如织锦,在中文书中亦称为"铺地锦"。后人对纳皮尔算筹进行了全面的改进。纳皮尔发明(纳皮尔)算筹的目的,是使乘法、开平方、开立方、甚至一些三角计算实现机械化。在很长一段时间里,一些国家把它作为一种计算工具,由许多学者多次加以改进。后来奥特雷德研究出更加方便、实用的计算工具——计算尺,纳皮尔算筹就逐渐被人冷落了。

3. 对数与计算尺

1614 年,纳皮尔著作的《奇妙对数表的说明书》出版了,书上发表了对数概念,公布了由他编制的正弦函数的对数表。对数表对当时科学的冲击,就如同电子计算机对现代科技的冲击一样。对数与电子计算机有类似的作用,能大大简化例行的计算,从而使人们在进行计算时所花费的大量烦琐、重复的劳动量大大减少。

冈特是一位数学家兼天文学教授。1621 年,他在一根长约 60cm 的木尺上,标上对数刻度(对数坐标纸上所用的就是这种刻度),制造出第一把对数刻度尺。冈特是这种刻度尺的首创者;因此后人把它称为冈特尺。利用两脚规,就可以在冈特尺上实现对数的加减,从而实现数的乘除了。使用冈特尺,给数的乘除带来了方便。这样既可免去查对数表的手续,又能够不用花时间口算来做加减。

2.1.2 机械式计算机

1. 机械式加法机

法国人帕斯卡于 17 世纪制造出一种机械式加法机,它成为世界上第一台机械式计算机。如图 2-1 所示。

图 2-1 世界上第一台机械式计算机

这台加法机是利用齿轮传动原理,通过手工操作来实现加减运算的。机器中有一组轮子,每个轮子上刻着从 0~9 的 10 个数字。右边第一个轮子上的数字表示十位数字,依此类推。在两数相加时,先在加法机的轮子上拨出一个数,再按照第二个数在相应的轮子上转动对应的数字,最后就会得到这两个数的和。如果某一位的两个数字之和超过了 10,加法机就会自动地通过齿轮进位。因为某一位的小轮转动了 10 个数字后,才迫使下一个小轮正好转动一个数字。计算所得的结果在加法机面板上的读数窗上显示,计算完毕要把轮子挨个恢复到零位。

帕斯卡的加法机在法国引起了轰动。这台机器在展出时,前往参观的人川流不息。帕斯卡的加法机给人们的启示是:用一种纯粹机械的装置去代替人们的思考和记忆,是完全可以做到的。

2. 机械式乘法机

德国人莱布尼茨发明了乘法计算机,最早提出二进制运算法则。莱布尼茨的这台乘法机长约 1m,宽 30cm,高 25cm。它由不动的计数器和可动的定位机构两部分组成。整个机器由一套齿轮系统来传动,它的重要部件是阶梯形轴,便于实现简单的乘除运算。图 2-2 是莱布尼茨发明的乘法计算机,它长约 1m,使用了一套齿轮系统来传动。

图 2-2 乘法计算机

3．差分机和分析机

英国人查尔斯·巴贝奇研制出的差分机和分析机，为现代计算机设计思想的发展奠定了基础。在计算机发展史上，差分机和分析机占有重要的地位。

1834年，巴贝奇又完成了一项新计算装置的构想。他考虑到，计算装置应该具有通用性，能解决数学上的各种问题。它不仅要可以进行数字运算，而且还要能进行逻辑运算。巴贝奇把这种装置命名为"分析机"。它是现代通用数字计算机的前身。按巴贝奇的方案，分析机以蒸汽为动力，通过大量齿轮来传动。它的内存储器的容量比后来20世纪40年代出现的电子计算机ENIAC还要大一些。因为它太庞大了，所以没有被制造出来。

巴贝奇的分析机由三部分构成。第一部分是保存数据的齿轮式寄存器，巴贝奇把它称为"堆栈"，它与差分机中的相类似，但运算不在寄存器内进行，而是由新的机构来实现。第二部分是对数据进行各种运算的装置，巴贝奇把它命名为"工场"。第三部分是对操作顺序进行控制，并对所要处理的数据及输出结果加以选择的装置。它相当于现代计算机的控制器。图2-3是巴贝奇于19世纪20年代制造的差分机。

为了加快运算的速度，巴贝奇设计了先进的进位机构。他估计，使用分析机完成一次50位数的加减只要1s，相乘则要1min。计算时间约为第一台电子计算机的100倍。

巴贝奇在分析机的计算设备上采用穿孔卡，这是人类计算技术史上的一次重大飞跃。巴贝奇曾在巴黎博览会上见过雅卡尔穿孔卡编织机。雅卡尔穿孔卡编织机要在织物上编织出各种图案，预先把经纱提升的程序在纸卡上穿孔记录下来，利用不同的穿孔卡程序织出许多复杂花纹的图案。巴贝奇受到启发，把这种新技术用到分析机上来，从而能对计算机下命令，让它按任何复杂的公式去计算。现代计算机的设计思想，与100多年前巴贝奇的分析机几乎完全相同。巴贝奇的分析机同现代计算机一样可以编程，而且分析机所涉及的有关程序方面的概念，也与现代计算机一致。图2-4是巴贝奇于19世纪30年代制造的分析机。

4．手摇式机械计算机

奥涅尔后来在俄国批量生产他研制的计算机。德国的布龙斯维加公司从1892年起投产手摇式机械计算机，到1912年，年产量已高达2万台。图2-5是1936年荷兰飞利浦公司制造的一种二进制手摇机械式计算机。

图2-3　差分机　　　　图2-4　分析机　　　图2-5　二进制手摇机械式计算机

5. 畅销的机械计算机

1893 年,德国人施泰格尔研制出一种叫做"大富豪"的计算机。最初,施泰格尔在瑞士的苏黎世制造了"大富豪"计算机,由于它的速度及性能可靠,整个欧洲和美国的科学机构都竞相购买。直到 1914 年第一次世界大战爆发之前,这种"大富豪"计算机一直畅销不衰。图 2-6 是第一台电穿孔卡片设备,配有计数器,打孔器,接触压力机和分类箱。

6. 制表机与 IBM 公司

1884 年,美国人赫勒里特获得了制表机的第一项专利权。1888 年,他制造出一台制表机,并送往巴黎国际博览会去展览。这台制表机采用机电式的自动计数装置取代了纯机械的计数装置,加快了数据处理的速度,避免了手工操作引起的差错。于是,美国 1890 年人口普查的统计制表工作,就全部采用了赫勒里特制表机来完成。赫勒里特的制表机除了用于美国的人口普查,还曾在奥地利、加拿大、挪威、俄国等许多国家的人口普查中被使用。1896年赫尔曼·赫勒里特在他的发明基础上,创办了当时著名的制表机公司。1911 年,赫勒里特又组建了一家计算制表记录公司,该公司到 1924 年改名为"国际商用机器公司",这就是举世闻名的美国 IBM 公司。图 2-7 是竖式穿孔卡电分类制表机。

图 2-6　畅销的机械计算机

图 2-7　制表机

7. 微分分析仪

1930 年,美国麻省理工学院和哈佛大学的博士 V. 布什,在一些工程技术人员的协助下,试制出一台微分分析仪的样机。这台用于计算的装置与现代的计算机很不一样,它没有键盘,占地约几十平方米,看起来有点像台球桌,又有点像印刷机。分析仪有几百根平行的钢轴安放在一个桌子一样的金属柜架上,一个个电动机通过齿轮使这些轴转动,通过轴的转动来进行数的模拟运算。在试制出第一台样机后,布什又采用电子元件来取代某些机械零件。但总的来说它仍然是一台机械式的计算装置,它就是"洛克菲勒微分分析仪 2 号"。在第二次世界大战中,美军曾广泛用它来计算弹道射击表。电子模拟计算机和后来数字电子计算机的出现,使机械模拟计算装置完全无用了。布什研制的分析仪后来被麻省理工学院及伦敦科学博物馆收藏了起来。图 2-8 是布什发明的微分分析仪,它是一台用电机带动的计算机,运算装置由机械构成。

8. Z 系列计算机

1934 年,德国人朱斯开始研制一种利用机械键盘的计算机。这与巴贝奇分析机原理相类似。巴贝奇曾经设想过采用在纸带上"穿孔"和"存储"的方式来记录和保存数据从而进行数字计算的方法。1938 年,朱斯制成第一台二进制计算机——Z-1 型计算机。Z-1 是一种纯机械式的计算装置,它有可存储 64 位数的机械存储器,朱斯设法把这个存储器与一个机械运算单元连接起来。他用钢锯把圆钢锯成数千片薄片,然后用螺栓把它们拧在一起,Z-1 就被安装起来了。1939 年,朱斯的第二台计算机研制完成,命名为 Z-2。1941 年,朱斯的 Z-3 型计算机开始运行。这台计算机是世界上第一台采用电磁继电器进行程序控制的通用自动计算机,它用了 2600 个继电器,采用浮点二进制数进行运算,采用带数字存储地址形式的指令,能进行数的四则运算和求平方根,进行一次加法用时 0.3s。Z-3 型机器的体积只有衣柜那么大,它有一块精巧的控制面板,只要按一下面板上的按钮就能完成操作。它是世界上第一台能自动完成一连串运算的计算机。Z-3 型计算机工作了 3 年,在 1944 年美军对柏林的空袭中毁于一旦。1945 年,朱斯又完成了 Z-4 型计算机的研制,它曾在德国 V-2 火箭的研制中发挥作用。战后,朱斯创办了计算机公司。Z-4 型机一直工作到 1958 年,并曾为法国国防部效劳。朱斯的公司后来研制出 Z-22 型计算机和电子管通用计算机 Z-22R 型。1966 年,朱斯把他的公司出售给西门子公司。Z-3 型计算机如图 2-9 所示。

图 2-8   微分分析仪

图 2-9   Z-3 型计算机

9. K 型计算机

1937 年 11 月,美国人斯蒂比兹取了几个从实验室废料堆里回收来的继电器,在厨房里工作了起来。他设想了几种电路,输入部件是从咖啡罐上剪下的两条铁片,输出部件是手电筒里的两个电珠,利用电珠亮与不亮来表明二进制计算的结果。所有元件都装在一块 8 开纸那样大的三合板上。把继电器与电池接通后,这台机器确实能进行二进制的加法。由于这台机器是在厨房的餐桌上装配起来的,英语"厨房"的第一个字母为 K,因此斯蒂比兹的妻子把它称为 K 型机。见图 2-10。

10. M 型系列计算机

1939 年 9 月,美国贝尔实验室研制出 M-1 型计算机。这台计算机开始只能作复数的乘除,进行一次复数乘法大约需要 45s。M-1 型机使用了 440 个二进制继电器,另外还采用了 10 个多位继电器作

图 2-10   K 型计算机

为数的存储器。1943 年,贝尔实验室把 U 型继电器装入计算机设备中,制成了 M-2 型机,这是最早的编程计算机之一。它还能进行误差检测,误差检测是现代微电脑所具有的一项标准功能。1944 年和 1945 年,贝尔实验室又先后研制出 M-3 与 M-4 型机,它们与 M-2 型机相类似,但存储器容量更大,能把描述目标飞机和一些防空火炮炮弹轨迹的弹道方程计算出来,在编程能力上具有一定程度的通用性,还具有搜索信息的功能。此后又推出了 M-5 型机,其中一台是为美国航空局设计的,另一台是为阿伯丁弹道实验室设计的。M-5 型机是占地 200m² 的庞然大物。每一台包含 9000 多个继电器,可靠性好,能够每天稳定地、无故障地工作 23h。它的存储器能保存 30 个数,但没有存储程序带和数据带两种纸带,运算步骤和数据通过纸带阅读器输入。1949 年,贝尔实验室又制造出了 M-6 型计算机,它是 M 系列中的最后一台计算机。贝尔实验室于 20 世纪 40 年代所研制的 M 系列继电器计算机,是从机械计算机过渡到电子计算机的重要桥梁。

11．英国的"巨人"计算机

1943 年 12 月,第一台"巨人"计算机在英国投入运行。它破译密码的速度快,性能可靠,内部有 1500 只电子管,配备有 5 个以并行方式工作的处理器,每个处理器以每秒 5000 个字符的速度处理一条带子上的数据。"巨人"上还使用了附加的移位寄存器,在运行时能同时读 5 条带子上的数据,纸带以 50km/h 以上的速度通过纸带阅读器。"巨人"没有键盘,它用一大排开关和话筒插座来处理程序,数据则通过纸带输入。1944 年 6 月,第二台"巨人"计算机开始运转,它的速度比第一台"巨人"快 4 倍,到 1945 年 5 月 8 日,第二次世界大战在欧洲结束时为止,英国共有 10 台"巨人"运行。英国的"巨人"计算机如图 2-11 所示。

12．美国的全机电式计算机

1944 年"马克"1 号计算机在哈佛大学问世,它是一种完全机电式的计算机,长 15m,高 2.4m,有 15 万个元件,还有 800km 导线。"马克"1 号是世界上最早的通用型自动机电式计算机之一,一共使用了 3000 多个电话继电器代替齿轮传动的机械结构,机器采用十进制对 23 位的数进行加减运算,一次需要 0.3s,乘法则需要 6s。指令通过穿孔纸带传送。"马克"1 号计算机如图 2-12 所示。1947 年"马克"2 号计算机问世。

图 2-11　英国的"巨人"计算机

图 2-12　"马克"1 号计算机

1949年9月"马克"3号问世。它除了使用了5000个电子管外，还使用了机械部件——2000个继电器。图2-13是艾肯于1949年9月研制成功的"马克"3号计算机。"马克"3号是第一台内存程序的大型计算机，在这台计算机上首次使用了磁鼓作为数与指令的存储器。

图2-13 "马克"3号计算机

2.1.3 电子计算机准备

1. 图灵提出的重要概念

1936年，年仅24岁的英国人图灵（见图2-14）发表了著名的《论应用于决定问题的可计算数字》一文，提出思考实验原理计算机概念。

图2-14 图灵

图灵把人在计算时所做的工作分解成简单的动作，与人的计算类似，机器需要如下部分完成计算。①存储器，用于储存计算结果；②一种语言，表示运算和数字；③扫描；④计算意向，即在计算过程中下一步打算做什么；⑤执行下一步计算。

具体到一步计算，则分成：①改变数字为可符号；②扫描区改变，如往左进位和往右添位等；③改变计算意向等。图灵还采用了二进位制。

这样，他就把人的工作机械化了。这种理想中的机器被称为"图灵机"。图灵机是一种抽象计算模型，用来精确定义可计算函数。图灵机由一个控制器、一条可以无限延伸的带子和一个在带子上左右移动的读写头组成。半个世纪以来，数学家们提出的各种各样的计算模型都被证明是和图灵机等价的。

2. 阿塔纳索夫提出的计算机的三原则

1939年10月，美国理论物理学家阿塔纳索夫（见图2-15）与贝利合作，设计并试制成功了一台世界上最早的电子数字计算机的样机，称为"ABC机"。阿塔纳索夫提出了计算机的三条原则，具体如下。

（1）以二进制的逻辑基础来实现数字运算，以保证精度。

（2）利用电子技术来实现控制、逻辑运算和算术运算，以保证计算速度。

（3）采用把计算功能和二进制数更新存储的功能相分离的结构。

图2-15 阿塔纳索夫

这也是现代电子计算机所依据的三条基本原则。倡导用电子管作开关元件，这为实现高速运算创造了条件。他主张把数字存储和数字运算分开进行，这一思想一直贯穿到今天的计算机结构设计之中。如果ABC机能制造出来，将是世界上第一台电子数字计算机。因此，他的主张预示了一个计算机的新时代即将到来。

3. 维纳的计算机五原则

维纳（见图 2-16）在 1940 年写给布什的一封信中，对现代计算机的设计曾提出了几条原则：

① 不是模拟式，而是数字式；

② 由电子元件构成，尽量减少机械部件；

③ 采用二进制，而不是十进制；

④ 内部存放计算表；

⑤ 在计算机内部存储数据。

这些原则是十分正确的。

图 2-16　维纳

2.2　电子计算机发展史

2.2.1　电子计算机发展史概述

1. 第一台电子计算机

1946 年 2 月 15 日，世界上第一台通用电子数字计算机"埃尼阿克"（ENIAC）宣告研制成功。"埃尼阿克"计算机的最初设计方案是由 36 岁的美国工程师莫奇利于 1943 年提出的，计算机的主要任务是分析炮弹轨道。美国军械部拨款支持研制工作，并建立了一个专门研究小组，由莫奇利负责。总工程师由年仅 24 岁的埃克特担任，组员格尔斯是位数学家，另外还有逻辑学家勃克斯。"埃尼阿克"共使用了 18 000 个电子管，另加 1500 个继电器以及其他器件，其总体积约 90m³，重达 30t，占地 170m²，需要用一间 30 多米长的大房间才能存放，是个地道的庞然大物。这台耗电量为 140KW 的计算机，运算速度为每秒 5000 次加法，或者 400 次乘法，比机械式的继电器计算机快 1000 倍。1946 年启动了"埃尼阿克"。它在通用性、简单性和可编程方面取得的成功，使现代计算机成为现实。ENIAC 如图 2-17 所示。

图 2-17　第一台电子计算机 ENIAC

2. 第一代电子计算机的发展

"埃迪瓦克"（EDVAC）是典型的第一代电子计算机。第一代电子计算机的主要特点是使用电子管作为逻辑元件。它的 5 个基本部分为运算器、控制器、存储器、输入设备和输出设备。运算器和控制器采用电子管，存储器采用电子管和延迟线，这一代计算机的一切操作,包括输入输出在内,都由中央处理机集中控制。这种计算机主要用于科学技术方面的计算。"埃迪瓦克"电子计算机方案实际上在 1945 年就完成了,但直到 1952 年 1 月才被制成,如图 2-18 所示。

图 2-18　英国"埃迪瓦克"

3. 第二代电子计算机(晶体管)

1954 年,美国贝尔实验室研制成功第一台使用晶体管线路的计算机,取名"催迪克"(TRADIC)。它装有 800 个晶体管。1955 年,美国在阿塔拉斯洲际导弹上装备了以晶体管为主要元件的小型计算机。10 年以后,在美国生产的同一型号的导弹中,由于改用集成电路元件,重量只有原来的 1/100,体积与功耗减少到原来的 1/300。图 2-19 所示的是 IBM 7090 第二代晶体管电子计算机。

图 2-19　IBM 7090 第二代晶体管电子计算机

4. 第三代电子计算机(集成电路)

1964 年 4 月 7 日,美国 IBM 公司同时在 14 个国家,全美 63 个城市宣告,世界上第一个采用集成电路的通用计算机系列 IBM 360 系统研制成功,该系列有大、中、小型计算机,共 6 个型号,它兼顾了科学计算和事务处理两方面的应用,各种机器全都相互兼容,适用于各方面的用户,具有全方位的特点,正如罗盘有 360 度刻度一样,所以取名为 360。它的研制开发经费高达 50 亿美元,是研制第一颗原子弹的"曼哈顿计划"的 2.5 倍,如图 2-20 所示。

(a)中央控制部分　　　(b)中央存储器和外围存储器　　　(c)终端设备

图 2-20　第三代电子计算机

5．第四代计算机（超大规模集成电路）

美国 ILLIAC-IV 计算机是第一台全面使用大规模集成电路作为逻辑元件和存储器的计算机，它标志着计算机的发展已到了第四代。1975 年，美国阿姆尔公司研制成 470V/6 型计算机，随后日本富士通公司生产出的 M-190 机，是比较有代表性的第四代计算机。英国曼彻斯特大学 1968 年开始研制第四代机。1974 年研制成功 DAP 系列机。1973 年，德国西门子公司，法国国际信息公司与荷兰飞利浦公司联合成立了统一数据公司，研制出 Unidata 7710 系列机。在英国国家航空管理局的控制中心，空中交通管制用 IBM 计算机进行控制，如图 2-21 所示。

6．第五代电子计算机（智能计算机）

第五代电子计算机是智能电子计算机，它是一种有知识、会学习、能推理的计算机，具有能理解自然语言、声音、文字和图像的能力，并且具有说话的能力，使人机能够用自然语言直接对话。它可以利用已有的和不断学习到的知识，进行思维、联想、推理，并得出结论。它能解决复杂问题，具有汇集、记忆、检索有关知识的能力。智能计算机突破了传统的冯·诺依曼式机器的概念，舍弃了二进制结构，把许多处理机并联起来，并行处理信息，速度大大提高。它的智能化人机接口使人们不必编写程序，只需发出命令或提出要求，电脑就会完成推理和判断并且给出解释。图 2-22 是 IBM 公司制造的一种并行计算机试验床，可模拟各种并行计算机结构。

图 2-21　IBM 第四代计算机

图 2-22　第五代智能计算机

7．第六代神经计算机

第六代电子计算机是模仿人的大脑判断能力和适应能力，并具有可并行处理多种数据功能的神经网络计算机。与以逻辑处理为主的第五代计算机不同，它本身可以判断对象的性质与状态，并能采取相应的行动，而且它可同时并行处理实时变化的大量数据，并引出结论。以往的信息处理系统只能处理条理清晰、经络分明的数据。而人的大脑却具有能处理支离破碎、含糊不清信息的灵活性。第六代电子计算机如图 2-23 所示。它将比拟人脑的智慧和灵活性。

图 2-23　第六代电子计算机

2.2.2　计算机发展趋势

1. 计算机小型化

电子计算机发展到第三代集成电路时，开始出现了小型化倾向。小型机的发展成为第三代计算机的重点。集成电路的应用，有效地解决了计算机体积、重量与功能之间的矛盾。

20 世纪 90 年代以来的笔记本电脑携带方便、重量较轻、功能齐全，深受人们的欢迎。

1992 年，美国一家计算机公司推出了一种袖珍的计算机，大小与能装在口袋里的日历薄差不多，体积小、重量轻，旅行用很方便。

手机电脑化包括手机屏幕的电脑化、手机键盘的电脑化、手机软件的电脑化和手机应用的电脑化。目前，已经有很多电脑上的通信、娱乐、办公应用顺利地转移到了手机上。

2. 计算机的网络化

早在 20 世纪 50 年代初，以单个计算机为中心的远程联机系统，开创了把计算机技术和通信技术相结合的尝试。这类简单的"终端——通信线路——面向终端的计算机"系统，构成了计算机网络的雏形。

从 20 世纪 60 年代中期开始，出现了若干个计算机主机通过通信线路互连的系统，开创了"计算机—计算机"的通信时代，并呈现出多个中心处理机的特点。

20 世纪 60 年代后期，ARPANET 网由美国国防部高级研究计划局 ARPA 提供经费，联合计算机公司和大学共同研制而发展起来，其主要目标是借助通信系统，使网内各计算机系统间能够相互共享资源。它最初投入使用的是一个有 4 个节点的实验性网络。ARPANET 网的出现，代表着计算机网络的兴起。

20 世纪 70 年代至 80 年代中期是计算机网络发展最快的阶段，通信技术和计算机技术互相促进，结合更加紧密。局域网诞生并被推广使用，网络技术飞速发展。为了使不同体系结构的网络也能相互交换信息，国际标准化组织(ISO)于 1978 年成立了专门机构并制定了世界范围内的网络互联标准，称为开放系统互连参考模型 OSI。

20 世纪 90 年代，局域网技术发展成熟，局域网已成为计算机网络结构的基本单元。网络互联的要求越来越强烈，并出现了光纤及高速网络技术。随着多媒体、智能化网络的出现，整个系统就像一个对用户透明的大型计算机系统，千兆位网络传输速率可达 1Gb/s，它是实现多媒体计算机网络互联的重要技术基础。

21 世纪初，网格计算伴随着互联网技术而迅速发展了起来，它是专门针对复杂科学计算的新型计算模式。这种计算模式是利用互联网把分散在不同地理位置的电脑组织成一个"虚拟的超级计算机"，其中每一台参与计算的计算机就是一个"节点"，而整个计算是由成千上万个"节点"组成的"一张网格"，这种计算方式叫网格计算。网格是把整个网络整合成一台巨大的超级计算机，实现计算资源、存储资源、数据资源、信息资源、知识资源、专家资源的全面共享。

3. 计算机的多样化

1) 光计算机的研制

光计算机是利用光作为载体进行信息处理的计算机。1990 年，美国的贝尔实验室推出了一台由激光器、透镜、反射镜等组成的计算机。这就是光计算机的雏形。随后,英、法、比、德、意等国的 70 多名科学家成功研制了一台光计算机,其运算速度比普通的电子计算机快1000 倍。平行处理是光计算机的优点,光脑的应用将使信息技术产生新的飞跃。

2) DNA 电脑

科学家研究发现,脱氧核糖核酸(DNA)有一种特性是能够携带生物体各种细胞拥有的大量基因物质。数学家、生物学家、化学家以及计算机专家从中得到启迪,正在合作研制未来的液体 DNA 电脑。这种 DNA 电脑的工作原理是以瞬间发生的化学反应为基础,通过和酶的相互作用,将反应过程进行分子编码,对问题以新的 DNA 编码形式加以解答。1995年,首次报道了用"编程"DNA 链解数学难题取得了突破。

3) 利用蛋白质的开关特性开发出的生物计算机

用蛋白质制造的电脑芯片,在 $1mm^2$ 的面积上即可容纳数亿个电路。因为它的一个存储点只有一个分子大小,所以它的存储量可以达到普通电脑的 10 亿倍。由蛋白质构成的集成电路,其大小只相当于硅片集成电路的十万分之一,而且运转速度更快,只有 10^{-11}s,大大超过人脑的思维速度。生物电脑元件的密度比大脑神经元的密度高 100 万倍,传递信息的速度也比人脑思维的速度快 100 万倍。生物芯片传递信息时阻抗小、耗能低,且具有生物的特点,具有自我组织自我修复的功能。它可以与人体及人脑结合起来,听从人脑指挥,从人体中吸收营养。把生物电脑植入人的脑内,可以使盲人复明,使人脑的记忆力成千万倍地提高;若是植入血管中,则可以监视人体内的化学变化,使人的体质增强,甚至能使残疾人重新站立起来。

4) 高速超导计算机

超导计算机的耗电仅为用半导体器件制造的电脑所耗电的几千分之一,它执行一个指令只需十亿分之一秒,比半导体元件快 10 倍。日本电气技术研究所研制成了世界上第一台完善的超导电脑,它采用了 4 个约瑟夫逊大规模集成电路,每个集成电路芯片只有 3～5mm³ 大小,每个芯片上有上千个约瑟夫逊元件。

5) 研究中的量子计算机

加利福尼亚理工学院的物理学家已经证明,个体光子通常不相互作用,但是当它们与光学谐振腔内的原子聚在一起时,它们相互之间会产生强烈的影响。光子的这种相互作用,能用于改进利用量子力学效应的信息处理器件的性能。这些器件转而能形成建造"量子计算机"的基础,量子计算机的性能能够超过基于常规技术的任何处理器件的性能。量子计算于1994 年跃居科学前沿,当时研究人员发现了在量子计算机上分解大数因子的一种数学技术。这种数学技术意味着,在理论上,量子计算机的性能能够超过任何可以想象的标准计算机。

2.3 中国计算机发展史

2.3.1 起步与发展

下面介绍华罗庚和我国第一个计算机科研小组。华罗庚教授是我国计算技术的奠基人和最主要的开拓者之一。当冯·诺依曼开创性地提出并着手设计存储程序通用电子计算机

EDVAC 时,正在美国 Princeton 大学工作的华罗庚教授曾参观过他的实验室,并经常与他讨论有关的学术问题。华罗庚教授 1950 年回国,1952 年在全国大学院系调整时,从清华大学电机系物色了闵乃大、夏培肃和王传英三位科研人员在他任所长的中国科学院数学所内建立了中国第一个电子计算机科研小组。1956 年筹建中科院计算技术研究所时,华罗庚教授担任筹备委员会主任。

1. 第一代电子管计算机的研制(1958—1964 年)

我国从 1957 年开始研制通用数字电子计算机,1958 年 8 月 1 日,该机可以表演短程序运行,标志着我国第一台电子计算机诞生。为了纪念这个日子,该机定名为八一型数字电子计算机。该机在 738 厂开始小量生产,改名为 103 型计算机(即 DJS-1 型),共生产了 38 台。103 型计算机如图 2-24 所示。

2. 第二代晶体管计算机的研制(1965—1972 年)

我国在研制第一代电子管计算机的同时,已开始了晶体管计算机的研制。1965 年研制成功的我国第一台大型晶体管计算机(109 乙机)实际上从 1958 年起计算所就开始酝酿了。在国外禁运的条件下要制造晶体管计算机,必须先建立一个生产晶体管的半导体厂(109 厂)。经过两年努力,109 厂就提供了机器所需的全部晶体管(109 乙机共用 2 万多支晶体管,3 万多支二极管)。对 109 乙机加以改进,两年后又推出了 109 丙机,为用户运行了 15 年,有效算题时间 10 万小时以上,在我国两弹试验中发挥了重要作用,被用户誉为“功勋机”。109 机如图 2-25 所示。

图 2-24　103 机

图 2-25　109 机

3. 第三代基于中小规模集成电路的计算机研制(1973—20 世纪 80 年代初)

IBM 公司 1964 年推出的 360 系列大型机是美国进入第三代计算机时代的标志。我国到 1970 年初期才陆续推出了大、中、小型采用集成电路的计算机。1973 年,北京大学与北京有线电厂等单位合作研制成功运算速度每秒 100 万次的大型通用计算机。进入 20 世纪 80 年代,我国高速计算机,特别是向量计算机有了新的发展。1983 年中国科学院计算所完成了我国第一台大型向量机——757 机,计算速度达到每秒 1000 万次。757 机如图 2-26 所示。

4. 第四代基于超大规模集成电路的计算机研制（20 世纪 80 年代中期至今）

"银河"计算机从 1978 年开始研制，到 1983 年通过了国家鉴定。它是由中国国防科技大学自行设计的第一个每秒向量运算 1 亿次的巨型计算机系统。1992 年国防科大研制成功了银河—II 通用并行巨型机，峰值速度达每秒 4 亿次浮点运算，总体上达到 20 世纪 80 年代中后期的国际先进水平。1997 年国防科大研制成功了银河—III 百亿次并行巨型计算机系统，它采用可扩展分布共享存储并行处理体系结构，由 130 多个处理节点组成，峰值性能为每秒 130 亿次浮点运算，系统综合技术达到 20 世纪 90 年代中期国际先进水平。图 2-27 所示的是"银河"亿次巨型机。

图 2-26　757 机　　　　　　　　　　图 2-27　"银河"亿次巨型机

2.3.2　赶超世界先进水平

我国的高端计算机系统研制起步于 20 世纪 60 年代。到目前为止，大体经历了三个阶段：第一阶段，20 世纪 60 年代末到 70 年代末，主要从事大型机的并行处理技术研究；第二阶段，20 世纪 70 年代末至 80 年代末，主要从事向量机及并行处理系统的研制；第三阶段，20 世纪 80 年代末至今，主要从事 MPP 系统及工作站集群系统的研制。经过几十年不懈的努力，我国的高端计算机系统研制取得了丰硕成果，"银河"、"曙光"、"神威"、"深腾"等一批国产高端计算机系统的出现，使我国成为继美国、日本之后第三个具备研制高端计算机系统能力的国家。

最初，我国从事高端计算机系统研制的只有国防科技大学等少数几家单位。1983 年，国防科技大学研制的银河—I 型亿次巨型机系统的成功问世，标志着我国具备了研制高端计算机系统的能力。1994 年银河—II 在国家气象局正式投入运行，性能达每秒 10 亿次。1997 年银河—III 峰值达每秒 130 亿浮点运算。2000 年银河—IV 峰值性能达到了每秒 1.0647 万亿次。

20 世纪 80 年代中期以后，国家更加重视高端计算机系统的研制和发展，在国家高技术研究发展计划（863 计划）中，专门确立了智能计算机系统主题研究。国家智能中心于 1993 年 10 月推出曙光一号，紧接着推出了曙光 1000、曙光 2000、曙光 3000 和曙光 4000A。其中，曙光 4000A 的峰值为 11.2Tflops。

2008 年 8 月 31 日消息：我国首台突破百万亿次运算速度的超级计算机"曙光 5000"已由中国科学院计算技术研究所、曙光信息产业有限公司自主研制成功。其浮点运算处理能力达到每秒 230 万亿次（交付用户使用能力每秒 200 万亿次），Linpack 速度预测将达到每秒 160 万亿次,这个速度让中国高性能计算机再次跻身世界前十。除了超强的计算能力,它还拥有全自主、超高密度、超高性价比、超低功耗以及超广泛应用等特点,如图 2-28 所示。

1996 年国家并行计算机工程技术中心正式挂牌成立,开始了"神威"系列大规模并行计算机系统的研制。1999 年神威系列机的第一代产品——神威Ⅰ型巨型机落户北京国家气象局,系统峰值为 3840 亿次浮点运算。现已成功推出 A、P 两个系列的"新世纪"集群系统,已广泛地应用于石油、物探、生物、气象和材料分析等各个领域。

图 2-28　曙光 5000

20 世纪 90 年代末联想集团加入高端计算机系统行列。2002 年其研制的深腾 1800 浮点运算处理能力达到每秒 1.046 万亿次。2003 年联想深腾 6800 超级机群系统峰值达 5.324Tflops。此外,1999 年由清华大学研制的"探索 108"大型群集计算机系统及高效能网络并行超级计算机 THNPSC-1 问世,浮点运算处理能力达到每秒 300 亿次;2000 年由上海大学研制的集群式高性能计算机系统——自强 2000-SUHPCS 每秒 3 千亿次浮点运算。

TOP500.org 组织 2010 年 11 月 15 日公布了第 36 届全球超级计算机五百强排行榜,2010 年 10 月底才亮相的中国"天河一号 A"毫无悬念地摘得头名,这也是中国历史上第一次在这项排行上占据头把交椅。改进前的"天河一号"曾经连续位列全球超级计算机第五和第七,全新升级后的天河一号 A 则基于 NUDT YH Cluster 集群,硬件上配备了 Intel Xeon X5670 2.93GHz 六核心处理器(32nm Westmere-EP)、我国自主研发的飞腾 FT-1000 八核心处理器、NVIDIA Tesla M2050 高性能计算卡、224TB 内存、专有互连架构、Linux 操作系统,总计 186 368 个核心,Linpack 最大性能 2.566PFlops(每秒千万亿次浮点运算)、峰值性能 4.701PFlops,系统效率 54.6%。

天河一号 A(见图 2-29)坐落在位于天津的国家超级计算中心,建成后已经立即全面运转,主要用来执行大规模科学计算,而且还是一套开放式的访问系统。连续两届全球超级计算机冠军、由 Cray 公司为美国橡树岭国家实验室计算科学中心设计的"美洲虎"(Jaguar)一年未进行硬件配置和运算性能方面的改进,现已滑落到全球第二位。2010 年 5 月拿到亚军位子的中国另一台超级计算机星云(Nebulae)也未做升级,现在顺势排在全球第三位,星云的总功率为 2580 千瓦。天河一号 A 的功率为 4040 千瓦,比美洲虎的 6950.60 千瓦时低了 42%之多。

图 2-29　天河一号 A

除了"天河一号 A"、"星云",还有三套国产超级计算机也入围了前 100 名,它们分别是:第 28 位"Mole-8.5",中科院过程工程研究所/泰安 Mole-8.5 集群,Intel Xeon L5520 2.26GHz 四核心处理器,33 120 个核心,NVIDIA Tesla 计算卡,最大性能 207.3TFlops,峰值性能 1138.44TFlops;第 35 位"魔方"(Magic Cube),曙光 5000A 系统,AMD Opteron 1.9GHz 四核心处理器,30 720 个核心,120TB 内存,Windows HPC 2008 操作系统,最大性能 180.6TFlops,峰值性能 233.472TFlops;第 68 位"深腾 7000"(DeepComp 7000),联想 HS21/x3950 集群,Intel Xeon 2.93/3.00GHz 四核心处理器,12 216 个核心,最大性能 102.8TFlops,峰值性能 145.965TFlops。颇为振奋人心的是,前边这五套最强劲的国产超级计算机大多来自曙光、联想等国内厂商和中科院等科研机构,而其他多为 IBM 系统,少数为惠普系统,也有一套为浪潮,这充分证明了我国的高性能计算自主开发实力。在 2010 年 11 月五百强排行中,中国共有多达 41 套系统入围,份额升至 8.20%,甩开了英国、法国、德国等诸强而仅次于美国,位列全球第二,而 2010 年 5 月只有 24 套,占 4.80%。美国虽然依旧遥遥领先,不过系统总量从 282 套再次减少到 275 套,份额为 55.00%。此外中国香港依然还是一套。

思考题

1. 简介早期的计算工具。
2. 简介机械式计算机的发展。
3. 电子计算机前有些什么准备?
4. 简介电子计算机发展史。
5. 谈谈计算机发展趋势。
6. 简述中国计算机发展史。

第3章

计算机体系结构

3.1 计算机系统的组成

3.1.1 图灵模型

1936 年,阿兰·图灵提出了一种抽象的计算模型——图灵机(Turing Machine)。如图 3-1 所示。图灵的基本思想是用机器来模拟人们用纸笔进行数学运算的过程,他根据这样的过程构造出了一台假想的机器,该机器由以下几个部分组成。

(1) 一条无限长的纸带 TAPE。纸带被划分为一个接一个的小格子,每个格子上包含一个来自有限字母表的符号,字母表中有一个特殊的符号□表示空白。纸带上的格子从左到右依次被编号为 0,1,2,…,纸带的右端可以无限延伸。

图 3-1　图灵模型

(2) 一个读写头 HEAD。该读写头可以在纸带上左右移动,它能读出当前所指的格子上的符号,并能改变当前格子上的符号。

(3) 一套控制规则 TABLE。它根据当前机器所处的状态以及当前读写头所指的格子上的符号来确定读写头下一步的动作,并改变状态寄存器的值,令机器进入一个新的状态。

(4) 一个状态寄存器。它用来保存图灵机当前所处的状态。图灵机的所有可能状态的数目是有限的,并且有一个特殊的状态称为停机状态。

这个机器的每一部分都是有限的,但它有一个潜在的无限长的纸带,因此这种机器只是一个理想的设备。图灵认为这样的一台机器就能模拟人类所能进行的任何计算过程。

3.1.2 冯·诺依曼模型

20 世纪 30 年代中期,美国科学家冯·诺依曼大胆地提出:抛弃十进制,采用二进制作为数字计算机的数制基础。同时,他还提出预先编制计算程序,然后由计算机来按照人们事前制定的计算顺序来执行数值计算工作。人们把冯·诺依曼的这个理论称为冯·诺依曼体系结构,也称做普林斯顿体系结构。从 ENIAC 到当前最先进的计算机都采用的是冯·诺依曼体系结构。所以冯·诺依曼是当之无愧的电子计算机之父。

冯·诺依曼结构处理器具有以下几个特点:

① 必须有一个存储器；

② 必须有一个控制器；

③ 必须有一个运算器，用于完成算术运算和逻辑运算；

④ 必须有输入设备和输出设备，用于进行人机通信。另外，程序和数据统一存储并在程序控制下自动工作。

为了完成上述的功能，计算机必须具备五大基本组成部件，包括：输入数据和程序的输入设备；记忆程序和数据的存储器；完成数据加工处理的运算器；控制程序执行的控制器；输出处理结果的输出设备。

3.1.3　计算机系统的工作原理

计算机系统包括硬件系统和软件系统两大部分。硬件是指组成计算机的各种物理设备，由五大功能部件组成，即运算器、控制器、存储器、输入设备和输出设备。这五大部分相互配合，协同工作，如图 3-2 所示。

计算机的工作原理为：首先由输入设备接收外界信息（程序和数据），控制器发出指令将数据送入（内）存储器，然后向内存储器发出取指令命令；在取指令命令下，程序指令逐条送入控制器；控制器对指令进行译码，并根据指令的操作要求，向存储器和运算器发出存数、取数命令和运算命令，经过运算器计算并把计算结果存在存储器内；最后在控制器发出的取数和输出命令的作用下，通过输出设备输出计算结果。

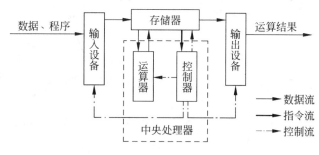

图 3-2　五大功能部件

3.1.4　微型计算机的结构

1. 主机

主机指计算机用于放置主板及其他主要部件的容器（mainframe）。通常包括 CPU、内存、硬盘、光驱、电源以及其他输入输出控制器和接口，如 USB 控制器、显卡、网卡、声卡等。位于主机箱内的部件通常称为内设，而位于主机箱之外的通常称为外设（如显示器、键盘、鼠标、外接硬盘、外接光驱等）。计算机主机的结构如图 3-3 所示。

计算机主机的组成部分如下。

（1）机箱（装主机配件的箱子，没有机箱不影响使用）。

图 3-3　计算机主机

（2）电源（主机供电系统，没有电源不能使用主机）。

（3）主板（连接主机各个配件的主题，没有主板主机不能使用）。

（4）CPU（主机的心脏，负责数据运算。不可缺少，属于重要设备）。

（5）内存（存储主机调用文件，不可缺少）。

（6）硬盘（主机的存储器，独立主机不可缺少）。

（7）声卡（某些主板集成）。

（8）显卡（某些主板集成，显示器控制）。

（9）网卡（某些主板集成，没有网卡计算机无法访问网络，是联络其他主机的渠道）。

（10）光驱（没有光驱，主机无法读取光碟上的文件）。

（11）一些不常用设备，如视频采集卡、电视卡、SCSI卡等。

2. 外设

外部设备简称"外设"，是指连在计算机主机以外的硬件设备。对数据和信息起着传输、转送和存储的作用，是计算机系统中的重要组成部分。按照功能的不同，大致可以分为输入设备、显示设备、打印设备等，如图3-4所示。

(a) 键盘鼠标　　　(b) 显示设备　　　(c) 打印机

图3-4　计算机外设

（1）键盘鼠标。它是人或外部与计算机进行交互的一种装置，用于把原始数据和处理这些数据的程序输入到计算机中。

（2）显示器。它是计算机的输出设备之一，它可以显示用户的操作和计算结果。目前计算机显示设备主要有CRT显示器、LCD显示器、等离子显示器和投影机。

（3）打印机。打印机也是计算机的输出设备之一，它将计算机的运算结果或中间结果以人所能识别的数字、字母、符号和图形等，依照规定的格式印在纸上的设备。

3.2　计算机组成原理

3.2.1　系统总线

1. 系统总线概述

系统总线，又称内总线或板级总线，用来连接微机各功能部件而构成一个完整微机系统。系统总线上传送的信息包括数据信息、地址信息、控制信息，因此，系统总线包含三种不同功能的总线，即数据总线（Data Bus，DB）、地址总线（Address Bus，AB）和控制总线（Control Bus，CB），如图3-5所示。

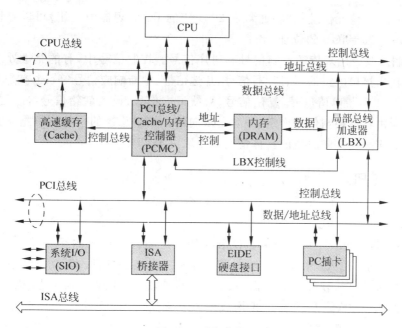

图 3-5 系统总线

2．工作原理

CPU 通过系统总线对存储器的内容进行读写,同样通过总线,实现将 CPU 内数据写入外设或由外设读入 CPU 的功能。总线就是用来传送信息的一组通信线。微型计算机通过系统总线将各部件连接到一起,实现了微型计算机内部各部件间的信息交换。一般情况下,CPU 提供的信号需要经过总线。系统总线按照传递信息的功能来分,分为地址总线、数据总线和控制总线。这些总线提供了微处理器(CPU)与存储器、输入输出接口部件的连接线。可以认为,一台微型计算机就是以 CPU 为核心,其他部件全"挂接"在与 CPU 相连接的系统总线上的设备。

3．功能分类

(1) 数据总线。用于传送数据信息。数据总线是双向三态形式的总线,既可以把 CPU 的数据传送到存储器或输入输出接口等其他部件,也可以将其他部件的数据传送到 CPU。数据总线的位数是微型计算机的一个重要指标,通常与微处理的字长相一致。例如 Intel 8086 微处理器字长 16 位,其数据总线宽度也是 16 位。需要指出的是,数据的含义是广义的,它可以是真正的数据,也可以是指令代码或状态信息,有时甚至是一个控制信息。因此,在实际工作中,数据总线上传送的并不一定仅仅是真正意义上的数据。

(2) 地址总线。是专门用来传送地址的,由于地址只能从 CPU 传向外部存储器或输入输出端口,所以地址总线总是单向三态的,这与数据总线不同。地址总线的位数决定了 CPU 可直接寻址的内存空间大小,比如 8 位微机的地址总线为 16 位,则其最大可寻址空间为 $2^{16}=64\text{KB}$。16 位微型机的地址总线为 20 位,其可寻址空间为 $2^{20}=1\text{MB}$。一般来说,若地址总线为 n 位,则可寻址空间为 2^nB。举例来说,一个 16 位元宽度的位址总线(通常在 1970 年和 1980 年早期的 8 位元处理器中使用)可以寻址的内存空间为 $2^{16}=65536=64\text{KB}$

的地址,而一个 32 位元位址总线(通常在 2004 年的 PC 处理器中使用)可以寻址的内存空间为 4 294 967 296=4GB 的位址。

(3) 控制总线。用来传送控制信号和时序信号。控制信号中,有的是微处理器送往存储器和输入输出接口电路的,如读/写信号、片选信号、中断响应信号等;也有是其他部件反馈给 CPU 的,如中断申请信号、复位信号、总线请求信号、设备就绪信号等。因此,控制总线的传送方向由具体控制信号而定,一般是双向的。控制总线的位数要根据系统的实际控制需要而定。实际上控制总线的具体情况主要取决于 CPU。

3.2.2 CPU

1. CPU 定义

中央处理器(Central Processing Unit,CPU)是一台计算机的运算核心和控制核心。CPU、内部存储器和输入/输出设备是电子计算机三大核心部件。其功能主要是解释计算机指令以及处理计算机软件中的数据。CPU 由运算器、控制器、寄存器及实现它们之间联系的数据总线、控制总线及状态总线构成。差不多所有 CPU 的运作原理可分为 4 个阶段——提取(Fetch)、解码(Decode)、执行(Execute)和写回(Writeback),并执行指令。所谓的计算机的可编程性主要是指对 CPU 的编程。

2. 工作原理

它把指令分解成一系列的微操作,然后发出各种控制命令,执行微操作系列,从而完成一条指令的执行。指令是指计算机规定执行操作的类型和操作数的基本命令。指令是由一个字节或者多个字节组成,其中包括操作码字段、一个或多个有关操作数地址的字段以及一些表征机器状态的状态字和特征码。有的指令中也直接包含操作数本身。

3. 基本结构

CPU 包括运算逻辑部件、寄存器部件和控制部件,其基本结构如图 3-6 所示。

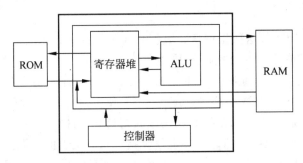

图 3-6 CPU 结构

(1) 运算逻辑部件:可以执行定点或浮点的算术运算操作、移位操作以及逻辑操作,也可执行地址的运算和转换。

(2) 寄存器部件:包括通用寄存器、专用寄存器和控制寄存器。

(3) 控制部件:主要负责对指令译码,并且发出为完成每条指令所要执行的各个操作的控制信号。

3.2.3 存储器

1. 存储器概述

存储器(Memory)是计算机系统中的记忆设备,用来存放程序和数据。计算机中的全部信息,包括输入的原始数据、计算机程序、中间运行结果和最终运行结果都保存在存储器中。它根据控制器指定的位置存入和取出信息。有了存储器,计算机才有记忆功能,才能保证正常工作。存储器按用途可分为主存储器(内存)和辅助存储器(外存),也有分为外部存储器和内部存储器的分类方法。外存通常是磁性介质或光盘等,能长期保存信息。内存指主板上的存储部件,用来存放当前正在执行的数据和程序,但仅用于暂时存放程序和数据,关闭电源或断电后,数据会丢失。

2. 存储器的构成

构成存储器的存储介质,目前主要采用半导体器件和磁性材料。存储器中最小的存储单位就是一个双稳态半导体电路或一个CMOS晶体管或磁性材料的存储元,它可存储一个二进制代码。由若干个存储元组成一个存储单元,然后再由许多存储单元组成一个存储器。一个存储器包含许多存储单元,每个存储单元可存放一个字节(按字节编址)。每个存储单元的位置都有一个编号,即地址,一般用十六进制表示。一个存储器中所有存储单元可存放数据的总和称为它的存储容量。假设一个存储器的地址码由20位二进制数(即5位十六进制数)组成,则可表示 2^{20},即1M个存储单元地址。每个存储单元存放一个字节,则该存储器的存储容量为1MB。

存储器的主要功能是存储程序和各种数据,并能在计算机运行过程中高速、自动地完成程序或数据的存取。存储器是具有"记忆"功能的设备,它采用具有两种稳定状态的物理器件来存储信息。这些器件也称为记忆元件。在计算机中采用只有两个数码0和1的二进制来表示数据。记忆元件的两种稳定状态分别表示为0和1。日常使用的十进制数必须转换成等值的二进制数才能存入存储器。计算机中处理的各种字符,例如英文字母、运算符号等,也要转换成二进制代码才能存储和操作。

3. 存储器的用途

根据存储器在计算机系统中所起的作用,可分为主存储器、辅助存储器、高速缓冲存储器、控制存储器等。为了解决对存储器要求容量大、速度快、成本低三者之间的矛盾,目前通常采用多级存储器的体系结构,即使用高速缓冲存储器、主存储器和外存储器。如图3-7所示。

高速缓冲存储器:高速存取指令,数据存取速度快,但存储容量小。

主存储器:内存存放计算机运行期间的大量程序和数据,存取速度较快,存储容量不大。

外存储器:外存存放系统程序和大型数据文

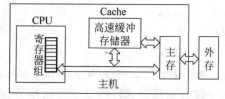

图3-7 多级存储器体系结构

件及数据库,存储容量大,成本低。

按照与 CPU 的接近程度,存储器分为内存储器与外存储器,简称内存与外存。内存储器又常称为主存储器(简称主存),属于主机的组成部分;外存储器又常称为辅助存储器(简称辅存),属于外部设备。CPU 不能像访问内存那样直接访问外存,外存要与 CPU 或 I/O 设备进行数据传输,必须通过内存进行。在 80386 以上的高档微机中,还配置了高速缓冲存储器(Cache),这时内存包括主存与高速缓存两部分。对于低档微机,主存即内存。

4. 常用存储器

1) 硬盘

硬盘(Hard Disc Drive)是电脑主要的存储媒介之一,由一个或者多个铝制或者玻璃制的碟片组成。这些碟片外覆盖有铁磁性材料。绝大多数硬盘都是固定硬盘,被永久性地密封固定在硬盘驱动器中。硬盘的物理结构如下。

(1) 磁头:是读写合一的电磁感应式磁头。

(2) 磁道:当磁盘旋转时,磁头若保持在一个位置上,则每个磁头都会在磁盘表面划出一个圆形轨迹,这些圆形轨迹就叫做磁道。

(3) 扇区:磁盘上的每个磁道被等分为若干个弧段,这些弧段便是磁盘的扇区,每个扇区可以存放 512B 的信息,磁盘驱动器在向磁盘读取和写入数据时,要以扇区为单位。

(4) 柱面:硬盘通常由重叠的一组盘片构成,每个盘面都被划分为数目相等的磁道,并从外缘的 0 开始编号,具有相同编号的磁道形成一个圆柱,称之为磁盘的柱面。

2) 光盘

光盘以光信息作为存储物的载体来存储数据,采用聚焦的氢离子激光束处理记录介质的方法来存储和再生信息。激光光盘分不可擦写光盘(如 CD-ROM,DVD-ROM 等)和可擦写光盘(如 CD-RW,DVD-RAM 等)。高密度光盘(Compact Disc)是近代发展起来不同于磁性载体的光学存储介质。常见的 CD 光盘非常薄,只有 1.2mm 厚,分为 5 层,包括基板、记录层、反射层、保护层、印刷层等。

3) U 盘

U 盘,全称"USB 闪存盘",英文名是 USB flash disk。它是一个 USB 接口的不需要物理驱动器的微型高容量移动存储产品,可以通过 USB 接口与电脑连接,实现即插即用。U 盘的称呼最早来源于朗科公司生产的一种新型存储设备,名曰"优盘",它使用 USB 接口与电脑进行连接,之后,U 盘的资料即可与电脑进行交换。

U 盘最大的优点是小巧便于携带、存储容量大、价格便宜、性能可靠。闪存盘体积很小,仅大拇指般大小,重量极轻,一般在 15g 左右,特别适合随身携带。一般的 U 盘容量有 1GB、2GB、4GB、8GB、16GB、32GB、64GB 等,价格多为几十元。内存盘中无任何机械式装置,抗震性能极强。另外,闪存盘还具有防潮防磁、耐高低温等特性,安全可靠性很好。

4) ROM

ROM 是只读内存(Read-Only Memory)的简称,是一种只能读出事先所存数据的固态半导体存储器。其特性是一旦储存了资料就无法再将之改变或删除。ROM 通常用在不需要经常变更资料的电子或电脑系统中,并且资料不会因为电源关闭而消失。

5）RAM

RAM 是随机存取存储器(Random Access Memory)的简称。它是存储单元的内容可按需随意取出或存入,且存取的速度与存储单元的位置无关的存储器。这种存储器在断电时将丢失其存储的内容,故主要用于存储短时间使用的程序。按照存储信息的不同,随机存储器又分为静态随机存储器(Static RAM,SRAM)和动态随机存储器(Dynamic RAM,DRAM)。

3.2.4　输入输出系统

1. 输入输出系统控制方式

1）程序查询方式

这种方式是在程序控制下 CPU 与外设之间交换数据。CPU 通过 I/O 指令询问指定外设当前的状态,如果外设准备就绪,则进行数据的输入或输出,否则 CPU 就等待。重复上述过程进行循环查询。

程序查询方式是一种程序直接控制方式,这是主机与外设间进行信息交换的最简单的方式,输入和输出完全是通过 CPU 执行程序来完成的。一旦某一外设被选中并启动后,主机将查询这个外设的某些状态位,看其是否准备就绪。若外设未准备就绪,主机将再次查询;若外设已准备就绪,则执行一次 I/O 操作。

这种控制方式简单,但外设和主机不能同时工作,各外设之间也不能同时工作,系统效率很低。因此,它仅适用于外设的数目不多、对 I/O 处理的实时要求不那么高、CPU 的操作任务比较单一、并不很忙的情况。

这种方式的优点是结构简单,只需要少量的硬件电路即可实现。缺点是由于 CPU 的速度远远高于外设,因此通常处于等待状态,工作效率很低。

2）中断方式

中断是主机在执行程序过程中,遇到突发事件而中断程序的正常执行转而去对突发事情进行处理,待处理完成后返回原程序继续执行的方式。中断过程包括中断请求、中断响应、中断处理和中断返回。

计算机中有多个中断源,有可能在同一时刻有多个中断源向 CPU 发出中断请求,这种情况下 CPU 按中断源的中断优先级顺序进行中断响应。

中断处理方式的优点是显而易见的,它不但为 CPU 省去了查询外设状态和等待外设就绪所花费的时间,提高了 CPU 的工作效率,还满足了外设的实时要求。其缺点是对系统的性能要求较高。

3）直接存储器访问方式(DMA)

DMA 方式指高速外设与内存之间直接进行数据交换,不通过 CPU 并且 CPU 不参加数据交换的控制。工作过程如下：外设发出 DMA 请求,CPU 响应 DMA 请求,把总线让给 DMA 控制器,在 DMA 控制器的控制下通过总线实现外设与内存之间的数据交换,如图 3-8 所示。

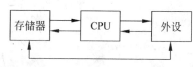

图 3-8　直接存储器访问方式

DMA 最明显的一个特点是它不是用软件而是采用一个专门的控制器来控制内存与外设之间的数据交流,无须 CPU 介入,大大提高了 CPU 的工作效率。

2. 输入输出设备

1) 输入设备

常用的输入设备有键盘、鼠标、扫描仪等。

(1) 键盘的分类。按键盘的键数分,键盘可分为 83 键、101 键盘、104 键盘、107 键盘等;按键盘的形式分,键盘可分为有线键盘、无线键盘、带托键盘和 USB 键盘等。

(2) 鼠标的分类。按照工作原理,鼠标器可分为机械式鼠标、光电式鼠标两类。按鼠标的形式分,鼠标可分为有线鼠标和无线鼠标。

(3) 扫描仪。扫描仪通过光源照射到被扫描的材料上来获得材料的图像。常用的扫描仪有台式、手持式和滚筒式三种。分辨率是扫描仪的很重要的特征,常见的扫描仪的分辨率有 300×600、600×1200 等。

2) 输出设备

常用的输出设备有显示器、打印机等。

(1) 显示器:按使用的器件分类可分为阴极射线管显示器(CRT)、液晶显示器(LCD)和等离子显示器;按显示颜色可分为彩色显示器和单色显示器。显示器的主要性能指标有像素、分辨率、屏幕尺寸、点间距、灰度级、对比度、帧频、行频和扫描方式等。

(2) 打印机:打印机分为针式打印机、喷墨打印机、激光打印机、热敏打印机 4 种。

3) 其他输入输出设备

其他常用的输入输出设备有数码相机 DC、数码摄像机 DV、手写笔、投影机、扫描仪、绘图仪等。

3. I/O 接口

1) I/O 接口的功能

I/O 接口使主机和外设能够按照各自的形式传输信息,如图 3-9 所示。

2) 几种接口

(1) 显示卡:主机与显示器之间的接口。

(2) 硬盘接口:包括 IDE 接口、EIDE 接口、ULTRA 接口和 SCSI 接口等。

(3) 串行接口:COM 端口,也称串行通信接口。

(4) 并行接口:是一种打印机并行接口标准。

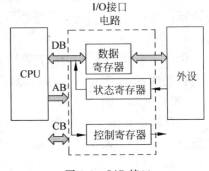

图 3-9　I/O 接口

3.3　计算机系统分类

3.3.1　超级计算机

1. 定义

超级计算机是计算机中功能最强、运算速度最快、存储容量最大的一类计算机。超级计算机通常是指由数百数千甚至更多的处理器(机)组成的、能计算普通 PC 和服务器不能完成的大型复杂课题的计算机。

2. 发展历史

现代巨型机经历了如下三个发展阶段。

1) 第一阶段：有美国的 ILLIAC—Ⅳ(1973 年)、STAR—100(1974 年)和 ASC(1972年)等巨型机。ILLIAC—Ⅳ 是一台采用 64 个处理单元在统一控制下进行处理的阵列机,后两台都是采用向量流水处理的向量计算机。

2) 第二阶段：1976 年研制成功的 CRAY—1 机标志着现代巨型机进入了第二阶段。这台计算机设有向量、标量、地址等通用寄存器,有 12 个运算流水部件,指令控制和数据存取也都流水线化；机器主频达 80MHz,每秒可获得 8000 万个浮点结果；主存储器容量为100~400 万字(每字 64 位),外存储器容量达 10^9~10^{11} 字；主机柜呈圆柱形,功耗达数百千瓦；CRAY—1 采用氟里昂冷却。

3) 第三阶段：20 世纪 80 年代以来,采用多处理机(多指令流多数据流 MIMD)结构、多向量阵列结构等技术的第三阶段的更高性能的巨型机相继问世。例如,美国的 CRAY-XMP、CDCCYBER205,日本的 S810/10 和 20、VP/100 和 200、S×1 和 S×2 等巨型机,均采用超高速门阵列芯片烧结到多层陶瓷片上的微组装工艺,主频高达 50~160MHz 以上,最高速度有的可达每秒 5~10 亿次浮点计算,主存储器容量为 400~3200 万字节,外存储器容量达 10^{12} 字节以上。

3. 超级计算机技术

新一代的超级计算机采用涡轮式设计,每个刀片就是一个服务器,服务器间能实现协同工作,并可根据应用需要随时增减。单个机柜的运算能力可达 460.8 千亿次/秒,理论上协作式高性能超级计算机的浮点运算速度为 100 万亿次/秒,实际高性能运算速度测试的效率高达理论值的 84.35%。通过先进的架构和设计,它实现了存储和运算的分离,确保了用户数据、资料在软件系统更新或 CPU 升级时不受任何影响,保障了存储信息的安全,真正实现了保持长时、高效、可靠的运算并易于升级和维护的优势。

2010 年 10 月世界超级计算机排名,天津国家超级计算机中心的天河—1A 第一名,速度为每秒 2.5 千万亿次。2011 年由日本政府出资、富士通制造的巨型计算机"K Computer"已经从中国手中夺回运算速度排行榜第一的宝座,其当前运算速度为每秒 8 千万亿次,而到2012 年完全建成时,其运算速度将达到每秒一万万亿次。

4. 未来之争

中国首台千万亿次超级计算机"天河一号"2010 年荣登世界运转速度最快计算机的宝座后,美国宣布将在 2012 年公布名为"巨人(Titan)"的超级计算机,并以更快的运转速度超过中国"天河一号"。美国新一代"巨人"超级计算机的计算速度可达每秒 2 万万亿次。另外,IBM 公司也计划公布名为"红杉(Sequoia)"的超级计算机,运行速度同样可达到每秒 2万万亿次。新的世纪,中国、日本和美国的超级计算机之争已经开始。

3.3.2　小型机与工作站

1. 小型机

计算机发展到第三代,开始出现了小型化倾向。1960年,美国数据设备公司(DEC)生产了第一台速度为每秒3000次的小型集成电路计算机。

小型机是指采用8～32颗处理器,性能和价格介于PC服务器和大型主机之间的一种高性能64位计算机。国外小型机对应英文名是 Minicomputer 和 Midrange Computer。Midrange Computer 是相对于大型主机和微型机而言的。小型机如图3-10所示。

图3-10　小型机

高端小型机一般使用的技术是:基于 RISC 的多处理器体系结构,兆数量级字节的高速缓存,几吉字节RAM,使用 I/O 处理器的专门 I/O 通道上的数百 GB 的磁盘存储器,以及专设管理处理器。高端小型机体积较小并且是气冷的,因此对客户现场没有特别的冷却管道要求。

小型机跟普通的服务器是有很大差别的,最重要的一点就是小型机的高 RAS(高可靠性 Reliability,高可用性 Availability,高服务性 Serviceability)特性。

2. 工作站

工作站,英文名称为 workstation,是一种以个人计算机和分布式网络计算为基础,主要面向专业应用领域,具备强大的数据运算与图形、图像处理能力,为满足工程设计、动画制作、科学研究、软件开发、金融管理、信息服务、模拟仿真等专业领域而设计开发的高性能计算机。如图3-11所示。工作站是一种高档的微型计算机,通常配有高分辨率的大屏幕显示器及容量很大的内存储器和外部存储器,并且具有较强的信息处理能力和高性能的图形、图像处理能力以及联网功能。

图3-11　工作站

工作站是20世纪80年代迅速发展起来的一种计算机系统,介于高档 PC 与小巨型机之间。工作站是由计算机和相应的外部设备以及成套的应用软件包所组成的信息处理系统。它能够完成用户交给的特定任务,是推动计算机普及应用的有效方式。工作站应具备强大的数据处理能力,有直观的便于人机交换信息的用户接口,可以与计算机网相连,在更大的范围内互通信息,共享资源。工作站在编程、计算、文件书写、存档、通信等各方面给专业工作者以综合的帮助。常见的工作站有计算机辅助设计(CAD)工作站(或称工程工作站）、办公自动化(OA)工作站、图像处理工作站等。不同任务的工作站有不同的硬件和软件配置。

CAD工作站的典型硬件配置为小型计算机（或高档的微型计算机）、带有功能键的CRT终端、光笔、平面绘图仪、数字化仪、打印机等，软件配置为操作系统、编译程序、相应的数据库和数据库管理系统、二维和三维的绘图软件以及成套的计算、分析软件包。CAD工作站可以完成用户提交的各种机械的、电气的设计任务。

OA工作站的主要硬件配置为微型计算机、办公用终端设备（如电传打字机、交互式终端、传真机、激光打印机、智能复印机等）、通信设施（如局部区域网）、程控交换机、公用数据网、综合业务数字网等，软件配置为操作系统、编译程序、各种服务程序、通信软件、数据库管理系统、电子邮件、文字处理软件、表格处理软件、各种编辑软件以及专门业务活动的软件包（如人事管理、财务管理、行政事务管理等软件），并配备相应的数据库。OA工作站的任务是完成各种办公信息的处理。

图像处理工作站的主要硬件配置为计算机、图像数字化设备（包括电子的、光学的或机电的扫描设备，数字化仪）、图像输出设备、交互式图像终端，软件配置除了一般的系统软件外还要有成套的图像处理软件包。它可以完成用户提出的各种图像处理任务。越来越多的计算机厂家在生产和销售各种工作站。

3.3.3　台式电脑与笔记本电脑

1. 个人电脑

个人电脑(Personal Computer, PC)，亦称个人计算机。狭义来说，个人电脑指IBM PC/AT相容机种，此架构中的中央处理器采用英特尔或AMD等厂商所生产的中央处理器。个人电脑分为台式电脑与笔记本电脑。

台式电脑也称台式机，其主机、显示器等设备一般是相对独立的，需要放置在电脑桌或者专门的工作台上，相对于笔记本电脑来说，台式电脑的体积大，如图3-12(1)所示。

NoteBook，俗称笔记本电脑，又称手提电脑或膝上型电脑（港台称之为笔记型电脑），是一种小型、可携带的个人电脑，通常重1~3kg。其发展趋势是体积越来越小、重量越来越轻，而功能却越发强大。像Netbook，也就是俗称的上网本，跟台式电脑的主要区别在于其便携带方便，如图3-12(2)所示。

(1)　　　　　　(2)

图3-12　台式电脑和笔记本电脑

2. 个人电脑的发展史

1962年11月3日纽约时报于相关报导中首次使用"个人电脑"一词。

1968年，HP公司在广告中将其产品Hewlett—Packard 9100A称为"个人电脑"。

世界公认的第一部个人电脑，则为1971年Kenbak Corporation推出的Kenbak—1。Kenbak—1当时售价750美元，1971年曾在《科学美国人》杂志上做广告销售。

1973年，法国工程师Francois Gernelle和André Truong两个人所发明的Micral个人

电脑,为第一款使用 Intel 微处理器的商业个人电脑。

1985 年,东芝采用 x86 架构开发出世界第一台真正意义的笔记本电脑。

3.3.4 平板电脑与掌上电脑

1. 平板电脑

第一台用作商业的平板电脑是 1989 年 9 月上市的 GRiD Systems 制造的 GRiDPad,它的操作系统基于 MS-DOS。

平板电脑(Tablet Personal Computer,Tablet PC、Flat PC、Tablet、Slates),是一种小型、方便携带的个人电脑,以触摸屏作为基本的输入设备。它拥有的触摸屏(也称为数位板技术)允许用户通过触控笔或数字笔来进行作业而不是传统的键盘或鼠标。用户可以通过内建的手写识别、屏幕上的软键盘、语音识别或者一个真正的键盘(如果该机型配备的话)进行操作。平板电脑由比尔·盖茨提出,至少应该是 x86 架构。从微软提出的平板电脑概念产品上看,平板电脑就是一款无须翻盖、没有键盘、小到足以放入女士手袋,但功能完整的 PC,如图 3-13 所示。

图 3-13　平板电脑

多数平板电脑使用 Wacom 数位板,该数位板能快速地将触控笔的位置"告诉"电脑。使用这种数位板的平板电脑会在其屏幕表面产生一个微弱的磁场,该磁场只能和触控笔内的装置发生作用。所以用户可以放心地将手放到屏幕上,因为只有触控笔才会影响到屏幕。

平板电脑的主要特点是显示器可以随意旋转,一般采用小于 10.4in 的液晶屏幕,并且都是带有触摸识别的液晶屏,可以用电磁感应笔手写输入。平板电脑集移动商务、移动通信和移动娱乐为一体,具有手写识别和无线网络通信功能,被称为笔记本电脑的终结者。

平板电脑按结构设计大致可分为两种类型,即集成键盘的"可变式平板电脑"和可外接键盘的"纯平板电脑"。平板式电脑本身内建了一些新的应用软件,用户只要在屏幕上书写,即可将文字或手绘图形输入计算机。

2. 掌上电脑

1992 年,美国一家计算机公司推出一种袖珍的计算机,大小与能装在口袋里的日历薄差不多。它使用 4 个 AA 型电池便能连续工作 8h。同其他计算机一样,它可同国际商用机器公司的 PC/XT 兼容,带有一个小键盘。

掌上电脑,即 PDA(Personal Digital Assistant),又称个人数字助理,主要提供记事、通讯录、名片交换及行程安排等功能。它同样有 CPU、存储器、显示芯片以及操作系统等。操作系统可以是:Linux OS、Palm OS 或 Windows Mobile(Pocket PC),如图 3-14 所示。

掌上电脑的主要功能有录音机功能、英汉汉英词典功能、全球时钟对照功能、提醒功能、休闲娱乐功能、传真功能等。

图 3-14　掌上电脑

3.3.5　电脑化手机

iPhone 是 2007 年由苹果公司（Apple,Inc.）推出的，将移动电话、可触摸宽屏 iPod 以及具有桌面级电子邮件、网页浏览、搜索和地图功能合而为一的因特网通信设备，是结合了照相手机、个人数码助理、媒体播放器以及无线通信设备的掌上设备。iPhone 引入了基于大型多触点显示屏和领先性新软件的全新用户界面，让用户用手指即可控制 iPhone。iPhone 还开创了移动设备软件尖端功能的新纪元，重新定义了移动电话的功能。

2011 年 6 月 21 日诺基亚发布全球首款 MeeGo 移动智能终端手机 N9，它代表了智能手机的发展趋势。从诺基亚 N9 到摩托罗拉 ME860、HTC 的 Sensation、三星的 GalaxySII，再到苹果的 iPhone4 等知名品牌的智能手机新品看，高处理器、大内存、大硬盘和智能操作系统是共同点，其中一些产品还安装了独立的图形处理器。除了硬盘和屏幕以外，这些手机几乎已经赶上甚至超过一些电脑产品了。越来越多的手机将具备电脑的功能。如果说苹果重新定义了手机，点燃了手机电脑化的星星之火的话，那么谷歌安卓操作系统的走俏，则让其在全球范围内燎原。2010 年第四季度，全球智能手机出货量首次超过了电脑。

从只能打电话到可以发短信、再到彩屏手机、照相手机、音乐手机，再到现在的智能上网手机，短短十多年时间里，手机实现了好几代升级，功能日益强大。本来通过电脑来完成的网络应用，现在一部手机就能解决。手机电脑化包括手机屏幕的电脑化、手机键盘的电脑化、手机软件的电脑化和手机应用的电脑化。目前，已经有很多电脑上的通信、娱乐、办公应用顺利的转移到手机上。MeeGo 智能手机 N9 和苹果 iphone 如图 3-15 所示。

(a) MeeGo手机N9　　(b) 苹果iPhone

图 3-15　电脑化手机

思考题

1. 简述图灵模型。
2. 简述冯·诺依曼模型。
3. 简述计算机系统组成。
4. 简述微型计算机的结构。
5. 有几种系统总线？它们的功能是什么？
6. CPU 由几个部分组成？
7. 存储器怎么分类？
8. 什么是超级计算机？
9. 什么是小型机？什么是工作站？什么是台式电脑？什么是笔记本电脑？
10. 什么是平板电脑？什么是掌上电脑？什么是电脑化手机？

第4章

计算机网络

4.1 计算机网络概述

4.1.1 计算机网络概述

1. 定义

计算机网络,是指将地理位置不同的具有独立功能的多台计算机及其外部设备,通过通信线路连接起来,在网络操作系统、网络管理软件及网络通信协议的管理和协调下,实现资源共享和信息传递的计算机系统。

计算机网络的最简单的定义是:一些相互连接的、以共享资源为目的的、自治的计算机的集合。从广义上看,计算机网络是以传输信息为基础目的,用通信线路将多个计算机连接起来的计算机系统的集合。从用户角度看,计算机网络是可以调用用户所需资源的系统。

2. 功能

计算机网络的主要功能是硬件资源共享、软件资源共享和用户间信息交换三个方面。

(1) 硬件资源共享。可以在全网范围内提供对处理资源、存储资源、输入输出资源等昂贵设备的共享,使用户节省投资,也便于集中管理和均衡分担负荷。

(2) 软件资源共享。允许互联网上的用户远程访问各类大型数据库,以得到网络文件传送服务、远程管理服务和远程文件访问服务,从而避免软件研制上的重复劳动以及数据资源的重复存储,也便于集中管理。

(3) 用户间信息交换。计算机网络为分布在各地的用户提供了强有力的通信手段。用户可以通过计算机网络传送电子邮件、发布新闻消息和进行电子商务活动。

3. 协议

协议,是用来描述进程之间信息交换数据时的规则术语。在计算机网络中,为了使不同结构、不同型号的计算机之间能够正确地传送信息,必须有一套关于信息传输顺序、信息格式和信息内容等的约定,这一整套约定称为协议。在计算机网络中,两个相互通信的实体处在不同的地理位置,其上的两个进程想要相互通信,需要通过交换信息来协调它们的动作和达到同步,而信息的交换必须按照预先共同约定好的过程进行。网络协议一般是由网络系统决定的,网络系统不同,网络协议也就不同。

4.1.2 计算机网络结构

1. 层次结构

OSI（Open System Interconnection，开放系统互连）七层网络模型称为开放式系统互连参考模型，是一个逻辑上的定义，一个规范，它把网络从逻辑上分为了7层，如图4-1所示。

图4-1　OSI 网络模型

1）物理层（Physical Layer）

该层为ＯＳＩ模型的最低层或第一层，该层包括物理联网媒介，如电缆连线连接器。物理层的协议产生并检测电压以便发送和接收携带数据的信号。物理层的任务就是为它的上一层提供一个物理连接以及它们的机械、电气、功能和过程特性，如规定使用电缆和接头的类型、传送信号的电压等。在这一层，数据还没有被组织，仅作为原始的位流或电气电压处理，单位是 b（比特）。

2）数据链路层（Datalink Layer）

该层为ＯＳＩ模型的第二层，它控制网络层与物理层之间的通信。数据链路层在物理层提供比特流服务的基础上，建立相邻节点之间的数据链路，通过差错控制提供数据帧（Frame）在信道上无差错的传输，并进行各电路上的动作系列。数据链路层在不可靠的物理介质上提供可靠的传输。该层的作用包括：物理地址寻址、数据的成帧、流量控制、数据的检错、重发等。数据链路层协议的代表包括：SDLC、HDLC、PPP、STP、帧中继等。为了保证传输，从网络层接收到的数据被分割成特定的可被物理层传输的帧。帧是用来移动数据的结构包，它不仅包括原始数据，还包括发送方和接收方的物理地址以及纠错和控制信息。其中的地址确定了帧将发送到何处，而纠错和控制信息则确保了帧无差错到达目的地。如果在传送数据时，接收点检测到所传数据中有差错，就要通知发送方重发这一帧。

3）网络层（Network Layer）

该层为ＯＳＩ模型的第三层，其主要功能是将网络地址翻译成对应的物理地址，并决定如何将数据从发送方路由到接收方。网络层通过综合考虑发送优先权、网络拥塞程度、服务质量以及可选路由的花费来决定从一个网络中节点 A 到另一个网络中节点 B 的最佳路径。由于网络层处理路由，而路由器连接网络各段，并智能地指导数据传送，因此路由器属于网络层。在网络中，"路由"是基于编址方案、使用模式以及可达性来指引数据的发送的。网络层负责在源机器和目标机器之间建立它们所使用的路由。这一层本身没有任何错误检测和修正机制，因此，网络层必须依赖于端到端之间的由ＤＬＬ提供的可靠传输服务。

4）传输层（Transport Layer）

该层为ＯＳＩ模型中最重要的一层。传输协议同时进行流量控制或是基于接收方可接收数据的快慢程度规定适当的发送速率。除此之外，传输层按照网络能处理的最大尺寸将较长的数据包进行强制分割。例如，以太网无法接收大于１５００Ｂ的数据包。发送方节点的传输层将数据分割成较小的数据片，同时对每一数据片安排一个序列号，以便数据到达接收方节点的传输层时，能以正确的顺序重组，该过程被称为排序。工作在传输层的一种服务是 TCP/IP 协议套中的 TCP（传输控制协议），另一项传输层服务是 IPX/SPX 协议集的

SPX(序列包交换)。

5) 会话层(Session Layer)

会话层负责在网络中的两节点之间建立、维持和终止通信。会话层的功能具体包括建立通信链接、保持会话过程通信连接的畅通、同步两个节点之间的对话、决定通信是否被中断以及通信中断时决定从何处重新发送。例如用户通过拨号向 ISP(因特网服务提供商)请求连接到因特网时,ISP 服务器上的会话层会向用户的 PC 客户机上的会话层进行协商连接。若此时用户的电话线偶然从墙上插孔脱落了,终端机上的会话层将检测到连接中断并重新发起连接。会话层通过决定节点通信的优先级和通信时间的长短来设置通信期限。

6) 表示层(Presentation Layer)

表示层即应用程序和网络之间的翻译官。在表示层,数据将按照网络能理解的方案进行格式化,这种格式化也因所使用网络的类型不同而不同。表示层管理数据的解密与加密,如系统口令的处理。例如,在 Internet 上查询银行账户,使用的即是一种安全连接。账户数据在发送前被加密,在网络的另一端,表示层将对接收到的数据进行解密。除此之外,表示层协议还对图片和文件格式信息进行编码和解码。

7) 应用层(Application Layer)

应用层负责对软件提供接口以使程序能使用网络服务。术语"应用层"并不是指运行在网络上的某个特别应用程序。应用层提供的服务包括文件传输、文件管理以及电子邮件的信息处理。

2. 拓扑结构

网络拓扑结构指的是网络上的通信链路以及各个计算机之间的相互连接的几何排列或物理布局形式。网络拓扑就是指网络形状,即网络中各个节点相互连接的方法和形式。拓扑结构通常有 5 种主要类型:星状、环状、总线型、树状和网状结构,如图 4-2 所示。

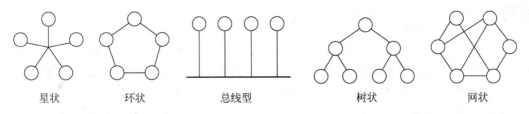

星状　　环状　　　　总线型　　　　树状　　　　网状

图 4-2　网络拓扑结构

1) 星状拓扑结构

星状拓扑结构的中心节点到其他各节点之间呈辐射状连接,由中心节点完成集中式通信控制。星状拓扑结构的节点有两类,即中心节点和外围节点。中心节点只有一个,每个外围节点都通过独立的通信线路与中心节点相连,外围节点之间没有连线。星状结构的优点是结构简单,访问协议简单,单个故障不影响整个网络;缺点是可靠性较低,中心节点有故障,整个网络就无法工作,全网将瘫痪,且系统扩展较困难。

2) 环状拓扑结构

环状拓扑结构中每个节点连接形成一个闭合回路,数据可以沿环单向传输,也可以设置两个环路实现双向通信。环状拓扑结构的扩充方便,传输率较高,但网络中一旦有某个节点发生故障,则可能导致整个网络停止工作。

3) 总线型拓扑结构

在总线型拓扑结构中,所有工作站点都连在一条总线上,通过这条总线实现通信。总线结构是目前局域网采用最多的一种拓扑结构。它连接简单,易于扩充节点和删除节点,节点的故障不会引起系统的瘫痪,但是,总线出问题会使整个网络停止工作,故障检测困难。

4) 树状拓扑结构

在树状拓扑结构中,有一个根节点和若干个枝节点,最末端是叶节点。形状像倒立树"根"。总线型与它比较,总线型没有"根"。根节点的功能较强,常常是高档微机或小、中型机,叶节点可以是微型机。这种结构的优点是扩展容易、易分离故障节点、易维护,特别适合等级严格的行业或部门;缺点是整个网络对根节点的依赖性较大,这对整个网络系统的安全性是一个障碍,若根节点发生故障,整个网络的工作就将受到致命影响。

5) 网状结构

网状结构实际是由上述 4 种拓扑结构中的两种或多种简单组合而成的,它的形状像网一样。网状结构中计算机之间的通信有多条线路可供选择。它继承了各种结构的优点,但是,其结构复杂,维护难度较大。

4.1.3　计算机网络的发展历史

随着计算机网络技术的蓬勃发展,计算机网络的发展大致可划分为如下 4 个阶段。

1. 诞生阶段

20 世纪 60 年代中期之前的第一代计算机网络是以单个计算机为中心的远程联机系统。典型应用是由一台计算机和全美范围内 2000 多个终端组成的飞机订票系统。其终端是一台计算机的外部设备包括显示器和键盘,无 CPU 和内存。随着远程终端的增多,在主机前增加了前端机(FEP)。当时,人们把计算机网络定义为"以传输信息为目的而连接起来以实现远程信息处理或进一步达到资源共享的系统",但这样的通信系统已具备了网络的雏形。

2. 形成阶段

20 世纪 60 年代中期至 70 年代的第二代计算机网络是以多个主机通过通信线路互联起来为用户提供服务的,兴起于 60 年代后期,典型代表是美国国防部高级研究计划署协助开发的 ARPANet。第二代计算机网络的主机之间不是直接用线路相连,而是由接口报文处理机(IMP)转接后互联的。IMP 和它们之间互联的通信线路一起负责主机间的通信任务,构成了通信子网。通信子网互联的主机负责运行程序、提供资源共享,组成了资源子网。这个时期,网络的概念为"以能够相互共享资源为目的互联起来的具有独立功能的计算机之集合体",形成了计算机网络的基本概念。

3. 互联互通阶段

20 世纪 70 年代末至 90 年代的第三代计算机网络是具有统一的网络体系结构并遵循国际标准的开放式和标准化的网络。ARPANet 兴起后,计算机网络发展迅猛,各大计算机公司相继推出自己的网络体系结构及实现这些结构的软硬件产品。由于没有统一的标准，不同厂商的产品之间互联很困难，人们迫切需要一种开放性的标准化实用网络环境，这样两种国际通用的最重要的体系结构——TCP/IP体系结构和国际标准化组织的OSI体系结构就应运而生了。

4．高速网络技术阶段

20世纪90年代末至今的第四代计算机网络，由于局域网技术发展成熟，出现了光纤及高速网络技术、多媒体网络、智能网络，整个网络是一个对用户透明的计算机系统，现已发展成为Internet互联网。

4.2　Internet

4.2.1　Internet概述

1．定义

Internet，中文译名为因特网，又叫做国际互联网。它是由那些使用公用语言互相通信的计算机连接而成的全球网络，计算机一旦连接到它的任何一个节点上，就意味着已经连入Internet了。Internet目前的用户已经遍及全球，有超过几亿人在使用Internet，并且它的用户数还在以等比级数上升。

因特网（Internet）是一组全球信息资源的总汇，是由许多小的网络（子网）互联组成的一个逻辑网，每个子网中连接着若干台计算机（主机）。Internet以相互交流信息资源为目的，基于一些共同的协议，通过许多路由器和公共互联网连接形成更大的网络。它是一个共享信息资源的集合。计算机网络只是传播信息的载体，而Internet的优越性和实用性则在于其信息的共享。因特网最高层域名分为机构性域名和地理性域名两大类，目前主要有14种机构性域名。

2．Internet的功能

（1）WWW服务。在Web方式下，通过Internet可以浏览、搜索、查询各种信息，可以发布自己的信息，可以与他人进行实时或者非实时的交流，可以游戏、娱乐、购物等。

（2）电子邮件E-mail服务。可以通过E-mail系统同世界上任何地方的用户交换电子邮件。不论对方在哪个地方，只要他也可以连入Internet，那么你发送的信息只需要几分钟的时间就可以到达对方的手中了。

（3）远程登录Telnet服务。远程登录就是通过Internet进入和使用远距离的计算机系统，就像使用本地计算机一样。远端的计算机可以在同一间屋子里，也可以远在数千千米之外。它使用的工具是Telnet。它在接到远程登录的请求后，就试图把请求方所在的计算机同远端计算机连接起来。一旦连通，该计算机就成为远端计算机的终端。该用户可以正式注册（login）进入系统成为合法用户，执行操作命令，提交作业，使用系统资源。在完成操作任务后，通过注销（logout）退出远端计算机系统，同时也退出Telnet。

（4）文件传输 FTP 服务。FTP（文件传输协议）是 Internet 上最早使用的文件传输协议。它同 Telnet 一样，能使用户登录到 Internet 的一台远程计算机，把其中的文件传送回自己的计算机系统，或者反过来，把本地计算机上的文件传送并装载到远程的计算机系统。利用这个协议，用户可以下载免费软件，或者上传主页。

3. Internet 的发展历史

20 世纪 60 年代开始，美国国防部的高级研究计划署 ARPA（Advance Research Projects Agency）准备建立阿帕网 ARPANet，并开始向美国国内大学和一些公司提供经费，以促进计算机网络和分组交换技术的研究。1969 年 12 月，ARPANet 投入运行，建成了一个实验性的由 4 个节点连接成的网络。到 1983 年，ARPANet 已连接了 300 多台计算机，供美国各研究机构和政府部门使用。1983 年，ARPANet 分为 ARPANet 和军用MILNET（Military Network），两个网络之间可以进行通信和资源共享。由于这两个网络都是由许多网络互联而成的，因此它们都被称为 Internet，ARPANet 就是 Internet 的前身。1986 年，NSF（美国国家科学基金会，National Science Foundation）建立了自己的计算机通信网络。NSFnet 将美国各地的科研人员连接到分布在美国不同地区的超级计算机中心，并将按地区划分的计算机广域网与超级计算机中心相连（实际上它是一个三级计算机网络，分为主干网、地区网和校园网，覆盖了全美国主要的大学和研究所）。

4.2.2 TCP/IP 协议

1. 定义

TCP/IP（Transmission Control Protocol/Internet Protocol）中文译名为传输控制协议/因特网互联协议，又叫网络通信协议，这个协议是 Internet 最基本的协议、Internet 国际互联网络的基础，简单地说，就是由网络层的 IP 协议和传输层的 TCP 协议组成的。TCP/IP定义了电子设备（比如计算机）如何接入因特网，以及数据如何在它们之间传输的标准。TCP/IP 是一个 4 层的分层体系结构。高层为传输控制协议，它负责聚集信息或把文件拆分成更小的包。低层是网际协议，它处理每个包的地址部分，使这些包正确地到达目的地。

2. 层次

从协议分层模型方面来讲，TCP/IP 由 4 个层次组成：网络接口层、网络层、传输层、应用层。

网络接口层包括物理层和数据链路层。物理层定义物理介质的各种特性（机械特性、电子特性、功能特性、规程特性）。数据链路层负责接收 IP 数据报并通过网络发送之，或者从网络上接收物理帧，抽出 IP 数据报，交给 IP 层。

网络层负责相邻计算机之间的通信。其功能包括如下三方面。

① 处理来自传输层的分组发送请求。收到请求后，将分组装入 IP 数据报，填充报头，选择去往信宿机的路径，然后将数据报发往适当的网络接口。

② 处理输入数据报。首先检查其合法性，然后进行寻径，假如该数据报已到达信宿机，则去掉报头，将剩下部分交给适当的传输协议；假如该数据报尚未到达信宿，则转发该数

据报。

　　③ 处理路径、流控、拥塞等问题。

　　传输层提供应用程序间的通信。其功能包括：

　　① 格式化信息流；

　　② 提供可靠传输。

　　为了实现功能②，传输层协议规定接收端必须发回确认信号，并且假如分组丢失，必须重新发送。传输层协议主要是传输控制协议（Transmission Control Protocol，TCP）和用户数据报协议（User Datagram Protocol，UDP）。

　　应用层向用户提供一组常用的应用程序，比如电子邮件、文件传输访问、远程登录等。远程登录 Telnet 使用 Telnet 协议提供在网络其他主机上注册的接口。Telnet 会话提供了基于字符的虚拟终端。文件传输访问 FTP 使用 FTP 协议来提供网络内机器间的文件拷贝功能。应用层一般是面向用户的服务，如 FTP、Telnet、DNS、SMTP、POP3 等。

4.2.3　IP 地址

1. 定义

　　IP 地址就是给每个连接在 Internet 上的主机分配的一个 32b 的地址。TCP/IP 协议规定，IP 地址用二进制来表示，每个 IP 地址长 32b，比特换算成字节，就是 4B。例如一个采用二进制形式的 IP 地址是 00001010000000000000000000000001，这么长的地址处理起来不方便。为了方便人们的使用，IP 地址经常被写成十进制的形式，中间使用符号"."分开不同的字节。于是，上面的 IP 地址可以表示为 10.0.0.1。IP 地址的这种表示法叫做"点分十进制表示法"，这显然比 1 和 0 容易记忆得多。

2. IP 构成

　　Internet 上的每台主机（Host）都有一个唯一的 IP 地址。IP 协议就是使用这个地址在主机之间传递信息的，这是 Internet 能够运行的基础。IP 地址的长度为 32 位，分为 4 段，每段 8 位，用十进制数字表示，每段数字范围为 0～255，段与段之间用句点隔开。例如 159.226.1.1。

3. IP 地址分类

　　最初设计互联网络时，为了便于寻址以及层次化构造网络，每个 IP 地址包括两个标识码（ID），即网络 ID 和主机 ID。同一个物理网络上的所有主机都使用同一个网络 ID，网络上的一个主机（包括网络上工作站，服务器和路由器等）有一个主机 ID 与其对应。Internet 委员会定义了 5 种 IP 地址类型以适合不同容量的网络，即 A 类～E 类。其中 A、B、C 三类（如下表 4-1）由 Internet NIC 在全球范围内统一分配，D、E 类为特殊地址。

　　一个 A 类 IP 地址，是指在 IP 地址的 4 段号码中，第一段号码为网络号码，剩下的三段号码为本地计算机的号码。如果用二进制表示 IP 地址的话，A 类 IP 地址就由 1 字节的网络地址和 3 字节主机地址组成，网络地址的最高位必须是 0。A 类 IP 地址中网络的标识长度为 7 位，主机标识的长度为 24 位，A 类网络地址数量较少，可以用于主机数达 1600 多万

表 4-1　IP 地址分类

网络类别	最大网络数	第一个可用的网络号	最后一个可用的网络号	每个网络中的最大主机数
A	126	1	126	16 777 214
B	16 383	128.1	191.255	65 534
C	2 097 151	192.0.1	223.255.255	254

台的大型网络。A 类 IP 地址的地址范围为 1.0.0.1～126.255.255.254(二进制表示为：00000001 00000000 00000000 00000001～01111110 11111111 11111111 11111110)。A 类 IP 地址的子网掩码为 255.0.0.0,每个网络支持的最大主机数为 $256^3-2=16\ 777\ 214$ 台。

　　一个 B 类 IP 地址,是指在 IP 地址的 4 段号码中,前两段号码为网络号码。如果用二进制表示 IP 地址的话,B 类 IP 地址就由 2 字节的网络地址和 2 字节主机地址组成,网络地址的最高的位必须是 10。B 类 IP 地址中网络的标识长度为 14 位,主机标识的长度为 16 位,B 类网络地址适用于中等规模的网络,每个网络所能容纳的计算机数为 6 万多台。B 类 IP 地址范围 128.1.0.1～191.255.255.254(二进制表示为：10000000 00000001 00000000 00000001～10111111 11111111 11111111 11111110)。B 类 IP 地址的子网掩码为 255.255.0.0,每个网络支持的最大主机数为 $256^2-2=65\ 534$ 台。

　　一个 C 类 IP 地址,是指在 IP 地址的 4 段号码中,前三段号码为网络号码,剩下的一段号码为本地计算机的号码。如果用二进制表示 IP 地址的话,C 类 IP 地址就由 3 字节的网络地址和 1 字节主机地址组成,网络地址的最高三位必须是 110。C 类 IP 地址中网络的标识长度为 21 位,主机标识的长度为 8 位,C 类网络地址数量较多,适用于小规模的局域网络,每个网络最多只能包含 254 台计算机。C 类 IP 地址范围为 192.0.1.1～223.255.254.254(二进制表示为：11000000 00000000 00000001 00000001 ～11011111 11111111 11111110 11111110)。C 类 IP 地址的子网掩码为 255.255.255.0,每个网络支持的最大主机数为 $256-2=254$ 台。

　　D 类 IP 地址第一个字节以 1110 开始,它是一个专门保留的地址。它并不指向特定的网络,目前这一类地址被用在多播(multicast)中。多播地址用来一次寻址一组计算机,它标识共享同一协议的一组计算机。地址范围为 224.0.0.1～239.255.255.254。E 类 IP 地址以 11110 开始,它被保留以备将来之需。

4.3　未来计算机网络

4.3.1　万兆以太网

1. 以太网的发展

　　在近 20 年中,以太网由最初 10Base5 的 10M 粗缆总线发展为 10Base2 的 10M 细缆,其后是一个短暂的后退——1Base5 的 1M 以太网,随后以太网技术发展成为大家熟悉的星状的双绞线 10Base-T。随着对带宽要求的提高以及器件能力的增强,出现了快速以太网——5 类线传输的 100Base-TX、3 类线传输的 100Base-T4 和光纤传输的 100Base-FX。随着带宽的进一步提高,千兆以太网接口也随之出现,包括短波长光传输的 1000Base-SX、长波长光传输的 1000Base-LX 以及 5 类线传输的 1000Base-T。2002 年 7 月 18 日 IEEE 通过了802.3ae 标准。10Gb/s 以太网又称万兆以太网。在以太网技术中,100Base-T 是一个里程碑,确立了以太网技术在桌面的统治地位。千兆以太网以及随后出现的万兆以太网标准是两个比较重要的标准。这两个标准使以太网桌面局域网应用向校园网以及城域网应用拓展。

2. 万兆以太网应用领域

万兆以太网的技术已经成熟,它的适用领域十分的广阔。各种迅速增长的带宽密集型项目,像高带宽园区骨干、数据中心汇聚、集群和网格计算、合一(语音、视频、图像和数据)的通信、存储组网、金融交易以及政府、医疗卫生领域、研究单位和大学的超级计算研究等,都离不开万兆以太网技术。

4.3.2　第二代 Internet

1. Internet 2 概述

Internet 2 是美国参与开发该项目的 184 所大学和 70 多家研究机构给未来网络起的名字,旨在为美国的大学和科研群体建立并维持一个技术领先的互联网,以满足大学之间进行网上科学研究和教学的需求。与传统的互联网相比,Internet 2 的传输速率可达 2.4Gb/s,比标准拨号调制解调器快 8.5 万倍。其应用将更为广泛,如医疗保健、国家安全、远程教学、能源研究、生物医学、环境监测、制造工程在紧急情况下的应急反应、危机管理等项目。

2. 超高速网络技术

1)IPv6 协议

全世界广泛使用的是第一代国际互联网,相应的 IP 地址协议是 IPv4,即第 4 版。IPv4 设定的网络地址编码是 32 位,总共提供的 IP 地址为 2^{32},大约 43 亿个。目前,它所提供的网址资源已近枯竭。下一代互联网采用的是 IPv6 协议,它设定的地址是 128 位编码,能产生 2^{128} 个 IP 地址,地址资源极为丰富。

2)Internet 2 的结构

1996 年 10 月,美国政府宣布启动“下一代互联网 NGI”研究计划,其核心是互联网协议和路由器。它的主要目标是:建设高性能的边缘网络,为科研提供基础设施;开发具有革命性的 Internet 应用技术;促进新的网络服务及应用在 Internet 上的推广。Internet 2 由一系列工作组组成,各成员在多个领域展开合作,这些工作组致力于以下工作。

(1)各种类型的合作。包括与政府的合作及一系列的国际合作。

(2)基础性研究。Internet 2 基础研究涵盖许多基础性研究项目,包括中间件研究项目、点对点性能研究项目及人文科学研究项目等。

(3)应用研究。Internet 2 研究基于网络的协同和对信息与资源的交互式访问,这些先进的应用技术在目前的 Internet 环境下是无法实现的。

(4)工程技术研究。包括网络技术、光学网络等研究项目。

(5) 中间件研究。目的是研究中间件的标准化及互操作性,并在各大学节点展开核心中间件服务的部署工作。

3) 主要部分

(1) 先进网络基础设施(Advanced Network Infrastructure)。先进的网络基础设施用来连接超过 200 家大学与研究机构,是新型网络应用和提供高可靠网络质量的基础。Internet 2 的主要网络基础设施建设项目包括 Abilene、GigaPoPs、FiberCo 等。

(2) 光网络(Optical Networking)。光网络技术的发展及相关网络基础设施的建立,为 Internet 2 上的先进网络应用提供了很好的平台。相关的项目包括 LambdaRail、HOPI 和 FiberCo 等。

(3) 中间件与安全(Middleware and Security)。中间件是介于网络与应用间的软件层,提供基本的网络服务,如授权、验证、目录及安全服务等。中间件在高性能网络中的作用正变得越来越重要。Internet 2 在中间件方面的研究主要包含两个方面,一是核心中间件的开发,另一个是中间件整合计划。

① 核心中间件。核心中间件服务是所有其他中间件服务的基础。在 MACE (Middleware Architecture Committee for Education,教育中间件构架标准委员会)的指导下,Internet 2 中间件项目主要研究组织间的验证与授权问题,特别是标准化与互操作性。

② 中间件整合项目。Internet 2 不但投入核心中间件的研究与开发,还参与一些中间件的整合项目,这些项目涵盖医药学、电子邮件系统和视频会议等方面。

(4) 先进应用(Advanced Applications)。Internet 2 研究的应用目的是在质和量上提高网络对科研及教学的支持。另外,不同于通常的网络应用,它们是建立在先进的网络环境下,需要高带宽、低延迟等先进的网络条件。Internet 2 支持从科学到人文艺术等各个领域的应用研究。研究人员在 Internet 2 上开发的应用有交互式协作、对远程资源的实时访问、协同式虚拟现实、大规模分布式计算和数据挖掘等。

3. 超高速网络的历史与现状

美国从 20 世纪 60 年代开始对互联网的研究,到 20 世纪 80 年代中后期建成第一代互联网。第一代互联网的研制开发建设,完全由美国完成,从各种基础的硬件(如光纤中的玻璃丝)到路由器、服务器、软件乃至各种应用技术,全部由美国掌握。

1996 年美国政府的"下一代 Internet"研究计划 NGI 和美国 UCAID 从事的 Internet 2 研究计划,都是在高速计算机试验网上开展下一代高速计算机网络及其典型应用的研究,构造一个全新概念的新一代计算机互联网络,为美国的教育和科研提供世界最先进的信息基础设施,并保持美国在高速计算机网络及其应用领域的技术优势,从而保证下一世纪美国在科学和经济领域的竞争力。英、德、法、日、加等发达国家目前除了拥有政府投资建设和运行的大规模教育和科研网络以外,也都建立了研究高速计算机网络及其典型应用技术的高速网试验床。

2007 年 10 月 10 日,Internet 2 项目的首席负责人道格·冯·豪维灵说:"现在可以为单独的计算机工作站提供 10Gb/s 的接入带宽,我们需要开发一种方法使得这种高需求的应用与普通应用能够同时运行,互不干扰。"运营商利用 Internet 2 网络开始向科研机构提供一种"临时按需获得 10Gb/s 带宽"的服务。豪维灵说,通常每个研究所以 10Gb/s 的速度连接到 100Gb/s 的 Internet 2 骨干网,另外用一个 10Gb/s 的接入口作为备份,以备突发流量之需。

Internet 2 的扩展也已经列入计划。只要增加适当的设备,这个网络就可以很容易再扩容 4 倍,达到 400Gb/s。可惜的是,高速 Internet 2 与普通网络用户的距离还很遥远,新增的带宽主要供物理学家、天文学家等专业人士更好地收发数据、开展研究。但在某种程度上,Internet 2 已经成为全球下一代互联网建设的代名词。基于新一代互联网络 Internet 2 研究开发的超高速 Internet 2 网络即将推出,理论最高网速可达 100Gb/s。

4.3.3　全光网

1. 全光网概述

随着 Internet 业务和多媒体应用的快速发展,网络的业务量正在以指数级的速度迅速膨胀,这就要求网络必须具有高比特率数据传输能力和大吞吐量的交叉能力。光纤通信技术出现以后,其近 30THz 的巨大潜在带宽容量给通信领域带来了蓬勃发展的机遇,特别是在提出信息高速公路以来,光技术开始渗透于整个通信网,光纤通信有向全光网推进的趋势。

全光网(all optical network)是指光信息流在网中传输及交换时始终以光的形式存在,而不需要经过光/电、电/光转换。

全光网的主要技术有光纤技术、SDH、WDM、光交换技术、OXC、无源光网技术、光纤放大器技术等。为此,网络的交换功能应当直接在光层中完成,这样的网络称为全光网。它需要新型的全光交换器件,如光交叉连接(OXC)、光分插复用(OADM)和光保护倒换等。全光网是以光节点取代现有网络的电节点,并用光线将光节点互连成网,采用光波完成信号的传输和交换等功能,克服了现有网络在传输和交换时的瓶颈,减少了信息传输的拥塞延时并提高了网络的吞吐量。

2. 全光网关键技术

(1) 光交叉连接技术。光交叉连接(OXC)是全光网中的核心器件,它与光纤组成了一个全光网络。OXC 交换的是全光信号,它在网络节点处,对指定波长进行互连,从而有效地利用波长资源,实现波长重用,也就是使用较少数量的波长,互连较大数量的网络节点。当光纤中断或业务失效时,OXC 能够自动完成故障隔离、重新选择路由和网络重新配置等操作,使业务不中断。

(2) 光分插复用技术。光分插复用(OADM)具有选择性,可以从传输设备中选择下路信号或上路信号,也可仅通过某个波长信号,而不影响其他波长信道的传输。OADM 在光域内实现了 SDH 中的分插复用器在时域内完成的功能,且具有透明性,可以处理任何格式和速率的信号,能提高网络的可靠性、降低节点成本、提高网络运行效率,是组建全光网必不可少的关键性设备。

(3) 全光网的管理、控制和运作。全光网的管理和控制出现了新的问题:

① 现行的传输系统(SDH)有自定义的表示故障状态监控的协议,这就存在着要求网络层必须与传输层一致的问题;

② 由于表示网络状况的正常数字信号不能从透明的光网络中取得，所以存在着必须使用新的监控方法的问题；

③ 在透明的全光网中，有可能不同的传输系统共享相同的传输媒质，而每一不同的传输系统会有自己定义的处理故障的方法，这便产生了如何协调处理好不同系统、不同传输层之间关系的问题。

（4）光交换技术。光交换技术可以分成光路交换技术和分组交换技术。光路交换又可分成三种类型，即空分（SD）、时分（TD）和波分/频分（WD/FD）光交换，以及由这些交换形式组合而成的结合型。其中空分交换按光矩阵开关所使用的技术又分成两类，一是基于波导技术的波导空分，另一个是使用自由空间光传播技术的自由空分光交换。光分组交换中，异步传送模式是近年来广泛研究的一种方式。

（5）全光中继技术。在传输方面，光纤放大器是建立全光通信网的核心技术之一。DWDM 系统的传统基础是掺饵光纤放大器（EDFA）。光纤在 $1.55\mu m$ 窗口有一较宽的低损耗带宽（30THz），可以容纳 DWDM 的光信号同时在一根光纤上传输。最新研究表明，1590nm 宽波段光纤放大器能够把 DWDM 系统的工作窗口扩展到 1600nm 以上。

4.3.4 物联网

1. 定义

物联网是新一代信息技术的重要组成部分。其英文名称是 The Internet of things。顾名思义，物联网就是物物相连的互联网。这有两层意思，第一，物联网的核心和基础仍然是互联网，是在互联网基础上延伸和扩展的网络；第二，其用户端延伸和扩展到了任何物品与物品之间，进行信息交换和通信。因此，物联网的定义是通过射频识别（RFID）、红外感应器、全球定位系统、激光扫描器等信息传感设备，按约定的协议，把任何物品与互联网相连接，进行信息交换和通信，以实现对物品的智能化识别、定位、跟踪、监控和管理的一种网络。

物联网指的是将无处不在的末端设备（Devices）和设施（Facilities），包括"内在智能"的传感器、移动终端、工业系统、楼控系统、家庭智能设施、视频监控系统等和"外在智能"（Enabled）的，如贴上 RFID 的各种资产（Assets）、携带无线终端的个人与车辆等"智能化物件或动物"或"智能尘埃"（Mote），通过各种无线/有线的长距离/短距离通信网络实现互联互通（M2M）、应用大集成（Grand Integration）以及基于云计算的 SaaS 营运等模式，提供安全可控乃至个性化的实时在线监测、定位追溯、报警联动、调度指挥、预案管理、远程控制、安全防范、远程维保、在线升级、统计报表、决策支持、领导桌面（集中展示的 Cockpit Dashboard）等管理和服务功能，实现对"万物"的高效、节能、安全、环保、管、控、营一体化。

2. 发展历史

物联网最早可追溯到 1990 年施乐公司的网络可乐贩售机 Networked Coke Machine。

1999 年在美国召开的移动计算和网络国际会议上，MIT Auto-ID 中心的 Ashton 教授首先提出物联网的概念。

2003 年美国《技术评论》提出传感网络技术将是未来改变人们生活的十大技术之首。

2005 年 11 月 17 日,在突尼斯举行的信息社会世界峰会(WSIS)上,国际电信联盟(ITU)发布了《ITU 互联网报告 2005:物联网》报告。

2009 年 1 月 28 日,奥巴马就任美国总统后,与美国工商业领袖举行了一次"圆桌会议",作为仅有的两名代表之一,IBM 首席执行官彭明生首次提出"智慧地球"这一概念,建议新政府投资新一代的智慧型基础设施。同年,美国将新能源和物联网列为振兴经济的两大重点。

2009 年 8 月温家宝总理在视察中科院无锡物联网产业研究所时,对于物联网应用也提出了一些看法和要求。自温总理提出"感知中国"以来,物联网被正式列为国家五大新兴战略性产业之一,写入了"政府工作报告",物联网在中国受到了全社会极大的关注。

3. 技术原理

从技术架构上来看,物联网可分为三层:感知层、网络层和应用层。

感知层由各种传感器以及传感器网关构成,包括二氧化碳浓度传感器、温度传感器、湿度传感器、二维码标签、RFID 标签和读写器、摄像头、GPS 等感知终端。感知层的作用相当于人的眼、耳、鼻、喉、皮肤等的神经末梢,它是物联网识别物体、采集信息的来源。

网络层由各种私有网络、互联网、有线和无线通信网、网络管理系统和云计算平台等组成,相当于人的神经中枢和大脑,负责传递和处理感知层获取的信息。

应用层是物联网和用户(包括人、组织和其他系统)的接口,它与行业需求结合,实现物联网的智能应用。

物联网的行业特性主要体现在其应用领域内,目前绿色农业、工业监控、公共安全、城市管理、远程医疗、智能家居、智能交通和环境监测等各个行业均有物联网应用的尝试,某些行业已经积累了一些成功的案例。

思考题

1. 什么是计算机网络?
2. 计算机网络拓扑结构有几种?
3. 简述计算机网络发展历史。
4. 什么是 Internet?
5. 简述 TCP/IP 协议。
6. 什么是 IP 地址?
7. 什么是万兆以太网?什么是第二代 Internet?什么是全光网?什么是物联网?

第5章

操作系统

5.1 操作系统概述

5.1.1 操作系统的概念

操作系统(Operating System,OS)是一种管理电脑硬件与软件资源的程序,同时也是计算机系统的内核与基石。

操作系统管理计算机系统的全部硬件资源、软件资源及数据资源,控制程序运行,改善人机界面,为其他应用软件提供支持等,使计算机系统所有资源最大限度地发挥作用,为用户提供方便、有效、友善的服务界面。

操作系统通常是最靠近硬件的一层系统软件,它把硬件裸机改造成为功能完善的一台虚拟机,使得计算机系统的使用和管理更加方便,计算机资源的利用效率更高,使上层的应用程序可以获得比硬件提供的功能更多的支持。

5.1.2 操作系统的历史

1. 20 世纪 80 年代前

第一部计算机并没有操作系统。这是由于早期计算机的建立方式(如同建造机械算盘)与效能不足以执行这样的程序。但在 1947 年发明的晶体管,以及莫里斯·威尔克斯(Maurice V. Wilkes)发明的微程序方法,使得计算机不再是机械设备,而是电子产品。系统管理工具以及简化硬件操作流程的程序很快就出现了,且成为操作系统的滥觞。到了 20 世纪 60 年代早期,商用计算机制造商制造了批次处理系统,此系统可将工作的建置、调度以及执行序列化。此时,厂商为每一台不同型号的计算机创造不同的操作系统,因此为某计算机而写的程序无法移植到其他计算机上执行,即使是同型号的计算机也不行。到了 1964年,IBM System/360 推出了一系列用途与价位都不同的大型计算机,OS/360 是适用于整个系列产品的操作系统。1963 年,奇异公司与贝尔实验室合作以 PL/I 语言建立的 Multics 为 UNIX 系统奠定了良好的基础。

2. 20 世纪 80 年代

早期最著名的磁盘启动型操作系统是 CP/M。1980 年微软公司与 IBM 签约,并且收购了一家公司出产的操作系统,修改后改名为 MS-DOS。在解决了兼容性问题后,MS-DOS

变成了 IBM PC 上最常用的操作系统。

1980 年代另一个崛起的操作系统是 Mac OS,此操作系统紧紧与麦金塔计算机捆绑在一起。苹果计算机的 Mac OS 采用的是图形用户界面,用户可以用下拉式菜单、桌面图标、拖曳式操作与双点击等操作计算机。

3. 20 世纪 90 年代

20 世纪 90 年代出现了许多对未来个人计算机市场产生深远影响的操作系统。由于图形化用户界面日趋繁复,操作系统也越来越复杂,其功能变得更为强大,因此强韧且具有弹性的操作系统就成了迫切的需求。苹果于 1997 年推出的新操作系统 Mac OS X 取得了巨大的成功。

1990 年开源操作系统 Linux 问世。Linux 内核是一个标准 POSIX 内核,其血缘可算是 UNIX 家族的一支。Linux 与 BSD 家族都搭配 GNU 计划所发展的应用程序,但是由于使用的许可证以及历史因素的原因,Linux 取得了相当可观的开源操作系统市场占有率。

4. 21 世纪初

最近一些年,大型主机有许多开始支持 Java 及 Linux 以便共享其他平台的资源,而嵌入式系统呈现百家争鸣的状态,从给 Sensor Networks 用的 Berkeley Tiny OS 到可以操作 Microsoft Office 的 Windows CE,应有尽有。

5.1.3 操作系统的功能

操作系统是一个庞大的管理控制程序,大致包括 5 个方面的管理功能:进程与处理器管理、作业管理、存储管理、设备管理、文件管理。大致包括以下方面内容。

处理器管理根据一定的策略将处理器交替地分配给系统内等待运行的程序。

设备管理负责分配和回收外部设备,以及控制外部设备按用户程序的要求进行操作。

文件管理向用户提供创建文件、撤销文件、读写文件、打开和关闭文件等功能。

存储管理功能是管理内存资源。主要实现内存的分配与回收,存储保护以及内存扩充。

作业管理功能是为用户提供一个使用系统的良好环境,使用户能有效地组织自己的工作流程,并使整个系统高效地运行。

计算机资源可分为两大类:硬件资源和软件资源。硬件资源指组成计算机的硬件设备,如中央处理机、主存储器、磁带存储器、打印机、显示器、键盘输入设备等。软件资源主要指存储于计算机中的各种数据和程序。系统的硬件资源和软件资源都由操作系统根据用户需求按一定的策略分配和调度。

5.1.4 操作系统的分类

1. 批处理操作系统

批处理(Batch Processing)操作系统的工作方式是:用户将作业交给系统操作员,系统操作员将许多用户的作业组成一批作业,之后输入到计算机中,在系统中形成一个自动转接的连续的作业流,然后启动操作系统,系统自动、依次执行每个作业,最后由操作员将作业结果交给用户。

2. 分时操作系统

分时(Time Sharing)操作系统的工作方式是:一台主机连接了若干个终端,每个终端有一个用户在使用。用户交互式地向系统提出命令请求,系统接受每个用户的命令,采用时间片轮转的方式处理服务请求,并通过交互方式在终端上向用户显示结果。用户根据上步结果发出下道命令。分时操作系统将 CPU 的时间划分成若干个片段,称为时间片。操作系统以时间片为单位,轮流为每个终端用户服务。每个用户轮流使用一个时间片而使各个用户感觉不到有别的用户存在。分时系统具有多路性、交互性、独占性和及时性的特征。

3. 实时操作系统

实时操作系统(Real Time Operating System,RTOS)是指使计算机能及时响应外部事件的请求,在规定的严格时间内完成对该事件的处理,并控制所有实时设备和实时任务协调一致地工作的操作系统。实时操作系统要追求的目标是:对外部请求在严格时间范围内做出反应,具有高可靠性和完整性。其主要特点是资源的分配和调度首先要考虑实时性然后才是效率。此外,实时操作系统应有较强的容错能力。

4. 网络操作系统

网络操作系统是基于计算机网络的,是在各种计算机操作系统上按网络体系结构协议标准开发的软件,包括网络管理、通信、安全、资源共享和各种网络应用。其目标是相互通信及资源共享。在其支持下,网络中的各台计算机能互相通信和共享资源。其主要特点是与网络的硬件相结合来完成网络的通信任务。

5. 分布式操作系统

它是为分布计算机系统配置的操作系统。大量的计算机通过网络被连接在一起,可以获得极高的运算能力及广泛的数据共享。这种系统被称做分布式系统(Distributed System)。它在资源管理、通信控制和操作系统的结构等方面都与其他操作系统有较大的区别。由于分布计算机系统的资源分布于系统的不同计算机上,操作系统对用户的资源需求不能采用像一般的操作系统那样等待有资源时直接分配的简单做法而是要在系统的各台计算机上搜索,找到所需资源后才可进行分配。对于有些资源,如具有多个副本的文件,还必须考虑一致性的问题。分布式操作系统的通信功能类似于网络操作系统。由于分布计算机系统不像网络那样分布得很广,同时分布式操作系统还要支持并行处理,因此它提供的通信机制和网络操作系统提供的有所不同,它要求通信速度高。分布式操作系统的结构也不同于其他操作系统,它分布于系统的各台计算机上,能并行地处理用户的各种需求,有较强的容错能力。

5.2   主要的操作系统

5.2.1   Windows 操作系统

Windows 操作系统是一款由美国微软公司开发的窗口化操作系统。采用了 GUI 图形化操作模式，比起从前的指令操作系统（如 DOS）更为人性化。Windows 操作系统是目前世界上使用最广泛的操作系统。最新的版本是 Windows 7。

Microsoft 公司从 1983 年开始研制 Windows 系统，最初的研制目标是在 MS-DOS 的基础上提供一个多任务的图形用户界面。第一个版本的 Windows 1.0 于 1985 年问世，它是一个具有图形用户界面的系统软件。1987 年推出了 Windows 2.0 版，最明显的变化是采用了相互叠盖的多窗口界面形式。但这一切都没有引起人们的关注。直到 1990 年推出的 Windows 3.0 是一个重要的里程碑，它以压倒性的商业成功确定了 Windows 系统在 PC 领域的垄断地位。现今流行的 Windows 窗口界面的基本形式也是从 Windows 3.0 开始基本确定的。1992 年主要针对 Windows 3.0 的缺点进行改进，推出了 Windows 3.1，为程序开发提供了功能强大的窗口控制能力，使 Windows 和在其环境下运行的应用程序具有了风格统一、操纵灵活、使用简便的用户界面。Windows3.1 在内存管理上也取得了突破性进展。它使应用程序可以超过常规内存空间限制，不仅支持 16MB 内存寻址，而且在 80386 及以上的硬件配置上通过虚拟存储方式可以支持几倍于实际物理存储器大小的地址空间。Windows 3.1 还提供了一定程度的网络支持、多媒体管理、超文本形式的联机帮助设施等，对应用程序的开发产生了很大影响。据国外媒体报道，有消息称 Windows 8 计划的发布时间将是 2012 年下半年。

由于计算机用户对计算机的需求和使用模式千差万别，微软提供了不同版本的 Windows Vista 以满足这些需求。与 Windows XP 后期的各种变异版本（某些功能仅适用于某些版本的 Windows）不同，Windows Vista 的功能分布是为了提供"好的、更好的和最好的"选项来满足消费者的需求。与现今存在的两类 Windows XP（家庭版和专业版）密切对应，Windows Vista 也分为家庭版和企业版两个大类。家庭/消费类用户版包含 4 种版本：Windows Vista Starter，Windows Vista Home Basic，Windows Vista Home Premium 和 Windows Vista Ultimate。企业用户版包含三种版本：Windows Vista Ultimate，Windows Vista Business 和 Windows Vista Enterprise。

5.2.2   UNIX 操作系统

1. UNIX 概述

UNIX，是一个强大的多用户、多任务操作系统，支持多种处理器架构，按照操作系统的分类，属于分时操作系统。

2. UNIX 的起源

UNIX 操作系统，是美国 AT&T 公司于 1971 年在 PDP-11 上运行的操作系统，具有多用户、多任务的特点，支持多种处理器架构，最早由肯·汤普逊(Kenneth Lane Thompson)、丹尼斯·里奇(Dennis MacAlistair Ritchie)和 Douglas McIlroy 于 1969 年在 AT&T 的贝尔实验室开发。目前它的商标权由国际开放标准组织(The Open Group)所拥有。

3. UNIX 的结构

一个典型的计算机系统包括硬件、系统软件和应用软件这三部分。操作系统则是控制和协调计算机行为的系统软件。当然 UNIX 操作系统也是一个程序的集合，其中包括文本编辑器、编译器和其他系统程序。下面我们就来认识一下这个分层结构。

（1）内核：在 UNIX 中，也被称为基本操作系统，负责管理所有与硬件相关的功能。这些功能由 UNIX 内核中的各个模块实现。其中包括直接控制硬件的各模块，这也是系统中最重要的部分，用户当然也不能直接访问内核。

（2）常驻模块层：常驻模块层提供了执行用户请示的服务例程。它提供的服务包括输入/输出控制服务、文件/磁盘访问服务以及进程创建和中止服务。用户的程序通过系统调用来访问常驻模块层。

（3）工具层：是 UNIX 的用户接口，就是常用的 shell。它和其他 UNIX 命令和工具一样都有单独的程序，是 UNIX 系统软件的组成部分，但不是内核的组成部分。

（4）虚拟计算机：是向系统中的每个用户指定一个执行环境。这个环境包括一个与用户进行交流的终端和共享的其他计算机资源，如最重要的 CPU。如果是多用户的操作系统，UNIX 可被视为是一个虚拟计算机的集合。而对每一个用户都有一个自己的专用虚拟计算机。但是由于 CPU 和其他硬件是共享的，虚拟计算机比真实的计算机速度要慢一些。

（5）进程：UNIX 通过进程向用户和程序分配资源。每个进程都有一个作为进程标识的整数和一组相关的资源。当然它也可以在虚拟计算机环境中执行。

5.2.3 Linux 操作系统

1. Linux 操作系统概述

Linux 是一类 UNIX 计算机操作系统的统称。Linux 操作系统的内核的名字也是Linux。Linux 操作系统也是自由软件和开放源代码发展中最著名的例子。严格来讲，Linux 这个词本身只表示 Linux 内核，但在实际上人们已习惯了用 Linux 来形容整个基于 Linux 内核，并且使用 GNU 工程各种工具和数据库的操作系统。

2. Linux 操作系统诞生

Linux 操作系统是 UNIX 操作系统的一种克隆系统。它诞生于 1991 年的 10 月 5 日（这是第一次正式向外公布的时间）。以后借助于 Internet 网络，并经过全世界各地计算机爱好者的共同努力，现已成为世界上使用最多的一种 UNIX 类操作系统，并且使用人数还在迅猛增长。Linux 操作系统的诞生、发展和成长过程始终依赖着以下 5 个重要支柱：

UNIX 操作系统、MINIX 操作系统、GNU 计划、POSIX 标准和 Internet 网络。

Linux 的创始人 Linus Toravlds,开始只是对计算机感兴趣,自学计算机知识,然后开始酝酿编制一个自己的操作系统,1991 年的 10 月 5 日公布 Linux 内核 0.01 版。

3. Linux 操作系统的特性

(1) 完全免费。Linux 是一款免费的操作系统,用户可以通过网络或其他途径免费获得,并可以任意修改其源代码。这是其他的操作系统所做不到的。正是由于这一点,来自全世界的无数程序员参与了 Linux 的修改、编写工作,程序员可以根据自己的兴趣和灵感对其进行改变。这让 Linux 吸收了无数程序员的精华,不断壮大。

(2) 完全兼容 POSIX 1.0 标准。这使得可以在 Linux 下通过相应的模拟器运行常见的 DOS、Windows 的程序。这为用户从 Windows 转到 Linux 奠定了基础。许多用户在考虑使用 Linux 时,就想到以前在 Windows 下常见的程序是否能正常运行,Linux 的这一特点就消除了他们的疑虑。

(3) 多用户、多任务。Linux 支持多用户,各个用户对于自己的文件设备有自己特殊的权利,保证了各用户之间互不影响。多任务则是现在电脑最主要的一个特点,Linux 可以使多个程序同时独立地运行。

(4) 良好的界面。Linux 同时具有字符界面和图形界面。在字符界面用户可以通过键盘输入相应的指令来进行操作。它同时也提供了类似 Windows 图形界面的 X-Window 系统,用户可以使用鼠标对其进行操作。在 X-Window 环境中与在 Windows 中相似,可以说是一个 Linux 版的 Windows。

(5) 丰富的网络功能。互联网是在 UNIX 的基础上繁荣起来的,Linux 的网络功能当然不会逊色。它的网络功能和其内核紧密相连,在这方面 Linux 要优于其他操作系统。在 Linux 中,用户可以轻松实现网页浏览、文件传输、远程登录等网络工作。并且可以作为服务器提供 WWW、FTP、E-mail 等服务。

(6) 可靠的安全、稳定性能。Linux 采取了许多安全技术措施,其中有对读、写进行权限控制、审计跟踪、核心授权等技术,这些都为安全提供了保障。Linux 由于需要应用到网络服务器,这对稳定性也有比较高的要求,实际上 Linux 在这方面也十分出色。

(7) 支持多种平台。Linux 可以运行在多种硬件平台上,如具有 x86、680x0、SPARC、Alpha 等处理器的平台。此外 Linux 还是一种嵌入式操作系统,可以运行在掌上电脑、机顶盒或游戏机上。2001 年 1 月份发布的 Linux 2.4 版内核已经能够完全支持 Intel 64 位芯片架构。同时 Linux 也支持多处理器技术。多个处理器同时工作,使系统性能大大提高。

5.3　操作系统的新发展

为了适应新时代的要求,操作系统正在经历一系列重大变化,这些变化将给软件带来前所未有的发展空间,各大软件公司纷纷根据自己的特长提出了相应的对策。

1. 操作系统内核将呈现出多平台统一的趋势

传统的操作系统内核主要采用模块化设计技术，只能应用于固定的平台。随着组件化、模块化技术的不断成熟，操作系统内核将呈现出多平台统一的发展趋势，如 Windows XP 采用了组件技术可以灵活地进行扩展和变化，既有支持桌面系统的 Windows XP Professional 版本，也有支持嵌入式系统的 Windows XP Embedded，有效实现了 Windows 操作系统内核技术的统一。Linux 最新的 2.6 内核版本也加强了对多平台统一的支持，2.6 内核不需要用户进行复杂的内核修改和裁剪就可以灵活地实现嵌入式 Linux，同时该内核也可以支持 Data Center Linux。

2. 功能将不断增加，逐渐形成平台环境

操作系统功能的不断增加有两个方面原因，一个原因是为了不断满足用户的需求，另一个原因是新技术的不断出现。Mac OS X 10.2 比第一版 Mac OS X 增加了 150 余项功能。不断增加的功能并不是每个用户都能用得到的，然而操作系统作为一个标准的套装软件必须满足尽可能多用户的需要，于是系统不断膨胀，功能不断增加，并逐渐形成从开发工具到系统工具再到应用软件的一个平台环境。

3. 中间件的发展趋势

(1) 技术发展趋势：与软件构件技术紧密结合，支持现代软件开发方式，实现软件的工业化生产。已有的构件技术包括 J2EE、CORBA、.NET 等。中间件的开发将越来越多地采用一些开源技术，例如 Apache、OpenSSL、Linux、Eclipse、Jboss、Tomcat 等。提供对移动计算等多种设备的支持，提出新的基于协调技术的软件协同模式。原先的消息中间件、交易中间件已经成为标准的应用服务器中不可分割的一部分，并逐步向操作系统内核延伸。应用服务器、门户、数据集成、Web 服务、EAI 的厂商不断将中间件的功能扩充到它们的产品中。微软.NET 和 GXA(Global XML Architecture)将不断占领非 Java 的中间件空间。

(2) 应用发展趋势：越来越多的垂直应用领域将采用中间件技术来进行系统的开发和设计，包括消息、交易、安全等，以缩短开发周期，降低开发成本。面向应用领域解决名字服务、安全控制、并发控制、负载均衡、可靠性保障、效率保证等方面的问题，以适应企业级的应用环境，简化应用开发。不断提供基于不同平台的丰富开发接口，支持面向领域开发环境和领域应用标准。

4. 嵌入式系统及软件技术的发展趋势

嵌入式系统是以应用为中心的系统，它将吸取 PC 的成功经验，形成不同行业的标准。统一的行业标准具有设计技术共享、构件兼容、维护方便和合作生产等特点，是增强行业性产品竞争能力的有效手段。走开放系统道路、建立行业性的嵌入式软件开发平台是加快嵌入式软件技术发展的有效途径之一。

嵌入式开发工具将向高度集成，编译优化，具有系统设计，可视化建模、仿真和验证功能方向发展。嵌入式软件开发工具是嵌入式支撑软件的核心，它的集成度和可用性将直接关系到嵌入式系统的开发效率。随着市场需求的增长，越来越多具有多窗口图形化用户界面、

支持面向对象程序设计方法和 C/S 体系结构的嵌入式软件开发工具将推上市场。

嵌入式系统及应用软件要针对不同的设备,造成了各种设备之间异构现象严重。而各种嵌入式设备联网又是大势所趋,所以未来嵌入式中间件必将飞速发展。

5. 网格操作系统

网格技术正在成为影响信息技术下一个高潮的最重要的核心技术。它正在产生下一代操作系统和用户界面,从而推动新一代计算机应用。

微软正在全力抢占下一代操作系统与用户界面市场。微软近几年大力增加研究开发经费,试图推出网格操作系统与网格用户界面。IBM(以及众多其他厂商和科研界)似乎是想把网格操作系统(如 WebSphere)构造在本地操作系统(如 AIX,Linux)之上,而微软则似乎在走 OS/2 的路,构造一个无缝的操作系统,既是网格操作系统,也是本地操作系统。微软的这种技术路线可能更为先进。国际科研界有以下三种共识。

第一,当前网格的研究开发工作事实上正在创造下一代的操作系统和用户界面。比如,IBM 已经把 WebSphere 变成了公司的一个品牌,甚至直截了当地说 WebSphere 就是 Internet operating system。Globus 的目标是成为"分布式计算的 Linux"。Globus 就是开放源码的网格操作系统核心。

第二,这种网格操作系统的基本结构继承了以前操作系统的做法,即一个核心(内核)加上一个框架,就像 GNU/Linux 一样。这里的 Linux 指在其核心中加上 GNU 环境(亦称框架)。

第三,不论是学术界还是工业界(包括微软),都强烈希望只有一套开放的网格(Web Grid)技术标准。

思考题

1. 什么是操作系统?
2. 简述操作系统的历史。
3. 简述操作系统的功能。
4. 简述操作系统的分类。
5. 介绍几种主要的操作系统。
6. 简述操作系统的新发展

第6章

软件与程序设计

6.1 软件

6.1.1 软件概述

软件(Software)是一系列按照特定顺序组织的计算机数据和指令的集合。一般来讲软件被划分为编程语言、系统软件、应用软件和介于这两者之间的中间件。软件并不只是包括可以在计算机(这里的计算机是指广义的计算机)上运行的电脑程序,与这些电脑程序相关的文档一般也被认为是软件的一部分。简单地说软件就是程序加文档的集合体,另也泛指社会结构中的管理系统、思想意识形态、思想政治觉悟、法律法规等。

软件提供了用户与硬件之间的接口界面。用户主要是通过软件与计算机进行交流。软件是计算机系统设计的重要依据。为了方便用户,使计算机系统具有较高的总体效用,在设计计算机系统时,必须全局考虑软件与硬件的结合,以及用户的要求和软件的要求。软件一般要满足如下几个条件。

(1) 运行时,能够提供所要求功能和性能的指令或计算机程序集合。

(2) 程序能够满意地处理信息的数据结构。

(3) 描述程序功能需求以及程序如何操作和使用所要求的文档。

以开发语言作为描述语言,可以认为:软件=数据结构+算法。

6.1.2 软件分类

一般来讲软件被划分为系统软件、应用软件,其中系统软件包括操作系统和支撑软件(包括微软发布的嵌入式系统,即硬件级的软件,它使计算机及其他设备运算速度更快更节能),如图 6-1 所示。

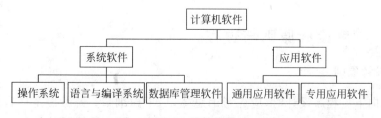

图 6-1　软件分类

1．系统软件

系统软件为计算机的使用提供最基本的功能,可分为操作系统、语言处理系统、数据库管理系统、系统实用程序等。

(1) 操作系统是管理计算机硬件与软件资源的程序,同时也是计算机系统的内核与基石。操作系统负责诸如管理与配置内存、决定系统资源供需的优先次序、控制输入与输出设备、操作网络与管理文件系统等基本事务。操作系统分为 BSD 、DOS 、Linux 、Mac OS、OS/2 、QNX 、UNIX、Windows 等。

(2) 数据库管理系统是对数据库进行有效管理和操作的系统,是用户与数据库之间的接口,它提供了用户管理数据库的一套命令,包括数据库的建立、修改、检索、统计和排序等功能。关系型数据库管理系统应用广泛,常见的有 FoxPro、SQL Server、Oracle、Sybase、DB2 和 Informix 等。

(3) 系统实用程序是一些工具性的服务程序,便于用户对计算机的使用和维护。主要的实用程序有语言处理程序、编辑程序、连接装配程序、打印管理程序、测试程序和诊断程序等。

(4) 程序设计语言与编译系统。目前被广泛使用的高级语言有 BASIC、Pascal、C、COBOL、FORTRAN 等。

2．应用软件

(1) 通用应用软件,是某些具有通用信息处理功能的商品化软件。它的特点是通用性,因此可以被许多类似应用需求的用户所使用。它所提供的功能往往可以通过选择、设置和调配来满足用户的特定需求。比较典型的通用软件有文字处理软件、表格处理软件、数值统计分析软件、财务核算软件等。

(2) 专用应用软件,是满足用户特定要求的应用软件。因为某些情况下,用户对数据处理的功能需求存在很大的差异性,通用软件不能满足要求时,此时需要由专业人士采取单独开发的方法,为用户开发具有特定要求的专门应用软件。

6.2 程序设计

程序设计(programming)是给出解决特定问题的程序的过程,是软件构造活动中的重要组成部分。程序设计往往以某种程序设计语言为工具,给出这种语言下的程序。程序设计过程应当包括分析、设计、编码、测试、排错等不同阶段。专业的程序设计人员常被称为程序员。

6.2.1 程序设计原则与过程

1．程序设计原则

(1) 自顶向下。程序设计时,应先考虑总体,后考虑细节;先考虑全局目标,后考虑局部目标。不要一开始就过多追求众多的细节,先从最上层总目标开始设计,逐步使问题具体化。

（2）逐步细化。对复杂问题,应设计一些子目标作为过渡,逐步细化。

（3）模块化设计。一个复杂问题由若干稍简单的问题构成。模块化是把程序要解决的总目标分解为子目标,再进一步分解为具体的小目标,把每一个小目标称为一个模块。

（4）限制使用 GOTO 语句。GOTO 语句对程序结构化有害,易造成程序混乱。取消 GOTO 语句后,程序易于理解、排错和维护,容易进行正确性证明。

2. 程序设计的步骤

（1）分析问题。对于接受的任务要进行认真的分析,研究所给定的条件,分析最后应达到的目标,找出解决问题的规律,选择解题的方法,完成实际问题。

（2）设计算法。即设计出解题的方法和具体步骤。

（3）编写程序。根据得到的算法,用一种高级语言编写出源程序。并通过测试。

（4）对源程序进行编辑、编译和连接。

（5）运行程序,分析结果。运行可执行程序,得到运行结果。能得到运行结果并不意味着程序正确,要对结果进行分析,看它是否合理。若不合理,则要对程序进行调试,即通过上机发现和排除程序中的故障。

（6）编写程序文档。许多程序是提供给别人使用的,如同正式的产品应当提供产品说明书一样,正式提供给用户使用的程序,必须向用户提供程序说明书。内容应包括:程序名称、程序功能、运行环境、程序的装入和启动、需要输入的数据,以及使用注意事项等。

6.2.2 程序的基本结构

早在 1966 年 Bohm 和 Jacopin 就证明了程序设计语言中只要有三种形式的控制结构,就可以表示出各式各样的其他复杂结构。这三种基本控制结构是顺序、选择和循环结构。对于具体的程序语句来说,每种基本结构都包含若干语句。

1. 顺序结构

顺序结构表示程序中的各操作是按照它们出现的先后顺序执行的。如图 6-2(a)所示,先执行 A 模块,再执行 B 模块。

2. 选择结构

选择结构表示程序的处理步骤出现了分支,它需要根据某一特定的条件选择其中的一个分支执行。选择结构有单选择、双选择和多选择三种形式。如图 6-2(b)所示,当条件 P 的值为真时执行 A 模块,否则执行 B 模块。

3. 循环结构

循环结构表示程序反复执行某个或某些操作,直到某条件为假(或为真)时才可终止循环。在循环结构中最主要的是判断什么情况下执行循环和哪些操作需要循环执行。

"当型"循环结构:如图 6-2(c)所示,当条件 P 的值为真时,就执行 A 模块,然后再次判断条件 P 的值是否为真,直到条件 P 的值为假时才向下执行。

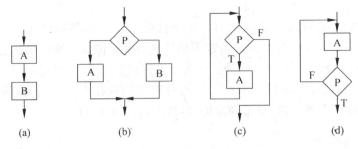

图 6-2　程序的三种基本结构

"直到型"循环结构：如图 6-2(d)所示，先执行 A 模块，然后判断条件 P 的值是否为真，若 P 为真，再次执行 A 模块，直到条件 P 的值为假时才向下执行。

6.2.3　程序的执行方式

1. 概述

程序一般是用高级语言编写的，如 C/C++以及面向对象的 Visual 系列；我们编写的程序在计算机上是不能直接执行的，因为计算机只能执行二进制程序。因此，要将我们编写的程序翻译成二进制程序。在计算机上执行用某种高级语言写的源程序，通常有两种方式，一是解释执行方式，二是编译执行方式。

2. 解释方式

解释方式是每执行一句就翻译一句，即边执行边解释。这种方式每次运行程序时都要重新翻译整个程序，效率较低，执行速度慢，如 BASIC 语言。解释执行方式按照源程序中语句的动态顺序，直接地逐句进行分析解释，并立即执行。所以，解释程序是这样一种程序，它能够按照源程序中语句的动态顺序，逐句地分析解释并执行，直至源程序结束。

3. 编译方式

编译方式是在程序第一次执行前先将其翻译成二进制程序，然后每次执行的时候就可以直接执行这个翻译好的二进制程序了。程序的翻译过程叫编译。现在的大多数语言都是采用这种方式。编译方式把源程序的执行过程严格地分成两大步——编译和运行，即先把源程序全部翻译成目标代码，然后再运行此目标代码，以获得执行结果。

6.3　数据结构

6.3.1　基本概念和术语

数据结构是计算机存储、组织数据的方式。数据结构是指相互之间存在一种或多种特定关系的数据元素的集合。通常情况下，精心选择的数据结构可以带来更高的运行或者存储效率。数据结构往往同高效的检索算法和索引技术有关。

一般认为,一个数据结构是由数据元素依据某种逻辑联系组织起来的。对数据元素间逻辑关系的描述称为数据的逻辑结构。数据必须在计算机内存储,数据的存储结构是数据结构的实现形式,是其在计算机内的表示。此外讨论一个数据结构必须同时讨论在该类数据上执行的运算才有意义。

数据结构是指同一数据元素类中各数据元素之间存在的关系。数据结构包括逻辑结构、存储结构(物理结构)和数据的运算。数据的逻辑结构是对数据之间关系的描述,有时就把逻辑结构简称为数据结构。逻辑结构形式地定义为 (K,R)(或 (D,S)),其中,K 是数据元素的有限集,R 是 K 上的关系的有限集。

数据元素相互之间的关系称为结构。有 4 类基本结构:集合、线性结构、树状结构、图状结构(网状结构)。树状结构和图状结构全称为非线性结构。集合结构中的数据元素除了同属于一种类型外,无其他关系。线性结构中元素之间存在一对一的关系,树状结构中元素之间存在一对多的关系,图状结构中元素之间存在多对多的关系。在图状结构中每个节点的前驱节点数和后续节点数可为任意多个。

算法的设计取决于数据(逻辑)结构,而算法的实现依赖于采用的存储结构。数据的存储结构实质上是它的逻辑结构在计算机存储器中的实现,为了全面地反映一个数据的逻辑结构,它在存储器中的映象包括两方面内容,即数据元素之间的信息和数据元素之间的关系。不同数据结构有其相应的若干运算。数据的运算是在数据的逻辑结构上定义的操作算法,如检索、插入、删除、更新和排序等。

数据的运算是数据结构的一个重要方面,讨论任一种数据结构时都离不开对该结构上的数据运算及其实现算法的讨论。

数据结构的形式定义为:数据结构是一个二元组,定义形式如下。

Data-Structure = (D,S)

其中,D 是数据元素的有限集,S 是 D 上关系的有限集。

数据结构不同于数据类型,也不同于数据对象,它不仅要描述数据类型的数据对象,而且要描述数据对象各元素之间的相互关系。

6.3.2 几种典型的数据结构

1. 线性表

线性表是最基本、最简单、也是最常用的一种数据结构。线性表中数据元素之间的关系是一对一的关系,即除了第一个和最后一个数据元素之外,其他数据元素都是首尾相接的。线性表的逻辑结构简单,便于实现和操作。因此,线性表这种数据结构是在实际应用中广泛采用的一种数据结构。

线性表是一个线性结构,它是一个含有 $n(n \geqslant 0)$ 个节点的有限序列,对于其中的节点,有且仅有一个开始节点没有前驱,有且仅有一个终端节点没有后继,其他的节点都有且仅有一个前驱和一个后继节点。一般地,一个线性表可以表示成一个线性序列:$k_1, k_2, \cdots, k_n$,其中 k_1 是开始节点,k_n 是终端节点。线性表是一个数据元素的有序(次序)集,如图 6-3 所示。

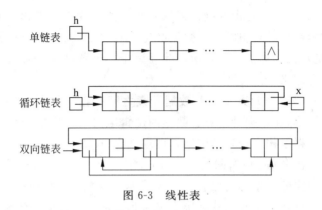

图 6-3　线性表

在实际应用中,线性表都是以栈、队列、字符串、数组等特殊线性表的形式来使用的。由于这些特殊线性表都具有各自的特性,因此,掌握这些特殊线性表的特性,对于数据运算的可靠性和提高操作效率都是至关重要的。

2. 栈

在计算机系统中,栈是一个动态内存区域。程序可以将数据压入栈中,也可以将数据从栈顶弹出。在 i386 机器中,栈顶由称为 esp 的寄存器进行定位。压栈的操作使得栈顶的地址减小,弹出的操作使得栈顶的地址增大。

栈的主要作用表现为一种数据结构,是只能在某一端插入和删除数据的特殊线性表。它按照后进先出的原则存储数据,先进入的数据被压入栈底,最后进入的数据在栈顶。需要读数据的时候从栈顶开始弹出数据(最后一个入栈的数据被第一个读出来)。如图 6-4 所示。

栈是允许在同一端进行插入和删除操作的特殊线性表。允许进行插入和删除操作的一端称为栈顶(top),另一端为栈底(bottom)。栈底固定,而栈顶浮动;栈中元素个数为零时称为空栈。插入操作一般称为进栈(PUSH),删除操作则称为退栈(POP)。栈也称为先进后出表。

栈在程序的运行中有着举足轻重的作用。最重要的是栈保存了一个函数调用时所需的维护信息,常称之为堆栈帧或者活动记录。堆栈帧一般包含如下几方面的信息:①函数的返回地址

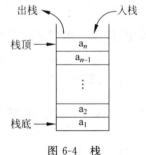

图 6-4　栈

和参数;②临时变量,包括函数的非静态局部变量以及编译器自动生成的其他临时变量。

3. 队列

队列是一种特殊的线性表,它只允许在表的前端(front)进行删除操作,而在表的后端(rear)进行插入操作。进行插入操作的端称为队尾,进行删除操作的端称为队头。队列中没有元素时,称为空队列。在队列这种数据结构中,最先插入的元素将是最先被删除的元素;反之最后插入的元素将是最后被删除的元素。因此队列又称为"先进先出"(FIFO,first in first out)的线性表,如图 6-5 所示。

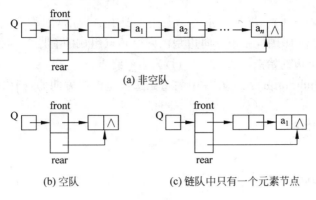

(a) 非空队

(b) 空队　　　　　　(c) 链队中只有一个元素节点

图 6-5　队列

4．树

树(tree)是包含 $n(n>0)$ 个节点的有穷集合 K，且在 K 中定义了一个关系 N，N 满足以下条件。

(1) 有且仅有一个节点 k_0，它对于关系 N 来说没有前驱，称 k_0 为树的根节点，简称为根(root)。

(2) 除 k_0 外，K 中的每个节点，对于关系 N 来说有且仅有一个前驱。

(3) K 中各节点，对关系 N 来说可以有 $m(m \geqslant 0)$ 个后继。

若 $n>1$，除根节点之外的其余数据元素被分为 $m(m>0)$ 个互不相交的集合 $T_1, T_2, \cdots, T_m$，其中每一个集合 $T_i(1 \leqslant i \leqslant m)$ 本身也是一棵树。树 $T_1, T_2, \cdots, T_m$ 称作根节点的子树(sub tree)。

树是由一个集合以及在该集合上定义的一种关系构成的。集合中的元素称为树的节点，所定义的关系称为父子关系。父子关系在树的节点之间建立了一个层次结构。在这种层次结构中有一个节点具有特殊的地位，这个节点称为该树的根节点，或简称为树根。我们可以形式地给出树的递归定义，描述如下。

设 $T_1, T_2, \cdots, T_k$ 是树，它们的根节点分别为 $n_1, n_2, \cdots, n_k$。用一个新节点 n 作为 n_1，$n_2, \cdots, n_k$ 的父亲，则得到一棵新树，节点 n 就是新树的根。我们称 $n_1, n_2, \cdots, n_k$ 为一组兄弟节点，它们都是节点 n 的儿子节点。我们还称 $n_1, n_2, \cdots, n_k$ 为节点 n 的子树。空集合也是树，称为空树。空树中没有节点。单个节点若是一棵树，树根就是该节点本身。树结构如图 6-6 所示。

5．图

图 G 由两个集合 V 和 E 组成，记为 $G=(V, E)$，这里，V 是顶点的有穷非空集合，E 是边(或弧)的集合，而边(或弧)是 V 中顶点的偶对。图中的节点称为顶点。相关顶点的偶对称为边。图的结构如图 6-7 所示。

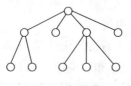

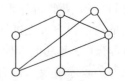

图 6-6　树结构　　　　　　图 6-7　图结构

（1）有向图（Digraph）：若图 G 中的每条边都是有方向的，则称 G 为有向图。弧（Arc）又称为有向边。在有向图中，一条有向边是由两个顶点组成的有序对，有序对通常用尖括号表示。弧尾（Tail）是边的始点。弧头（Head）为边的终点。

（2）无向图（Undigraph）：若图 G 中的每条边都是没有方向的，则称 G 为无向图。

6.4　编译原理

1. 编译程序 compiler

编译程序是把用高级程序设计语言书写的源程序翻译成等价的计算机汇编语言或机器语言书写的目标程序的翻译程序。编译程序属于采用生成性实现途径实现的翻译程序。它以高级程序设计语言书写的源程序作为输入，而以汇编语言或机器语言表示的目标程序作为输出。编译出的目标程序通常还要经历运行阶段，以便在运行程序的支持下运行，加工初始数据，算出所需的计算结果。编译程序的实现算法较为复杂，这是因为它所翻译的语句与目标语言的指令不是一一对应关系，而是一多对应关系；同时也因为它要处理递归调用、动态存储分配、多种数据类型，以及语句间的紧密依赖关系。

2. 功能

编译程序的基本功能是把源程序翻译成目标程序。但是，作为一个具有实际应用价值的编译系统，除了基本功能之外，还应具备语法检查、调试措施、修改手段、覆盖处理、目标程序优化、不同语言合用以及人-机联系等重要功能。

（1）语法检查：检查源程序是否合乎语法。如果不符合语法，编译程序要指出语法错误的部位、性质和有关信息。编译程序应使用户通过一次上机便能够尽可能多地查出错误。

（2）调试措施：检查源程序是否合乎设计者的意图。为此，要求编译程序在编译出的目标程序中安置一些输出指令，以便在目标程序运行时能输出程序动态执行情况的信息，如变量值的更改、程序执行时所经历的线路等。这些信息有助于用户核实和验证源程序是否表达了算法要求。

（3）修改手段：为用户提供简便的修改源程序的手段。编译程序通常要提供批量修改手段（用于修改数量较大或临时不易修改的错误）和现场修改手段（用于运行时修改数量较少、临时易改的错误）。

（4）覆盖处理：主要是为处理程序长、数据量大的大型问题或程序而设置的。基本思想是让一些程序段和数据公用某些存储区，其中只存放当前要用的程序或数据，其余暂时不用的程序和数据，先存放在磁盘等辅助存储器中，待需要时再动态地调入。

（5）目标程序优化：提高目标程序的质量，即使程序占用的存储空间少，程序的运行时间短。依据优化目标的不同，编译程序可选择实现表达式优化、循环优化或程序全局优化。目标程序优化有的在源程序级上进行，有的在目标程序级上进行。

（6）不同语言合用：其功能有助于用户利用多种程序设计语言编写应用程序或套用已有的不同语言书写的程序模块。最为常见的是高级语言和汇编语言的合用。这不但可以弥补高级语言难于表达某些非数值加工操作或直接控制、访问外围设备和硬件寄存器之不足，而且还便于用汇编语言编写核心部分程序,以提高运行效率。

(7) 人-机联系:确定编译程序实现方案时达到精心设计的功能。目的是便于用户在编译和运行阶段及时了解内部工作情况,有效地监督、控制系统的运行。

3. 工作过程

编译程序必须分析源程序,然后将其综合形成目标程序。首先,检查源程序的正确性,并把它分解成若干基本成分;其次,再根据这些基本成分建立相应等价的目标程序部分。为了完成这些工作,编译程序要在分析阶段建立一些表格,改造源程序为中间语言形式,以便在分析和综合时易于引用和加工。具体工作过程如下。

1) 建立数据结构

分析和综合时所用的主要数据结构,包括符号表、常数表和中间语言程序。符号表由源程序中所用的标识符连同它们的属性组成,其中属性包括种类(如变量、数组、结构、函数、过程等)、类型(如整型、实型、字符串、复型、标号等),以及目标程序所需的其他信息。常数表由源程序中用的常数组成,其中包括常数的机内表示,以及分配给它们的目标程序地址。中间语言程序是将源程序翻译为目标程序前引入的一种中间形式的程序,其表示形式的选择取决于编译程序以后如何使用和加工它。常用的中间语言形式有波兰表示、三元组、四元组以及间接三元组等。

2) 程序分析

源程序的分析是经过词法分析、语法分析和语义分析三个步骤实现的。词法分析由词法分析程序(又称为扫描程序)完成,其任务是识别单词(即标识符、常数、保留字,以及各种运算符、标点符号等)、造符号表和常数表,以及将源程序换码为编译程序易于分析和加工的内部形式。语法分析程序是编译程序的核心部分,其主要任务是根据语言的语法规则,检查源程序是否合乎语法。如不合乎语法,则输出语法出错信息;如合乎语法,则分解源程序的语法结构,构造中间语言形式的内部程序。语法分析的目的是掌握单词是怎样组成语句的,以及语句又是如何组成程序的。语义分析程序是进一步检查合法程序结构的语义正确性,其目的是保证标识符和常数的正确使用,把必要的信息收集和保存到符号表或中间语言程序中,并进行相应的语义处理。

3) 综合部分

综合阶段必须根据符号表和中间语言程序产生出目标程序,其主要工作包括代码优化、存储分配和代码生成。代码优化是通过重排和改变程序中的某些操作,以产生更加有效的目标程序。存储分配的任务是为程序和数据分配运行时的存储单元。代码生成的主要任务是产生与中间语言程序符等价的目标程序,顺序加工中间语言程序,并利用符号表和常数表中的信息生成一系列的汇编语言或机器语言指令。

编译过程分为分析和综合两个部分,并进一步划分为词法分析、语法分析、语义分析、代码优化、存储分配和代码生成等6个相继的逻辑步骤。这6个步骤只表示编译程序各部分之间的逻辑联系,而不是时间关系。编译过程既可以按照这6个逻辑步骤顺序地执行,也可以按照平行互锁方式去执行。在确定编译程序的具体结构时,常常分若干遍实现。对于源程序或中间语言程序,从头到尾扫视一次并实现所规定的工作称作一遍。每一遍可以完成一个或相连几个逻辑步骤的工作。例如,可以把词法分析作为第一遍;语法分析和语义分析作为第二遍；代码优化和存储分配作为第三遍；代码生成作为第四遍。反之，为了适应较小的存储空间或提高目标程序质量，也可以把一个逻辑步骤的工作分为几遍去执行。

6.5 计算机语言的发展

6.5.1 计算机语言的发展历史

计算机语言的发展是一个不断演化的过程，其根本的推动力就是对抽象机制更高的要求，以及对程序设计思想的更好的支持。具体的说，就是把机器能够理解的语言提升到也能够很好地模仿人类思考问题的形式。计算机语言的演化是从最开始的机器语言到汇编语言，再到各种结构化高级语言，最后到支持面向对象技术的面向对象语言的过程。

1. 机器语言

电子计算机所使用的是由 0 和 1 组成的二进制数，二进制是计算机的语言的基础。计算机发明之初，人们只能用计算机的语言去命令计算机执行任务，就是写出一串串由 0 和 1 组成的指令序列交由计算机执行，这种语言就是机器语言。使用机器语言是十分痛苦的，特别是在程序有错需要修改时更是如此。而且，由于每台计算机的指令系统往往各不相同，所以，在一台计算机上执行的程序，要想在另一台计算机上执行，必须另编程序，造成了重复工作。但由于使用的是针对特定型号计算机的语言，故而运算效率是所有语言中最高的。机器语言，是第一代计算机语言。

2. 汇编语言

为了减轻使用机器语言编程的痛苦，人们进行了一种有益的改进——用一些简洁的英文字母、符号串来替代一个特定的指令的二进制串，比如，用 ADD 代表加法，MOV 代表数据传递等，这样一来，人们很容易读懂并理解程序在干什么，纠错及维护都变得方便了，这种程序设计语言就称为汇编语言，即第二代计算机语言。然而计算机是不认识这些符号的，这就需要一个专门的程序来负责将这些符号翻译成二进制数的机器语言，这种翻译程序被称为汇编程序。汇编语言同样十分依赖于机器硬件，移植性不好，但效率仍十分高。针对计算机特定硬件而编制的汇编语言程序，能准确发挥计算机硬件的功能和特长，程序精练而质量高，所以至今仍是一种常用而强有力的软件开发工具。

3. 高级语言

从最初与计算机交流的痛苦经历中，人们意识到，应该设计一种这样的语言，这种语言接近于数学语言或人的自然语言，同时又不依赖于计算机硬件，编出的程序能在所有机器上通用。经过努力，1954 年，第一个完全脱离机器硬件的高级语言——FORTRAN 问世了，50 多年来，共有几百种高级语言出现，有重要意义的有几十种，影响较大、使用较普遍的有 FORTRAN、ALGOL、COBOL、BASIC、LISP、SNOBOL、PL/1、Pascal、C、PROLOG、Ada、C++、VC、VB、Delphi、Java 等。高级语言的发展也经历了从早期语言到结构化程序设计语言，从面向过程到非过程化程序语言的过程。相应地，软件的开发也由最初的个体手工作坊式的封闭式生产,发展为产业化、流水线式的工业化生产。

20世纪60年代中后期,软件越来越多,规模越来越大,而软件的生产基本上是人自为战,缺乏科学规范的系统规划与测试、评估标准,其恶果是大批耗费巨资建立起来的软件系统,由于含有错误而无法使用,甚至带来巨大损失。软件给人的感觉是越来越不可靠,以致几乎没有不出错的软件。这一切,极大地震动了计算机界,史称"软件危机"。人们认识到,大型程序的编制不同于写小程序,它应该是一项新的技术,应该像处理工程一样处理软件研发的全过程。程序的设计应易于保证正确性,也便于验证正确性。1969年,结构化程序设计方法被提出,1970年,第一个结构化程序设计语言——Pascal语言的出现标志着结构化程序设计时期的开始。

20世纪80年代初,开始出现了面向对象程序设计。在此之前的高级语言几乎都是面向过程的,程序的执行是流水线式的。在一个模块被执行完成前,用户不能干别的事,也无法动态地改变程序的执行方向。这和人们日常处理事物的方式是不一致的,对人而言是希望发生一件事就处理一件事,不能面向过程,而应是面向具体的应用功能,也就是对象(object)。其方法就是软件的集成化,如同硬件的集成电路一样,生产一些通用的、封装紧密的功能模块,称之为软件集成块。它与具体应用无关,但能相互组合,完成具体的应用功能,同时又能重复使用。对使用者来说,只关心它的接口(输入量、输出量)及能实现的功能,至于功能是如何实现的,那是它内部的事,使用者完全不用关心。C++、VB、Delphi就是典型代表。高级语言的下一个发展目标是面向应用,也就是说,只需要告诉程序你要干什么,程序就能自动生成算法,自动进行处理,这就是非过程化的程序语言。

4. 计算机语言未来的发展趋势

面向对象程序设计以及数据抽象在现代程序设计思想中占有很重要的地位,未来语言的发展将不再是一种单纯的语言标准,而会以一种完全面向对象、更易表达现实世界、更易为人编写的形式,其使用将不再只是专业的编程人员,人们完全可以用订制真实生活中一项工作流程的简单方式来完成编程。计算机语言发展的特性如下。

(1) 简单性:提供最基本的方法来完成指定的任务,只需理解一些基本的概念,就可以用它编写出适合于各种情况的应用程序。

(2) 面向对象:提供简单的类机制以及动态的接口模型。对象中封装状态变量以及相应的方法,实现了模块化和信息隐藏,提供了一类对象的原型,并且通过继承机制,子类可以使用父类所提供的方法,实现了代码的复用。

(3) 安全性:用于网络、分布环境下有安全机制保证。

(4) 平台无关性:与平台无关的特性使程序可以方便地被移植到网络上的不同机器、不同平台。

6.5.2 第四代语言

4GL,即第四代语言(Fourth-Generation Language)是按计算机科学理论指导设计出来的结构化语言,如ADA,MODULA-2,SMALLTALK-80等。

4GL具有简单易学、用户界面良好,非过程化程度高,面向问题,只需告知计算机"做什么"而不必告知计算机"怎么做",用4GL编程使用的代码量较之COBOL、PL/1明显减少,并可成数量级地提高软件生产率等特点。许多 4GL 为了提高对问题的表达能力,也为了提高语言的效率,引入了过程化的语言成分,出现了过程化的语句与非过程化的语句交织并存的局面,如 LINC、NOMAD、IDEAL、FOCUS、NATURAL 等均是如此。

4GL 以数据库管理系统所提供的功能为核心,进一步构造了开发高层软件系统的开发环境,如报表生成、多窗口表格设计、菜单生成系统等,为用户提供了一个良好的应用开发环境。4GL 的代表性软件系统有:Power Builder、Delphi 和 INFORMOX—4GL 等。

4GL 的出现是出于商业需要。4GL 这个词最早是在 20 世纪 80 年代初期出现在软件厂商的广告和产品介绍中的。因此,这些厂商的 4GL 产品不论从形式上看还是从功能上看,差别都很大。1985 年,美国召开了全国性的 4GL 研讨会,也正是在这前后,许多著名的计算机科学家对 4GL 展开了全面研究,从而使 4GL 进入了计算机科学的研究范畴。

进入 20 世纪 90 年代,随着计算机软硬件技术的发展和应用水平的提高,大量基于数据库管理系统的 4GL 商品化软件已在计算机应用开发领域中获得广泛应用,成为了面向数据库应用开发的主流工具,如 Oracle 应用开发环境、Informix—4GL、SQL Windows、Power Builder 等。它们为缩短软件开发周期、提高软件质量发挥了巨大的作用,为软件开发注入了新的生机和活力。

思考题

1. 什么是软件?
2. 软件怎么分类?
3. 简述程序设计原则与过程。
4. 程序有哪几种基本结构?
5. 程序有几种执行方式?
6. 简述数据结构的定义。
7. 什么是线性表? 什么是栈? 什么是队列? 什么是树? 什么是图?
8. 简述编译原理。
9. 简述计算机语言发展历史。
10. 什么是第四代语言?

第**7**章

数据库

7.1 数据库概述

7.1.1 数据库的基本概念

数据库(Database)是按照数据结构来组织、存储和管理数据的仓库。1963年6月这个概念被提出。随着信息技术和市场的发展,特别是20世纪90年代以后,数据管理不再仅仅是存储和管理数据,而转变成用户所需要的各种数据管理的方式。数据库有很多种类型,从最简单的存储有各种数据的表格到能够进行海量数据存储的大型数据库系统都在各个方面得到了广泛的应用。

数据库是一个长期存储在计算机内的、有组织的、有共享的、统一管理的数据集合。它是一个按数据结构来存储和管理数据的计算机软件系统。数据库的概念实际包括两层意思:①数据库是一个实体,它是能够合理保管数据的"仓库",用户在该"仓库"中存放要管理的事务数据,"数据"和"库"两个概念结合成为数据库。②数据库是数据管理的新方法和技术,它能更合适地组织数据、更方便地维护数据、更严密地控制数据和更有效地利用数据。

7.1.2 数据管理技术的发展

数据库发展阶段大致划分为如下几个阶段:人工管理阶段、文件系统阶段、数据库系统阶段、高级数据库阶段。

1. 人工管理阶段

20世纪50年代中期之前,计算机的软硬件均不完善。硬件存储设备只有磁带、卡片和纸带,软件方面还没有操作系统,当时的计算机主要用于科学计算。这个阶段由于还没有软件系统对数据进行管理,程序员在程序中不仅要规定数据的逻辑结构,还要设计其物理结构,包括存储结构、存取方法、输入输出方式等。当数据的物理组织或存储设备改变时,用户程序就必须重新编制。由于数据的组织面向应用,不同的计算程序之间不能共享数据,使得不同的应用之间存在大量的重复数据,很难维护应用程序之间数据的一致性。

2. 文件系统阶段

这一阶段的主要标志是计算机中有了专门管理数据库的软件——操作系统(文件管

理)。20 世纪 50 年代中期到 60 年代中期,由于计算机大容量存储设备(如硬盘)的出现,推动了软件技术的发展,而操作系统的出现标志着数据管理步入一个新的阶段。在文件系统阶段,数据以文件为单位存储在外存,且由操作系统统一管理。操作系统为用户使用文件提供了友好界面。文件的逻辑结构与物理结构脱钩,程序和数据分离,使数据与程序有了一定的独立性。用户的程序与数据可分别存放在外存储器上,各个应用程序可以共享一组数据,实现了以文件为单位的数据共享。但由于数据的组织仍然是面向程序的,所以存在大量的数据冗余。而且数据的逻辑结构不能方便地修改和扩充,数据逻辑结构每一点微小的改变都会影响到应用程序。由于文件之间互相独立,因而它们不能反映现实世界中事物之间的联系,操作系统不负责维护文件之间的联系信息。如果文件之间有内容上的联系,那也只能由应用程序去处理。

3. 数据库系统阶段

20 世纪 60 年代后,随着计算机在数据管理领域的普遍应用,人们对数据管理技术提出了更高的要求:希望面向企业或部门,以数据为中心组织数据,减少数据的冗余,提供更高的数据共享能力,同时要求程序和数据具有较高的独立性,当数据的逻辑结构改变时,不涉及数据的物理结构,也不影响应用程序,以降低应用程序研制与维护的费用。数据库技术正是在这样一个应用需求的基础上发展起来的。

4. 未来发展趋势

随着信息管理内容的不断扩展,出现了丰富多样的数据模型(如层次模型、网状模型、关系模型、面向对象模型、半结构化模型等),新技术也层出不穷(如数据流、Web 数据管理、数据挖掘等)。

7.1.3　数据模型

1. 数据结构模型

(1) 数据结构。所谓数据结构是指数据的组织形式或数据之间的联系。如果用 D 表示数据,用 R 表示数据对象之间存在的关系集合,则将 $DS=(D,R)$ 称为数据结构。例如,设有一个电话号码簿,它记录了 n 个人的名字和相应的电话号码。为了方便查找某人的电话号码,将人名和号码按字典顺序排列,并在名字的后面跟随着对应的电话号码。这样,若要查找某人的电话号码(假定他的名字的第一个字母是 Y),那么只需查找以 Y 开头的那些名字就可以了。该例中,数据的集合 D 就是人名和电话号码,它们之间的联系 R 就是按字典顺序的排列,其相应的数据结构就是 $DS=(D,R)$,即一个数组。

(2) 数据结构种类。数据结构又分为数据的逻辑结构和数据的物理结构。数据的逻辑结构是从逻辑的角度(即数据间的联系和组织方式)来观察数据、分析数据,与数据的存储位置无关。数据的物理结构是指数据在计算机中存放的结构,即数据的逻辑结构在计算机中的实现形式,所以物理结构也被称为存储结构。这里只研究数据的逻辑结构,并将反映和实现数据联系的方法称为数据模型。

目前,比较流行的数据模型有三种,即层次结构模型、网状结构模型和关系结构模型。

2. 层次、网状和关系数据库系统

（1）层次结构模型。层次结构模型实质上是一种有根节点的定向有序树（在数学中"树"被定义为一个无回路的连通图）。按照层次模型建立的数据库系统称为层次模型数据库系统。

（2）网状结构模型。按照网状数据结构建立的数据库系统称为网状数据库系统，其典型代表是 DBTG（Data Base Task Group）。用数学方法可将网状数据结构转化为层次数据结构。

（3）关系结构模型。关系式数据结构把一些复杂的数据结构归结为简单的二元关系（即二维表格形式）。例如某单位的职工关系就是一个二元关系。由关系数据结构组成的数据库系统被称为关系数据库系统。在关系数据库中，对数据的操作几乎全部建立在一个或多个关系表格上，通过对这些关系表格的分类、合并、连接或选取等运算来实现数据的管理。

7.2 关系数据库

7.2.1 关系数据库的设计原则

在实现设计阶段，常常使用关系规范化理论来指导关系数据库设计。其基本思想为，每个关系都应该满足一定的规范，从而使关系模式设计合理，达到减少冗余、提高查询效率的目的。为了建立冗余较小、结构合理的数据库，将关系数据库中关系应满足的规范划分为若干等级，每一级称为一个"范式"。

范式的概念最早是由 E. F. Codd 提出的，他从 1971 年相继提出了三级规范化形式，即满足最低要求的第一范式（1NF）、在 1NF 基础上又满足某些特性的第二范式（2NF）和在 2NF 基础上再满足一些要求的第三范式（3NF）。1974 年，E. F. Codd 和 Boyce 共同提出了一个新的范式概念——Boyce-Codd 范式，简称 BC 范式。1976 年 Fagin 提出了第四范式（4NF），后来又有人定义了第五范式（5NF）。至此，在关系数据库规范中建立了一个范式系列：1NF、2NF、3NF、BCNF、4NF 和 5NF。

1. 第一范式

在任何一个关系数据库中，第一范式是对关系模型的基本要求，不满足第一范式的数据库就不是关系数据库。

所谓第一范式是指数据库表的每一列都是不可再分割的基本数据项，同一列不能有多个值，即实体中的某个属性不能有多个值或者不能有重复的属性。如果出现重复的属性，就可能需要定义一个新的实体，新的实体由重复的属性构成，新实体与原实体之间为一对多关系。在第一范式中表的每一行只包含一个实例的信息。

2. 第二范式

第二范式是在第一范式的基础上建立起来的，即满足第二范式必须先满足第一范式。

第二范式要求数据库表中的每个实例或行必须可以被唯一地区分。为实现区分,通常需要为表加上一个列,以存储各个实例的唯一标识。第二范式要求实体的属性完全依赖于主关键字。所谓"完全依赖"是指不能存在仅依赖主关键字一部分的属性,如果存在,那么这个属性和主关键字的这一部分应该被分离出来形成一个新的实体,新实体与原实体之间是一对多的关系。简而言之,第二范式就是非主属性非部分依赖于主关键字。

3. 第三范式

满足第三范式必须先满足第二范式。也就是说,第三范式要求一个数据库表中不包含已在其他表中包含的非主关键字信息。简而言之,第三范式就是属性不依赖于其他非主属性。

7.2.2 关系数据库的设计步骤

数据库设计包括如下 6 个主要步骤。

(1) 需求分析:了解用户的数据需求、处理需求、安全性及完整性要求。

(2) 概念设计:通过数据抽象,设计系统概念模型,一般为 E-R 模型。

(3) 逻辑结构设计:设计系统的模式和外模式,对于关系模型主要是基本表和视图。

(4) 物理结构设计:设计数据的存储结构和存取方法,如索引的设计。

(5) 系统实施:组织数据入库、编制应用程序、试运行。

(6) 运行维护:系统投入运行,长期的维护工作。

7.2.3 查询语言 SQL

1. 结构化查询语言

结构化查询语言(Structured Query Language,SQL)是一种数据库查询和程序设计语言,用于存取数据以及查询、更新和管理关系数据库系统;同时也是数据库脚本文件的扩展名。结构化查询语言是高级的非过程化编程语言,允许用户在高层数据结构上工作。它不要求用户指定对数据的存放方法,也不需要用户了解具体的数据存放方式,所以具有完全不同底层结构的不同数据库系统可以使用相同的结构化查询语言作为数据输入与管理的接口。结构化查询语言语句可以嵌套,这使它具有极大的灵活性和强大的功能。

2. 结构化查询语言结构

结构化查询语言包含如下 6 个部分。

(1) 数据查询语言(DQL):其语句也称为数据检索语句,用以从表中获得数据,确定数据怎样在应用程序中给出。保留字 SELECT 是 DQL(也是所有 SQL)用得最多的动词,其他 DQL 常用的保留字有 WHERE,ORDER BY,GROUP BY 和 HAVING。这些 DQL 保留字常与其他类型的 SQL 语句一起使用。

(2) 数据操作语言(DML):其语句包括动词 INSERT,UPDATE 和 DELETE。它们分别用于添加、修改和删除表中的行。DML 也称为动作查询语言。

(3) 事务处理语言(TPL):它的语句能确保被 DML 语句影响的表的所有行及时得以

更新。TPL 语句包括 BEGIN TRANSACTION,COMMIT 和 ROLLBACK。

（4）数据控制语言（DCL）：它的语句通过 GRANT 或 REVOKE 获得许可,确定单个用户和用户组对数据库对象的访问。某些 RDBMS 可用 GRANT 或 REVOKE 控制对表单个列的访问。

（5）数据定义语言（DDL）：其语句可在数据库中创建新表（CREAT TABLE）,为表加入索引等。DDL 包括许多与数据库目录中获得数据有关的保留字。它也是动作查询的一部分。

（6）指针控制语言（CCL）：它的语句,像 DECLARE CURSOR,FETCH INTO 和 UPDATE WHERE CURRENT,用于对一个或多个表单独行的操作。

7.3 常用数据库系统

7.3.1 Oracle

Oracle 数据库是一种大型数据库系统,一般应用于商业和政府部门,它的功能很强大,能够处理大批量的数据,在网络方面也用得非常多。Oracle 数据库管理系统是一个以关系型和面向对象为中心来管理数据的数据库管理软件系统,其在管理信息系统、企业数据处理、因特网及电子商务等领域有着非常广泛的应用。因其在数据安全性与数据完整性控制方面的优越性能,以及跨操作系统、跨硬件平台的数据互操作能力,使得越来越多的用户将 Oracle 作为其应用数据的处理系统。Oracle 数据库是基于"客户端-服务器"模式的结构。客户端应用程序执行与用户进行交互的活动,它接收用户信息,并向"服务器端"发送请求。服务器系统负责管理数据信息和各种操作数据的活动。

7.3.2 DB2

IBM 公司研制的一种关系型数据库系统——DB2 主要应用于大型应用系统,具有较好的可伸缩性,可支持从大型机到单用户环境,应用于 OS/2、Windows 等平台下。DB2 提供了高层次的数据利用性、完整性、安全性、可恢复性,以及小规模到大规模应用程序的执行能力,具有与平台无关的基本功能和 SQL 命令。DB2 采用了数据分级技术,能够使大型机数据很方便地下载到 LAN 数据库服务器,使得客户机-服务器的用户和基于 LAN 的应用程序可以访问大型机数据,并使数据库本地化及远程连接透明化。它以拥有一个非常完备的查询优化器而著称,其外部连接改善了查询性能,并支持多任务并行查询。DB2 具有很好的网络支持能力,每个子系统可以连接十几万个分布式用户,可同时激活上千个活动线程,对大型分布式应用系统尤为适用。除了它可以提供主流的 OS/390 和 VM 操作系统,以及中等规模的 AS/400 系统之外,IBM 还提供了跨平台(包括基于 UNIX 的 Linux,HP—UX,SunSolaris,以及 SCO UNIXWare;还有用于个人电脑的 OS/2 操作系统,以及微软的 Windows 2000 和其早期的系统)的 DB2 产品。DB2 数据库可以通过使用微软的开放数据库连接(ODBC)接口、Java 数据库连接(JDBC)接口,或者 CORBA 接口代理被任何的应用程序访问。

7.3.3　Informix

Informix 在 1980 年成立,目的是为 UNIX 等开放操作系统提供专业的关系型数据库产品。公司的名称 Informix 便是取自 Information 和 UNIX 的结合。Informix 第一个真正支持 SQL 语言的关系数据库产品是 Informix SE(Standard Engine)。Informix SE 是在当时的微机 UNIX 环境下主要的数据库产品。它也是第一个被移植到 Linux 上的商业数据库产品。

Informix 是 IBM 公司出品的关系数据库管理系统(RDBMS)家族。作为一个集成解决方案,它被定位为作为 IBM 在线事务处理(OLTP)旗舰级数据服务系统。IBM 对 Informix 和 DB2 都有长远的规划,两个数据库产品互相吸取对方的技术优势。在 2005 年早些时候,IBM 推出了 Informix Dynamic Server(IDS)第 10 版。目前最新版本的是 IDS11(v11.50,代码名为"Cheetah 2")在 2008 年上市。

7.3.4　Sybase

1984 年,Mark B. Hiffman 和 Robert Epstern 创建了 Sybase 公司,并在 1987 年推出了 Sybase 数据库产品。Sybase 主要有三种版本,一是 UNIX 操作系统下运行的版本,二是 Novell Netware 环境下运行的版本,三是 Windows NT 环境下运行的版本。对 UNIX 操作系统目前广泛应用的为 Sybase 10 及 Syabse 11 for SCO UNIX。Sybase 数据库主要由三部分组成:①进行数据库管理和维护的一个联机的关系数据库管理系统 Sybase SQL Server;②支持数据库应用系统的建立与开发的一组前端工具 Sybase SQL Toolset;③可把异构环境下其他厂商的应用软件和任何类型的数据连接在一起的接口 Sybase Open Client/Open Server。

7.3.5　SQL Server

SQL Server 是一个关系数据库管理系统。它最初是由 Microsoft,Sybase 和 Ashton-Tate 三家公司共同开发的,于 1988 年推出了第一个 OS/2 版本。在 Windows NT 推出后,Microsoft 与 Sybase 在 SQL Server 的开发上就分道扬镳了,Microsoft 将 SQL Server 移植到 Windows NT 系统上,专注于开发推广 SQL Server 的 Windows NT 版本。Sybase 则较专注于 SQL Server 在 UNIX 操作系统上的应用。

SQL Server 2005 是一个全面的数据库平台,使用集成的商业智能(BI)工具提供了企业级的数据管理。SQL Server 2005 数据库引擎为关系型数据和结构化数据提供了更安全可靠的存储功能,可以构建和管理用于业务的高可用和高性能的数据应用程序。SQL Server 2005 数据引擎是企业数据管理解决方案的核心。此外 SQL Server 2005 结合了分析、报表、集成和通知功能。这使企业可以构建和部署经济有效的 BI 解决方案,帮助用户的团队通过记分卡、Dashboard、Web services 和移动设备将数据应用推向业务的各个领域。SQL Server 2008 是一个重要的产品版本,它推出了许多新的特性和关键的改进,使得它成为至今为止的最强大和最全面的 SQL Server 版本。

7.3.6 Access 数据库

Access 是微软公司推出的基于 Windows 的桌面关系数据库管理系统,是 Office 系列应用软件之一。它提供了表、查询、窗体、报表、页、宏、模块 7 种用来建立数据库系统的对象,提供了多种向导、生成器、模板,把数据存储、数据查询、界面设计、报表生成等操作规范化。为建立功能完善的数据库管理系统提供了方便,也使得普通用户不必编写代码就可以完成大部分数据管理的任务。

7.3.7 Visual FoxPro 数据库

Visual FoxPro 原名 FoxBase,最初是由美国 Fox Software 公司于 1988 年推出的数据库产品,在 DOS 上运行,与 xBase 系列兼容。FoxPro 是 FoxBase 的加强版,最高版本曾出过 2.6。之后于 1992 年,Fox Software 公司被 Microsoft 收购并加以发展,使 FoxBase 可以在 Windows 上运行,并且更名为 Visual FoxPro。FoxPro 比 FoxBase 在功能和性能上都有了很大的改进,主要是引入了窗口、按钮、列表框和文本框等控件,进一步提高了系统的开发能力。

7.4 数据库新发展

数据库技术被应用到特定的领域中,出现了工程数据库、统计数据库、空间数据库、并行数据库、多媒体数据库、主动数据库、移动数据库等多种数据库,使数据库领域中新的技术内容层出不穷。

7.4.1 数据仓库

1. 定义

数据仓库是决策支持系统(DSS)和联机分析应用数据源的结构化数据环境。数据仓库研究和解决从数据库中获取信息的问题。数据仓库的特征在于面向主题、集成性、稳定性和时变性。

数据仓库,是在数据库已经大量存在的情况下,为了进一步挖掘数据资源、为了决策需要而产生的,它并不是所谓的"大型数据库"。数据仓库的方案建设的目的,是为前端查询和分析做基础,由于有较大的冗余,所以需要的存储空间也较大。

根据数据仓库之父 William H. Inmon 在 1991 年出版的"Building the Data Warehouse"一书中所提出的定义,数据仓库(Data Warehouse)是一个面向主题的、集成的、相对稳定的、反映历史变化的数据集合,用于支持管理决策。

这里的主题指用户使用数据仓库进行决策时所关心的重点方面,如收入、客户、销售渠道等。所谓面向主题,是指数据仓库内的信息是按主题进行组织的,而不是像业务支撑系统那样是按照业务功能进行组织的。这里的集成指数据仓库中的信息不是从各个业务系统中简单抽取出来的,而是经过一系列加工、整理和汇总的过程,因此数据仓库中的信息是关于整个企业的一致的全局信息。这里的随时间变化指数据仓库内的信息并不只是反映企业当前的状态,而是记录了从过去某一时刻到当前各个阶段的信息。通过这些信息,可以对企业的发展历程和未来趋势做出定量分析和预测。

2．数据库和数据仓库的区别

(1)出发点不同:数据库是面向事务的设计;数据仓库是面向主题设计的。

(2)存储的数据不同:数据库一般存储在线交易数据;数据仓库存储的一般是历史数据。

(3)设计规则不同:数据库设计是尽量避免冗余,一般采用符合范式的规则来设计;数据仓库在设计时有意引入冗余,采用反范式的方式来设计。

(4)提供的功能不同:数据库是为捕获数据而设计,数据仓库是为分析数据而设计。

(5)基本元素不同:数据库的基本元素是事实表,数据仓库的基本元素是维度表。

(6)容量不同:数据库在基本容量上要比数据仓库小得多。

(7)服务对象不同:数据库是为了高效的事务处理而设计的,服务对象为企业业务处理方面的工作人员;数据仓库是为了分析数据进行决策而设计的,服务对象为企业高层决策人员。

7.4.2　工程数据库

1．定义

工程数据库(Engineering Data Base)是一种能存储和管理各种工程图形,并能为工程设计提供各种服务的数据库。它适用于 CAD/CAM、计算机集成制造(CIM)等通称为 CAX 的工程应用领域。工程数据库针对工程应用领域的需求,对工程对象进行处理,并提供相应的管理功能及良好的设计环境。

工程数据库系统和传统数据库系统一样,包括工程数据库管理系统和工程数据库设计两方面的内容。工程数据库设计的主要任务是在工程数据库管理系统的支持下,按照应用的要求,为某一类或某个工程项目设计一个结构合理、使用方便、效率较高的工程数据库及其应用系统。数据库设计得好,可以使整个应用系统效率高、维护简单、使用容易。即使是最佳的应用程序,也无法弥补数据库设计时的某些缺陷。这方面的研究包括工程数据库设计方法和辅助设计工具的研究和开发。

2．功能

工程数据库管理系统是用于支持工程数据库的数据库管理系统,主要应具有以下功能:①支持复杂多样的工程数据的存储和集成管理;②支持复杂对象(如图形数据)的表示和处理;③支持变长结构数据实体的处理;④支持多种工程应用程序;⑤支持模式的动态修改和扩展;⑥支持设计过程中多个不同数据库版本的存储和管理;⑦支持工程长事务和嵌套事务的处理和恢复。

在工程数据库的设计过程中,由于传统的数据模型难以满足 CAX 应用对数据模型的要求,需要运用当前数据库研究中的一些新的模型技术,如扩展的关系模型、语义模型、面向对象的数据模型。

7.4.3 统计数据库

1. 定义

统计数据(Statistical Data Base)是人类对现实社会各行各业、科技教育、国情国力的大量调查数据。采用数据库技术实现对统计数据的管理,对于充分发挥统计信息的作用具有决定性的意义。

统计数据库是一种用来对统计数据进行存储、统计(如求数据的平均值、最大值、最小值、总和等)、分析的数据库系统。

2. 特点

第一,多维性是统计数据的第一个特点,也是最基本的特点。

第二,统计数据是在一定时间(年度、季度、月度)期末产生大量数据,故入库时总是定时的大批量加载。经过各种条件下的查询以及一定的加工处理,通常又要输出一系列结果报表。这就是统计数据"大进大出"的特点。

第三,统计数据的时间属性是一个最基本的属性,任何统计量都离不开时间因素,而且经常需要研究时间序列值,所以统计数据又有时间向量性。

第四,随着用户对所关心问题的观察角度不同,统计数据查询出来后常有转置的要求。

7.4.4 空间数据库

1. 定义

空间数据库(Spacial Data Base)指的是地理信息系统在计算机物理存储介质上存储的与应用相关的地理空间数据的总和,一般是以一系列特定结构的文件的形式组织在存储介质之上的。空间数据库的研究始于 20 世纪 70 年代的地图制图与遥感图像处理领域,其目的是为了有效地利用卫星遥感资源迅速绘制出各种经济专题地图。由于传统的关系数据库在空间数据的表示、存储、管理、检索上存在许多缺陷,从而形成了空间数据库这一数据库研究领域。而传统数据库系统只针对简单对象,无法有效地支持复杂对象(如图形、图像)。

空间数据库,是以描述空间位置和点、线、面、体特征的拓扑结构的位置数据及描述这些特征的性能的属性数据为对象的数据库。其中的位置数据为空间数据,属性数据为非空间数据。其中,空间数据是用于表示空间物体的位置、形状、大小和分布特征等信息的数据,用于描述所有二维、三维和多维分布的关于区域的信息,它不仅具有表示物体本身的空间位置及状态信息,还具有表示物体的空间关系的信息。非空间信息主要包含表示专题属性和质量描述的数据,用于表示物体的本质特征,以区别地理实体,对地理物体进行语义定义。

目前的空间数据库成果大多数以地理信息系统的形式出现,主要应用于环境和资源管理、土地利用、城市规划、森林保护、人口调查、交通、税收、商业网络等领域的管理与决策。

空间数据库的目的是利用数据库技术实现空间数据的有效存储、管理和检索,为各种空间数据库用户使用。目前,空间数据库的研究主要集中于空间关系与数据结构的形式化定义、空间数据的表示与组织、空间数据查询语言和空间数据库管理系统。

2. 空间数据库的特点

（1）数据量庞大。空间数据库面向的是地学及其相关对象,而在客观世界中它们所涉及的往往都是地球表面信息、地质信息、大气信息等及其复杂的现象和信息,所以描述这些信息的数据容量很大,容量通常达到 GB 级。

（2）具有高可访问性。空间信息系统要求具有强大的信息检索和分析能力,这是建立在空间数据库基础上的,需要高效访问大量数据。

（3）空间数据模型复杂。空间数据库存储的不是单一性质的数据,而是涵盖了几乎所有与地理相关的数据类型。

（4）属性数据和空间数据联合管理。

（5）应用范围广泛。

7.4.5　多媒体数据库

1. 多媒体数据库的定义

多媒体数据库是数据库技术与多媒体技术结合的产物。多媒体数据库不是对现有的数据进行界面上的包装,而是从多媒体数据与信息本身的特性出发,考虑将其引入到数据库中之后而带来的有关问题。多媒体数据库从本质上来说,要解决三个难题:第一是信息媒体的多样化,不仅是数值数据和字符数据,还要扩大到多媒体数据的存储、组织、使用和管理;第二是要解决多媒体数据集成或表现集成,实现多媒体数据之间的交叉调用和融合。集成粒度越细,多媒体一体化表现才越强,应用的价值也才越大;第三是多媒体数据与人之间的交互性。

2. 多媒体数据的特点

（1）数据量大。格式化的数据的数据量较小,最长的字符型长为 254B。多媒体数据的数据量一般很大,1min 的视频和音频数据往往需要几十兆的数据空间,大小相当于一个小型数据库。

（2）结构复杂。传统的数据以记录为单位,一条记录由多个字段组成,结构简单。多媒体数据种类繁多、结构复杂,大多是非格式化数据,来源于不同的媒体且具有不同的形式和格式。

（3）时序性。由文字、声音、图象组成的复杂对象须有一定的同步机制,如画面的配音或文字需要与画面同步。传统数据则无此要求。

（4）数据传输的连续性。声音、视频等多媒体数据的传输必须是连续的、稳定的,否则会影响效果造成失真。

多媒体数据的这些特点使得其需要有特殊的数据结构、存储技术、查询和处理方式,如支持大对象、基于相似性的检索、连续介质数据的检索等。

3. 多媒体数据库的基本功能

（1）有效地表示各种媒体数据。对多媒体数据根据应用的不同采用不同的表示方法。

（2）有效地处理各种媒体数据。系统应能正确识别和表现各种媒体数据的特征、各种媒体间的空间或时间的关联（如正确表达空间数据的相关特性和配音、文字和视频等复合信息的同步等）。

（3）有效地操作各种媒体信息。系统应能像对格式化数据一样对各种媒体数据进行搜索、浏览等操作，且对不同的媒体可提供不同的操纵，如声音的合成、图形的缩放等。

（4）具备开放性。系统应能提供多媒体数据库的 API（应用程序接口）、提供不同于传统数据库的特种事务处理和版本管理功能。

*7.4.6 并行数据库

1. 定义

并行数据库系统（Parallel Database System，PDBS）是以并行计算机为基础，以高性能和可扩展性为目标，利用多处理器结构提供比大型机系统高得多的性价比和可用性的数据库系统。人们普遍认为，并行数据库系统将是未来的高性能数据库系统。

目前，对并行数据库系统的研究已取得很大成果，出现了一些并行数据库的原型系统，如 ARBRE、BUBBA、GAMMA、GRACE、ERADAT、XPRS 等，一些运行在大规模并行处理系统上的大型商品化数据库管理系统，如 Oracle、Sybase 等，也增加了并行处理能力。

并行数据库系统是新一代高性能的数据库系统，是在 MPP 和集群并行计算环境的基础上建立的数据库系统。

2. 历史

并行数据库技术起源于 20 世纪 70 年代的数据库机（Database Machine）研究，研究的内容主要集中在关系代数操作的并行化和实现关系操作的专用硬件设计上，希望通过硬件实现关系数据库操作的某些功能，该研究最后以失败而告终。20 世纪 80 年代后期，并行数据库技术的研究方向逐步转到了通用并行机方面，研究的重点是并行数据库的物理组织、操作算法、优化和调度策略。从 20 世纪 90 年代至今，随着处理器、存储、网络等相关基础技术的发展，并行数据库技术的研究上升到一个新的水平，研究的重点也转移到数据操作的时间并行性和空间并行性上。

3. 功能

并行数据库系统的目标是高性能（high performance）和高可用性（high availability），通过多个处理节点并行执行数据库任务，以提高整个数据库系统的性能和可用性。

性能指标关注的是并行数据库系统的处理能力，具体的表现可以统一总结为数据库系统处理事务的响应时间。并行数据库系统的高性能可以从两个方面理解，一个是速度的提升（SpeedUp），一个是范围的提升（ScaleUp）。速度提升是指，通过并行处理，可以使用更少的时间完成两倍多的数据库事务。范围提升是指，通过并行处理，在相同的处理时间内，可以完成更多的数据库事务。并行数据库系统基于多处理节点的物理结构，将数据库管理技术与并行处理技术有机结合，来实现系统的高性能。

可用性指标关注的是并行数据库系统的健壮性，也就是当并行处理节点中的一个节点或多个节点部分失效或完全失效时,整个系统对外持续响应的能力。高可用性可以同时在硬件和软件两个方面提供保障。在硬件方面,通过冗余的处理节点、存储设备、网络链路等硬件措施,可以保证当系统中某节点部分或完全失效时,其他的硬件设备可以接管并继续处理,以对外提供持续服务。在软件方面,通过状态监控与跟踪、互相备份、日志等技术手段,可以保证当前系统中某节点部分或完全失效时,由它所进行的处理或由它所掌控的资源可以无损失或基本无损失地转移到其他节点,并由其他节点继续对外提供服务。

为了实现和保证高性能和高可用性,可扩充性也成为并行数据库系统的一个重要指标。可扩充性是指,并行数据库系统通过增加处理节点或者硬件资源(处理器、内存等),使其可以平滑地或线性地扩展其整体处理能力的特性。

*7.4.7　主动数据库

1. 定义

主动数据库(Active DataBase,ADB)是相对于传统数据库的被动性而言的。传统的数据库系统只能根据用户或应用程序的服务请求对数据库进行存储、检索等操作,而不能根据发生的事件或数据库的状态主动作出反应。

主动数据库系统(ADBMS)是指具有主动提供各种服务功能,并且以一种统一的机制实现各种主动服务的数据库系统。

一个主动数据库系统在某一事件发生时,引发数据库管理系统去检测数据库当前的状态,若满足指定条件,则触发规定执行的动作。我们称之为 ECA 规则。

一个主动数据库系统可表示为:ADBS=DBS + EB + EM

其中 DBS 代表传统数据库系统,用来存储、操作、维护和管理数据;EB 代表 ECA 规则库,用来存储 ECA 规则,每条规则指明在何种事件发生时,根据给定条件,应主动执行什么动作;EM 代表事件监测器,一旦检测到某事件发生就主动触发系统,按照 EB 中指定的规则执行相应的动作。

2. 主动数据库系统的功能

(1)主动数据库系统应该提供传统数据库系统的所有功能,且不能因为增加了主动性功能而使数据库的性能受到明显影响。

(2)主动数据库系统必须给用户和应用提供关于主动特性的说明,且这种说明应该是数据库永久性的部分。

(3)主动数据库系统必须能有效地实现(2)中说明的所有主动特性,且能与系统的其他部分有效地集成在一起,包括查询、事务处理、并发控制和权限管理等。

(4)主动数据库系统应能够提供与传统数据库系统类似的数据库设计和调试工具。

*7.4.8　移动数据库

1. 移动数据库定义

移动数据库(Mobile Database)是指在移动计算环境中的分布式数据库,其数据在物理上分散而在逻辑上集中,它涉及数据库技术、分布式计算技术、移动通信技术等多个学科领域。通俗地讲,移动数据库包括以下两层含义:人在移动时可以存取后台数据库或其副本;人可以带着后台数据库的副本移动。

2．移动数据库系统特点

（1）移动性与位置相关性。移动数据库可在无线通信单元内及单元间自由移动,而且在移动的同时仍可以保持通信连接。此外,应用程序及数据查询都可能是位置相关的。

（2）频繁的断接性。移动数据库与固定网络之间经常处于主动或被动的断接状态,这要求移动数据库系统中的事务在断接的情况下能继续运行,或者自动进入休眠状态,不会因为网络断接而被撤销。

（3）网络条件的多样性。在整个移动计算空间中,不同时间和地点的联网条件相差十分悬殊。因此移动数据库应提供充分的灵活性和适应性,提供多种系统运行方式和资源优化方式,以适应网络条件的变化。

（4）系统规模庞大。在移动计算环境下,用户规模比常规网络环境庞大,采用普通的处理方法将导致移动数据库系统的效率十分低下。

（5）系统的安全性和可靠性较差。由于移动计算平台可以远程访问系统资源,从而带来新的不安全因素。此外,移动主机遗失、失窃等现象也容易发生,因此移动数据库系统应提供比普通数据库系统更强的安全机制。

（6）资源的有限性。电池电源对移动设备来说是有限的资源,通常只能维持几个小时。此外,移动设备还受通信带宽、存储容量、处理能力等的限制。移动数据库系统必须充分考虑这些限制,在查询优化、事务处理、存储管理等环节提高资源的利用效率。

（7）网络通信的非对称性。上行链路的通信代价和下行链路有很大差异,要求在移动数据库的实现中充分考虑这种差异,采用合适的方式(如数据广播)传递数据。

思考题

1．什么是数据库？数据库的历史有几个阶段？数据库有几个类型？
2．什么是关系数据库？
3．什么是数据仓库？
4．简述关系数据库的设计原则和步骤。
5．简述几种常用的数据库系统。
6．简述数据库的新发展。

第8章

软件工程

8.1 软件工程概述

8.1.1 软件工程的概念

软件工程(Software Engineering)是一门研究用工程化方法构建和维护有效的、实用的和高质量的软件的学科。它涉及程序设计语言、数据库、软件开发工具、系统平台、标准、设计模式等方面。

就软件工程的概念,很多学者和组织机构都分别给出了自己的定义。

(1) BarryBoehm:运用现代科学技术知识来设计并构造计算机程序及为开发、运行和维护这些程序所必需的相关文件资料。

(2) IEEE 在软件工程术语汇编中的定义:软件工程将系统化的、严格约束的、可量化的方法应用于软件的开发、运行和维护,即将工程化应用于软件。

(3) FritzBauer 在 NATO 会议上给出的定义:建立并使用完善的工程化原则,以较经济的手段获得能在实际机器上有效运行的可靠软件的一系列方法。

(4)《计算机科学技术百科全书》中的定义:软件工程是应用计算机科学、数学及管理科学等原理,开发软件的工程。软件工程借鉴传统工程的原则、方法,以提高质量、降低成本。其中,计算机科学、数学用于构建模型与算法,工程科学用于制定规范、设计范型(paradigm)、评估成本及确定权衡,管理科学用于计划、资源、质量、成本等管理。

8.1.2 软件工程过程

1. 软件过程的分类

软件过程可概括为三类:基本过程类、支持过程类和组织过程类。

(1) 基本过程类包括获取过程、供应过程、开发过程、运作过程、维护过程和管理过程。

(2) 支持过程类包括文档过程、配置管理过程、质量保证过程、验证过程、确认过程、联合评审过程、审计过程以及问题解决过程。

(3) 组织过程类包括基础设施过程、改进过程以及培训过程。

2. 基本过程

软件过程主要针对软件生产和管理进行研究。为了获得满足工程目标的软件,不仅涉及工程开发,而且还涉及工程支持和工程管理。对于一个特定的项目,可以通过剪裁过程定义所需的活动和任务,使活动并发执行。与软件有关的单位,根据需要和目标,可采用不同的过程、活动和任务。

软件工程过程是指生产一个最终能满足需求且达到工程目标的软件产品所需要的步骤。软件工程过程主要包括开发过程、运作过程、维护过程。它覆盖了需求、设计、实现、确认以及维护等活动。

8.1.3 软件生命周期

1. 定义

软件生命周期(Systems Development Life Cycle,SDLC)是软件从产生直到报废的生命周期,周期内有问题定义、可行性分析、总体描述、系统设计、编码、调试和测试、验收与运行、维护升级到废弃等阶段,这种按时间分层的思想方法是软件工程中的一种思想原则,即按部就班、逐步推进,每个阶段都要有定义、工作、审查、形成文档以供交流或备查,以提高软件的质量。但随着新的面向对象的设计方法和技术的成熟,软件生命周期设计方法的指导意义正在逐步减少。

2. 软件生命周期六个阶段

同任何事物一样,一个软件产品或软件系统也要经历孕育、诞生、成长、成熟、衰亡等阶段,一般称为软件生存周期(软件生命周期)。

把整个软件生存周期划分为若干阶段,使得每个阶段有明确的任务,使规模大、结构复杂和管理复杂的软件开发变得容易控制和管理。通常,软件生存周期包括可行性分析与开发项计划、需求分析、设计(概要设计和详细设计)、编码、测试、维护等活动,可以将这些活动以适当的方式分配到不同的阶段去完成。

1) 问题的定义及规划

此阶段由软件开发方与需求方共同讨论,主要确定软件的开发目标及其可行性。

2) 需求分析

在确定软件开发可行的情况下,对软件需要实现的各个功能进行详细分析。需求分析阶段是一个很重要的阶段,这一阶段如果做得好,将为整个软件开发项目的成功打下良好的基础。需求是在整个软件开发过程中不断变化和深入的,因此我们必须制订需求变更计划来应付这种变化,以保护整个项目的顺利进行。

3) 软件设计

此阶段主要根据需求分析的结果,对整个软件系统进行设计,如系统框架设计、数据库设计等。软件设计一般分为总体设计和详细设计。好的软件设计将为软件程序编写打下良好的基础。

4) 程序编码

此阶段是将软件设计的结果转换成计算机可运行的程序代码。在程序编码中必须要制定统一、符合标准的编写规范,以保证程序的可读性、易维护性,提高程序的运行效率。

5）软件测试

在软件设计完成后要经过严密的测试，以发现软件在整个设计过程中存在的问题并加以纠正。整个测试过程分单元测试、组装测试以及系统测试三个阶段进行。测试的方法主要有白盒测试和黑盒测试两种。在测试过程中需要建立详细的测试计划并严格按照测试计划进行测试，以减少测试的随意性。

6）运行维护

软件维护是软件生命周期中持续时间最长的阶段。在软件开发完成并投入使用后，由于多方面的原因，软件不能继续适应用户的要求。要延续软件的使用寿命，就必须对软件进行维护。软件的维护包括纠错性维护和改进性维护两个方面。

8.2　软件开发模型

8.2.1　瀑布模型

瀑布模型（Waterfall Model）是一个项目开发架构，开发过程是通过设计一系列阶段顺序展开的，从系统需求分析开始直到产品发布和维护，每个阶段都会产生循环反馈，因此，如果有信息未被覆盖或者发现了问题，那么最好"返回"上一个阶段并进行适当的修改。项目开发进程从一个阶段"流动"到下一个阶段，这也是瀑布模型名称的由来。瀑布模型的开发主要包括软件工程开发、企业项目开发、产品生产以及市场销售等，如图 8-1 所示。

1970 年温斯顿·罗伊斯（Winston Royce）提出了著名的"瀑布模型"，直到 20 世纪 80 年代早期，它一直是唯一被广泛采用的软件开发模型。

瀑布模型核心思想是按工序将问题化简，将功能的实现与设计分开，便于分工协作，即采用结构化的分析与设计方法将逻辑实现与物理实现分开。将软件生命周期划分为制定计划、需求分析、软件设计、程序编写、软件测试和运行维护等 6 个基本活动，并且规定了它们自上而下、相互衔接的固定次序，如同瀑布流水，逐级下落。

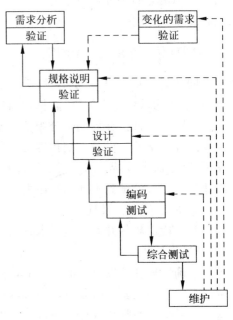

图 8-1　瀑布模型

8.2.2　快速原型法模型

1. 模型概述

快速原型法就是在系统开发之初，尽快给用户构造一个新系统的模型（原型），通过反复演示原型并征求用户意见，开发人员根据用户意见不断修改和完善原型，直到基本满足用户的要求进而实现系统，这种软件开发方法就是快速原型法。原型就是模型，而原型系统就是应用系统的模型。它是待构筑的实际系统的缩小比例模型,但是保留了实际系统的大部分性能。这个模型可在运行中被检查、测试、修改,直到它的性能达到用户需求为止。因而这个工作模型很快就能转换成原样的目标系统。快速原型法模型如图8-2所示。

2. 原型法的三个层次

第一层包括联机的屏幕活动,这一层的目的是确定屏幕及报表的版式和内容、屏幕活动的顺序及屏幕排版的方法。

第二层是第一层的扩展,引用了数据库的交互作用及数据操作,这一层的主要目的是论证系统关键区域的操作,用户可以输入成组的事务数据,执行这些数据的模拟过程,包括出错处理。

第三层是系统的工作模型,它是系统的一个子集,其中应用的逻辑事务及数据库的交互作用可以用实际数据来操作,这一层的目的是开发一个模型,使其发展成为最终的系统规模。

3. 模型优点

原型法的主要优点在于它是一种支持用户的方法,使得用户在系统生存周期的设计阶段起到积极

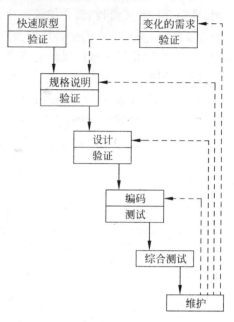

图 8-2　快速原型法模型

的作用;它能减少系统开发的风险,特别是在大型项目的开发中,由于对项目需求的分析难以一次完成,应用原型法效果更为明显。原型法的概念既适用于系统的重新开发,也适用于对系统的修改。原型法不局限于仅对开发项目中的计算机方面进行设计,第三层原型法是用于制作系统的工作模型的。快速原型法要取得成功,要求有像第四代语言(4GL)这样的良好开发环境/工具的支持。原型法可以与传统的生命周期方法相结合使用,这样会扩大用户参与需求分析、初步设计及详细设计等阶段的活动,加深对系统的理解。近年来,快速原型法的思想也被应用于产品的开发活动中。

8.2.3　螺旋模型

1. 模型概述

1988年,巴利·玻姆(Barry Boehm)正式发表了软件系统开发的"螺旋模型",它将瀑布模型和快速原型模型结合起来,强调了其他模型所忽视的风险分析,特别适合于大型复杂的系统。

螺旋模型采用一种周期性的方法来进行系统开发。这会导致开发出众多的中间版本。使用它,项目经理在早期就能够为客户实证某些概念。该模型是快速原型法以进化的开发方式为中心,在每个项目阶段使用瀑布模型法。这种模型的每一个周期都包括需求定义、风险分析、工程实现和评审4个阶段,由这4个阶段进行迭代。软件开发过程每迭代一次,软件开发又前进一个层次。

2. 采用螺旋模型的软件过程

螺旋模型基本做法是在"瀑布模型"的每一个开发阶段前引入一个非常严格的风险识别、风险分析和风险控制，它把软件项目分解成一个个小项目。每个小项目都标识一个或多个主要风险，直到所有的主要风险因素都被确定。螺旋模型强调风险分析，使得开发人员和用户对每个演化层出现的风险有所了解，继而做出应有的反应，因此特别适用于庞大、复杂并具有高风险的系统。对于这些系统，风险是软件开发不可忽视且潜在的不利因素，它可能在不同程度上损害软件开发过程，影响软件产品的质量。减小软件风险的目标是在造成危害之前，及时对风险进行识别及分析，决定采取何种对策，进而消除或减少风险的损害。

螺旋模型沿着螺线进行若干次迭代，图 8-3 中的四个象限代表了以下活动。

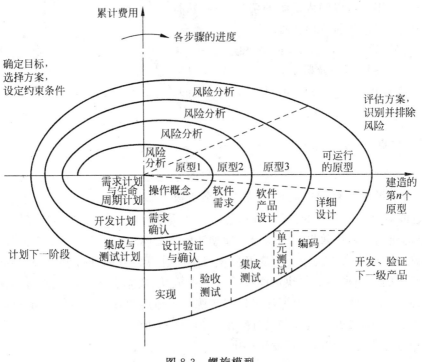

图 8-3　螺旋模型

（1）制定计划：确定软件目标，选定实施方案，弄清项目开发的限制条件。
（2）风险分析：分析评估所选方案，考虑如何识别和消除风险。
（3）实施工程：实施软件开发和验证。
（4）客户评估：评价开发工作，提出修正建议，制定下一步计划。

螺旋模型由风险驱动，强调可选方案和约束条件从而支持软件的重用，有助于将软件质量作为特殊目标融入产品开发之中。

8.2.4　喷泉模型

1. 模型概述

喷泉模型（Fountain Model）是一种以用户需求为动力，以对象为驱动的模型，主要用于描述面向对象的软件开发过程,如图 8-4 所示。

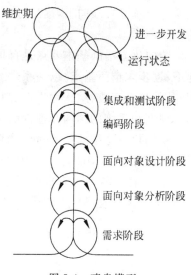

该模型认为软件开发过程自下而上周期的各阶段是相互迭代和无间隙的。软件的某个部分常常被重复工作多次,相关对象在每次迭代中随之加入渐进的软件成分。无间隙指在各项活动之间无明显边界,如分析和设计活动之间没有明显的界限。由于对象概念的引入,表达分析、设计、实现等活动只用对象类和关系,从而可以较为容易地实现活动的迭代和无间隙,这一开发过程自然会包含软件的复用。

喷泉模型不像瀑布模型那样,需要分析活动结束后才开始设计活动,设计活动结束后才开始编码活动。该模型的各个阶段没有明显的界限,开发人员可以同步进行开发。其优点是可以提高软件项目开发效率,节省开发时间,适应于面向对象的软件开发过程。由于喷泉模型在各个开发阶段是重叠的,因此在开发过程中需要大量的开发人员,不利于项目的管理。此外这种模型要求严格管理文档,使得审核的难度加大,尤其是面对可能随时加入各种信息、需求与资料的情况。

图 8-4　喷泉模型

2. 模型应用解释

迭代是软件开发过程中普遍存在的一种内在属性。经验表明,软件过程各个阶段之间的迭代或一个阶段内各个工作步骤之间的迭代,在面向对象范型中比在结构化范型中更常见。图 8-4 所示的喷泉模型是典型的面向对象生命周期模型。

"喷泉"这个词体现了面向对象软件开发过程的迭代和无缝的特性。图中代表不同阶段的圆圈相互重叠,这明确表示两个活动之间存在交叠;而面向对象方法在概念和表示方法上的一致性,保证了在各项开发活动之间的无缝过渡。事实上,用面向对象方法开发软件时,在分析、设计和编码等各项开发活动之间并不存在明显的边界。图 8-4 中在一个阶段内的向下箭头代表该阶段内的迭代(或求精)。图 8-4 中较小的圆圈代表维护,圆圈较小象征着采用了面向对象范型之后维护时间缩短了。

为避免使用喷泉模型开发软件时开发过程过分无序,应该把一个线性过程(例如,快速原型模型或图 8-4 中的中心垂线)作为总目标。但是,同时也应该记住,面向对象范型本身要求经常对开发活动进行迭代或求精。

8.3　软件开发方法

8.3.1　结构化方法

1. 定义

结构化方法是一种传统的软件开发方法,它是由结构化分析、结构化设计和结构化程序设计三部分有机组合而成的。它的基本思想:把一个复杂问题的求解过程分阶段进行,而且这种分解是自顶向下,逐层分解,使得每个阶段处理的问题都控制在人们容易理解和处理的范围内。

结构化方法的基本要点是自顶向下、逐步求精、模块化设计。结构化分析方法是以自顶向下、逐步求精为基点,以一系列经过实践的考验被认为是正确的原理和技术为支撑,以数据流图、数据字典、结构化语言、判定表、判定树等图形表达为主要手段,强调开发方法的结构合理性和系统的结构合理性的软件分析方法。

结构化方法按软件生命周期划分,有结构化分析(SA)、结构化设计(SD)、结构化实现(SP)。其中要强调的是,结构化方法是一个思想准则的体系,虽然有明确的阶段和步骤,但是也集成了很多原则性的东西,所以学会结构化方法,不是单从理论知识上去了解就足够的,更多的还是在实践中慢慢地理解各个准则,慢慢将其变成自己的方法学。

2. 结构化分析的步骤

①分析当前的情况,做出反映当前物理模型的 DFD;②推导出等价的逻辑模型的DFD;③设计新的逻辑系统,生成数据字典和基元描述;④建立人机接口,提出可供选择的目标系统物理模型的 DFD;⑤确定各种方案的成本和风险等级,据此对各种方案进行分析;⑥选择一种方案;⑦建立完整的需求规约。

结构化设计方法给出一组帮助设计人员在模块层次上区分设计质量的原理与技术。它通常与结构化分析方法衔接起来使用,以数据流图为基础得到软件的模块结构。SD 方法尤其适用于变换型结构和事务型结构的目标系统。在设计过程中,它从整个程序的结构出发,利用模块结构图表述程序模块之间的关系。

3. 结构化设计的步骤

①评审和细化数据流图;②确定数据流图的类型;③把数据流图映射到软件模块结构,设计出模块结构的上层;④基于数据流图逐步分解高层模块,设计中下层模块;⑤对模块结构进行优化,得到更为合理的软件结构;⑥描述模块接口。

8.3.2   面向对象方法

1. 面向对象方法概述

面向对象方法(Object-Oriented Method)是一种把面向对象的思想应用于软件开发过程中,指导开发活动的系统方法,简称 OO (Object-Oriented)方法,是建立在"对象"概念基础上的方法学。对象是由数据和容许的操作组成的封装体,与客观实体有直接对应关系,一个对象类定义了具有相似性质的一组对象。而继承性是对具有层次关系的类的属性和操作进行共享的一种方式。所谓面向对象就是基于对象概念,以对象为中心,以类和继承为构造机制,来认识、理解、刻画客观世界和设计、构建相应的软件系统。

用计算机解决问题需要用程序设计语言对问题求解加以描述(即编程),实质上,软件是问题求解的一种表述形式。显然,假如软件能直接表现人求解问题的思维路径(即求解问题的方法),那么软件不仅容易被人理解,而且易于维护和修改,从而会保证软件的可靠性和可维护性,并能提高公共问题域中的软件模块和模块重用的可靠性。面向对象的机能和机制恰好可以使得人们按照通常的思维方式来建立问题域的模型，设计出尽可能自然的表达求解方法的软件。

面向对象方法作为一种新型的独具优越性的新方法正引起全世界越来越广泛的关注和高度的重视，它被誉为"研究高技术的好方法"，更是当前计算机界关心的重点。20 世纪 80 年代以来，在对 OO 方法如火如荼的研究热潮中，许多专家和学者预言：正像 20 世纪 70 年代结构化方法对计算机技术应用所产生的巨大影响和促进那样，90 年代 OO 方法会强烈地影响、推动和促进一系列高技术的发展和多学科的综合。

2. 由来与发展

OO 方法起源于面向对象的编程语言（简称为 OOPL）。20 世纪 50 年代后期，在用 FORTRAN 语言编写大型程序时，常出现变量名在程序不同部分发生冲突的问题。鉴于此，ALGOL 语言的设计者在 ALGOL60 中采用了以"Begin……End"为标识的程序块，使块内变量名是局部的，以避免它们与程序中块外的同名变量相冲突。这是编程语言中首次提供封装（保护）的尝试。此后程序块结构广泛用于高级语言如 Pascal、Ada、C 之中。

20 世纪 60 年代中后期，Simula 语言在 ALGOL 基础上研制开发，它将 ALGOL 的块结构概念向前进一步发展，提出了对象的概念，并使用了类，也支持类继承。70 年代，Smalltalk 语言诞生，它取 Simula 的类为核心概念，它的很多内容借鉴于 Lisp 语言。由 Xerox 公司经过对 Smautalk72、76 持续不断的研究和改进之后，于 1980 年推出商品化的 Simula，它在系统设计中强调对象概念的统一，引入对象、对象类、方法、实例等概念和术语，采用动态联编和单继承机制。从 20 世纪 80 年代起，人们基于以往已提出的有关信息隐蔽和抽象数据类型等概念，以及由 Modula2、Ada 和 Smalltalk 等语言所奠定的基础，再加上客观需求的推动，进行了大量的理论研究和实践探索。由此，不同类型的面向对象语言（如 Object-c、Eiffel、C++、Java、Object-Pascal 等）逐步发展起来并建立了比较完整的系统，包括 OO 方法的概念理论体系和实用的软件系统。

面向对象源出于 Simula，真正的 OOP 由 Smalltalk 奠基。Smalltalk 现在被认为是最纯的 OOPL。正是通过 Smalltalk 80 的研制与推广应用，使人们注意到 OO 方法所具有的模块化、信息封装与隐蔽、抽象性、继承性、多样性等独特之处，这些优异特性为研制大型软件、提高软件可靠性、可重用性、可扩充性和可维护性提供了有效的手段和途径。20 世纪 80 年代以来，人们将面向对象的基本概念和运行机制运用到其他领域，获得了一系列相应领域的面向对象的技术。面向对象方法在许多领域的应用都得到了很大发展，已被广泛应用于程序设计语言、形式定义、设计方法学、操作系统、分布式系统、人工智能、实时系统、数据库、人机接口、计算机体系结构以及并发工程、综合集成工程等。1986 年在美国举行了首届"面向对象编程、系统、语言和应用（OOPSLA'86）"国际会议，使面向对象受到世人瞩目，其后每年都举行一次，这进一步标志 OO 方法的研究已普及到全世界。

8.3.3 软件复用和构件技术

1. 软件复用定义

软件复用（Software Reuse）就是将已有的软件成分用于构造新的软件系统，以缩减软件开发和维护的花费。无论对可复用构件原封不动地使用还是作适当的修改后再使用,只要是用来构造新软件,都可称作复用。被复用的软件成分一般称作可复用构件。软件复用是提高软件生产力和质量的一种重要技术。早期的软件复用主要是代码级复用,后来扩大到包括领域知识、开发经验、项目计划、可行性报告、体系结构、需求、设计、测试用例和文档等一切有关方面。对一个软件进行修改,使它运行于新的软硬件平台不称作复用,而称做软件移植。

2. 复用级别

(1) 代码的复用。包括目标代码和源代码的复用。其中目标代码的复用级别最低,历史也最久,当前大部分编程语言的运行支持系统都提供了链接(Link)、绑定(Binding)等功能来支持这种复用。源代码的复用级别略高于目标代码的复用,程序员在编程时把一些想复用的代码段复制到自己的程序中,但这样往往会产生一些新旧代码不匹配的错误。想大规模的实现源程序的复用只有依靠含有大量可复用构件的构件库。如"对象链接及嵌入"(OLE)技术,既支持在源程序级定义构件并用以构造新的系统,又使这些构件在目标代码的级别上仍然是一些独立的可复用构件,能够在运行时被灵活地更新组合为各种不同的应用。

(2) 设计的复用。设计结果比源程序的抽象级别更高,因此它的复用受实现环境的影响较少,从而使可复用构件被复用的机会更多,并且所需的修改更少。这种复用有三种途径,第一种途径是从现有系统的设计结果中提取一些可复用的设计构件,并把这些构件应用于新系统的设计;第二种途径是把一个现有系统的全部设计文档在新的软硬件平台上重新实现,也就是把一个设计运用于多个具体的实现;第三种途径是独立于任何具体的应用,有计划地开发一些可复用的设计构件。

(3) 分析的复用。这是比设计结果更高级别的复用,可复用的分析构件是针对问题域的某些事物或某些问题的抽象程度更高的解法,受设计技术及实现条件的影响很少,所以可复用的机会更大。复用的途径也有三种,即从现有系统的分析结果中提取可复用构件用于新系统的分析;用一份完整的分析文档作输入产生针对不同软硬件平台和其他实现条件的多项设计;独立于具体应用,专门开发一些可复用的分析构件。

(4) 测试信息的复用。主要包括测试用例的复用和测试过程信息的复用。前者是把一个软件的测试用例在新的软件测试中使用,或者在软件做出修改时在新的一轮测试中使用。后者是在测试过程中通过软件工具自动地记录测试的过程信息,包括测试员的每一个操作、输入参数、测试用例及运行环境等一切信息。这种复用的级别,不便和分析、设计、编程的复用级别作准确的比较,因为被复用的不是同一事物的不同抽象层次,而是另一种信息,但从这些信息的形态看,大体处于与程序代码相当的级别。

8.4　软件开发环境与工具

8.4.1　软件开发环境

1. 软件开发环境概述

软件开发环境是指在计算机的基本软件的基础上,为了支持软件的开发而提供的一组工具软件系统。

软件开发环境的主要组成成分是软件工具。人机界面是软件开发环境与用户之间的一个统一的交互式对话系统,它是软件开发环境的重要质量标志。存储各种软件工具加工所产生的软件产品或半成品(如源代码、测试数据和各种文档资料等)的软件环境数据库是软件开发环境的核心。工具间的联系和相互理解都是通过存储在信息库中的共享数据得以实现的。

软件开发环境数据库是面向软件工作者的知识型信息数据库,其数据对象是多元化、带有智能性质的。软件开发数据库用来支撑各种软件工具,尤其是自动设计工具、编译程序等的主动或被动的工作。

2. 对软件开发环境的要求与特性

(1) 软件开发环境的要求:①软件开发环境应是高度集成的一体化的系统;②软件开发环境应具有高度的通用性;③软件开发环境应易于定制、裁剪或扩充以符合用户要求,即软件开发环境应具有高度的适应性和灵活性;④软件开发环境不但可应用性要好,而且是易使用的、经济高效的系统;⑤软件开发环境应是辅助开发向半自动开发和自动开发逐步过渡的系统。

(2) 软件开发环境的特性:可用性、自动性、公共性、集成性、适应性、价值性。

3. 软件开发环境的分类

软件开发环境是与软件生存期、软件开发方法和软件处理模型紧密相关的。其分类方法很多,本节按解决的问题、软件开发环境的演变趋向与集成化程度对软件开发环境进行分类。

(1) 按解决的问题分类:程序设计环境;系统合成环境;项目管理环境。

(2) 按软件开发环境的演变趋向分类:以语言为中心的环境;工具箱环境;基于方法的环境。

(3) 按集成化程度分类:第一代,建立在操作系统上;第二代,具有真正的数据库,而不是文件库;第三代,建立在知识库系统上,出现集成化工具集。

8.4.2 软件开发工具

1. 软件开发工具概述

软件开发工具是用于辅助软件生命周期过程的计算机程序。通常可以设计并实现工具来支持特定的软件工程方法,减少手工方式管理的负担。与软件工程方法一样,他们试图让软件工程更加系统化。软件工具的种类包括支持单个任务的工具及囊括整个生命周期的工具。

软件开发工具的概念要点:①它是在高级程序设计语言之后,软件技术进一步发展的产物;②它的目的是在人们开发软件过程中给予人们各种不同方面、不同程度的支持或帮助;③它支持软件开发的全过程,而不是仅限于编码或其他特定的工作阶段。

2. 软件开发工具分类

(1) 软件需求工具:包括需求建模工具和需求追踪工具。

（2）软件设计工具：用于创建和检查软件设计，由于软件设计方法的多样性，这类工具的种类很多。

（3）软件构造工具：包括程序编辑器、编译器和代码生成器、解释器和调试器等。

（4）软件测试工具：包括测试生成器、测试执行框架、测试评价工具、测试管理工具和性能分析工具。

（5）软件维护工具：包括理解工具（如可视化工具）和再造工具（如重构工具）。

（6）软件配置管理工具：包括追踪工具、版本管理工具和发布工具。

（7）软件工程管理工具：包括项目计划与追踪工具、风险管理工具和量度工具。

（8）软件工程过程工具：包括建模工具、管理工具和软件开发环境。

（9）软件质量工具：包括检查工具和分析工具。

3. 软件工具的发展特点

（1）软件工具由单个工具向多个工具集成化方向发展。

（2）重视用户界面的设计。

（3）不断地采用新理论和新技术。

（4）软件工具的商品化推动了软件产业的发展，而软件产业的发展，又增加了对软件工具的需求，促进了软件工具的商品化进程。

4. 软件开发工具的功能要求

软件开发工具应提供的以下 5 个方面的功能。

（1）认识与描述客观系统。这主要用于软件工作的需求分析阶段。由于需求分析在软件开发中的地位越来越重要，人们迫切需要在明确需求、形成软件功能说明书方面得到工具的支持。与具体的编程相比，这方面工作的不确定程度更高，更需要经验，更难形成规范化。

（2）存储及管理开发过程中的信息。在软件开发的各阶段都要产生以及使用许多信息。当项目规模比较大时，这些信息量就会大大增加，当项目持续时间较长的时候，信息的一致性就成为一个十分重要、十分困难的问题。如果再涉及软件的长期发展和版本更新，则有关的信息保存与管理问题就显得更为突出了。

（3）代码的编写或生成。在整个软件开发工作过程中，程序编写工作占了相当的人力物力和实践比重，提高代码的编制速度与效率显然是改进软件工作的一个重要方面。根据目前以第三代语言编程的实际情况，这方面的改进主要是从代码自动生成和软件模块重用两个方面考虑。

（4）文档的编制或生成。文档编写也是软件开发中十分繁重的一项工作，不但费时费力，而且很难保持一致。在这方面，计算机辅助的作用可以得到充分的发挥。在各种文字处理软件的基础上，已有不少专用的软件开发工具提供了这方面的支持与帮助。这里的困难往往在于保持与程序的一致性，而且最后归结于信息管理方面的要求。

（5）软件项目的管理。这一功能是为项目管理人员提供支持的。对于软件项目来说，一方面由于软件的质量比较难于测定，所以不仅需要根据设计任务书提出测试方案，而且还需要提供相应的测试环境与测试数据，人们希望软件开发工具能够提供这些方面的帮助。另一方面是当软件规模比较大的时候，版本更新、各模块之间以及模块与使用说明之间的一致性、向外提供的版本的控制等,都会带来一系列十分复杂的管理问题。如果软件开发工具能够提高这方面的支持与帮助,无疑将有利于软件开发工作的进行。

8.4.3 CASE

1. CASE 定义

计算机辅助软件工程这一术语的英文为 Computer-Aided Software Engineering,缩写为 CASE。CASE 是一组工具和方法集合,可以辅助软件开发生命周期各阶段进行软件开发。使用 CASE 工具的目标一般是为了降低开发成本,达到软件的功能要求、取得较好的软件性能,使开发的软件易于移植,降低维护费用,使开发工作按时完成并及时交付使用。

CASE 有如下三大作用,这些作用从根本上改变了软件系统的开发方式。

(1) CASE 是一个具有快速响应、专用资源和早期查错功能的交互式开发环境。

(2) 使软件的开发和维护过程中的许多环节实现了自动化。

(3) 通过一个强有力的图形接口,实现了直观的程序设计。

借助于 CASE,计算机可以完成与开发有关的大部分繁重工作,包括创建并组织所有诸如计划、合同、规约、设计、源代码和管理信息等人工产品。另外,应用 CASE 还可以帮助软件工程师解决软件开发的复杂性并有助于小组成员之间的沟通,它包含计算机支持软件工程的所有方面。

2. CASE 工作台

1) CASE 工作台概述

一个 CASE 工作台是一组工具集,支持像设计、实现或测试等特定的软件开发阶段。将 CASE 工具组装成一个工作台后工具能协调工作,可提供比单一工具更好的支持,可实现通用服务程序,这些程序能被其他工具调用。工作台工具能通过共享文件、共享仓库或共享数据结构来集成。CASE 工作台可分为开放式工作台和封闭式工作台。

2) 程序设计工作台

程序设计工作台由支持程序开发过程的一组工具组成。将编译器、编辑器和调试器这样的软件工具一起放在一个宿主机上,该机器是专门为程序开发设计的。组成程序设计工作台的工具可能有:①语言编译器;②结构化编辑器;③连接器;④加载器;⑤交叉引用;⑥按格式打印;⑦静态分析器;⑧动态分析器;⑨交互式调试器。

3) 分析和设计工作台

分析和设计工作台支持软件过程的分析和设计阶段,在这一阶段,系统模型已建立(例如,一个数据库模型、一个实体关系模型等)。这些工作台通常支持结构化方法中所用的图形符号。支持分析和设计的工作台有时称为上游 CASE 工具。它们支持软件开发的早期过程。程序设计工作台则成为下游 CASE 工具。

4) 测试工作台

测试是软件开发过程较为昂贵和费力的阶段。测试工作台永远应为开放系统,可以不断演化以适应被测试系统的需要。

*8.5　软件新的开发方法

8.5.1　敏捷设计

2001 年 2 月 11—13 日，在犹他州 Wasateh 山的滑雪胜地 17 个计算机专家在两天的聚会中，签署了"敏捷软件开发宣言"（The Manifesto for Agile Software Development），宣告"我们通过实践寻找开发软件的更好方法，并帮助其他人使用这些方法。通过这一工作我们得到以下结论：'个体和交流胜于过程和工具；工作软件胜于综合文档；客户协作胜于洽谈协议；回应变革胜于照计划行事。'"

1. 方法类型

敏捷过程（Agile process）来源于敏捷开发。敏捷开发是一种应对快速变化的需求的一种软件开发能力。相对于"非敏捷"，敏捷开发更强调沟通、变化和产品效益，也更注重作为软件开发中人的作用。敏捷开发包括一系列的方法，主流的有如下 7 种。

（1）XP 极限编程：XP（极限编程）的思想源自 Kent Beck 和 Ward Cunningham 在软件项目中的合作经历。XP 注重的核心是沟通、简明、反馈和勇气。因为知道计划永远赶不上变化，XP 无须开发人员在软件开始初期做出很多的文档。XP 提倡测试先行，为了将以后出现 bug 的几率降到最低。

（2）SCRUM 方法：SCRUM 是一种迭代的增量化过程，用于产品开发或工作管理。它是一种可以集合各种开发实践的经验化过程框架。SCRUM 中发布产品的重要性高于一切。该方法由 Ken Schwaber 和 Jeff Sutherland 提出，旨在寻求充分发挥面向对象和构件技术的开发方法，是对迭代式面向对象方法的改进。

（3）Crystal Methods 水晶方法：Crystal Methods（水晶方法族）由 Alistair Cockburn 在 20 世纪 90 年代末提出。之所以是个系列，是因为他相信不同类型的项目需要不同的方法。虽然水晶系列不如 XP 那样的产出效率，但却有更多的人能够接受并遵循它。

（4）FDD 特性驱动开发：FDD（Feature-Driven Development，特性驱动开发）由 Peter Coad、Jeff de Luca、Eric Lefebvre 共同开发，是一套针对中小型软件开发项目的开发模式。此外，FDD 是一个模型驱动的快速迭代开发过程，它强调的是简化、实用、易于被开发团队接受，适用于需求经常变动的项目。

（5）ASD 自适应软件开发：ASD（Adaptive Software Development，自适应软件开发）由 Jim Highsmith 在 1999 年正式提出。ASD 强调开发方法的适应性（Adaptive），这一思想来源于复杂系统的混沌理论。ASD 不像其他方法那样有很多具体的实践做法，它更侧重为 ASD 的重要性提供最根本的基础，并从更高的组织和管理层次来阐述开发方法为什么要具备适应性。

（6）DSDM 动态系统开发方法：DSDM（动态系统开发方法）是众多敏捷开发方法中的一种，它倡导以业务为核心，快速而有效地进行系统开发。实践证明 DSDM 是成功的敏捷开发方法之一。在英国，由于其在各种规模的软件组织中的成功，它已成为应用最为广泛的快速应用开发方法。

(7) 轻量型 RUP 框架：轻量型 RUP 其实是个过程的框架，它可以包容许多不同类型的过程，Craig Larman 极力主张以敏捷型方式来使用 RUP。他的观点是——目前如此众多的努力以推进敏捷型方法，只不过是在接受能被视为 RUP 的主流 OO 开发方法而已。

2. 敏捷开发的工作方式

"敏捷软件开发宣言"提到的 4 个核心价值观会导致高度迭代式的、增量式的软件开发过程，并在每次迭代结束时交付经过编码与测试的软件。敏捷开发小组的主要工作方式，包括：增量与迭代式开发；作为一个整体工作；按短迭代周期工作；每次迭代交付一些成果；关注业务优先级；检查与调整。

(1) 增量与迭代：增量开发，意思是每次递增地添加软件功能。每一次增量都会添加更多的软件功能。迭代式开发允许在每次迭代过程中需求可能有变化，通过不断细化来加深对问题的理解。

(2) 敏捷小组的整体工作：项目取得成功的关键在于，所有的项目参与者都把自己看作朝向一个共同目标前进的团队的一员。一个成功的敏捷开发小组应该具有"我们一起参与其中"的思想。虽然敏捷开发小组是以小组整体进行工作，但是小组中仍然有一些特定的角色。有必要指出和阐明那些在敏捷估计和规划中承担一定任务的角色。

(3) 敏捷小组的短迭代周期：迭代是受时间框（timebox）限制的，意味着即使放弃一些功能，也必须按时结束迭代。时间框一般很短。大部分敏捷开发小组采用 2～4 周的迭代，但也有一些小组采用长达 3 个月的迭代周期仍能维持敏捷性。大多数小组采用相对稳定的迭代周期长度，但是也有一些小组在每次迭代开始的时候选择合适的周期长度。

(4) 敏捷小组每次迭代交付：在每次迭代结束的时候让产品达到潜在可交付状态是很重要的。实际上，这并不是说小组必须全部完成发布所需的所有工作，因为他们通常并不会每次迭代都真的发布产品。由于单次迭代并不总能提供足够的时间来完成足够满足用户或客户需要的新功能，因此我们需要引入更广义的发布（release）概念。一次发布由一次或一次以上（通常是以上）相互接续，完成一组相关功能的迭代组成。最常见的迭代一般是 2～4 周，一次发布通常是 2～6 个月。

(5) 敏捷小组的优先级：敏捷开发小组从两个方面显示出他们对业务优先级的关注。首先，他们按照产品所有者所制定的顺序交付功能，而产品所有者一般会按照使机构在项目上的投资回报最大化的方式来确定功能的优先级，并将它们组织到产品发布中。要达到这一目的，需要根据开发小组的能力和所需新功能的优先级建立一个发布计划。其次，敏捷开发小组关注完成和交付具有用户价值的功能，而不是完成孤立的任务（任务最终组合成具有用户价值的功能）。

(6) 敏捷小组的检查和调整：在每次新迭代开始的时候，敏捷开发小组都会结合在上一次迭代中获得的所有新知识作出相应的调整。如果小组认识到一些可能影响到计划的准确性或是价值的内容，他们就会调整计划。小组可能发现他们过高或过低地估计了自己的进展速度，或者发现某项工作比原来以为的更耗费时间，从而影响到计划的准确性。

8.5.2　软件产品线

1. 软件产品线概念

软件产品线是一组具有共同体系构架和可复用组件的软件系统，它们共同构建支持特定领域内产品开发的软件平台。一个软件产品线由一个产品线体系结构、一个可重用构件集合和一个源自共享资源的产品集合组成，是组织一组相关软件产品开发的方式。软件产品线的产品则是根据基本用户需求对产品线架构进行定制，将可复用部分和系统独特部分集成而得到。软件产品线方法集中体现一种大规模、大粒度软件复用实践，是软件工程领域中软件体系结构和软件重用技术发展的结果。

1997 年，由北京大学主持的国家重大科技攻关项目"青鸟工程"是软件产品线方法的原型平台。进入 21 世纪，为了适应 Internet 应用及信息技术方面的重大变革，软件系统开始呈现出一种柔性可演化、连续反应式、多目标自适应的新系统形态。从技术的角度看，在面向对象、软件构件等技术支持下的软件实体以主体化的软件服务形式存在于 Internet 的各个节点之上，各个软件实体相互间通过协同机制进行跨网络的互连、互通、协作和联盟，从而形成一种与 WWW 相类似的软件 Web(software Web)。将这样一种 Internet 环境下的新的软件形态称为网构软件(Internetware)。

2. 软件产品线流程

软件产品线的开发有 4 个技术特点——过程驱动、特定领域、技术支持和架构为中心。与其他软件开发方法相比，选择软件产品线的宏观原因有：对产品线及其实现所需的专家知识领域的清楚界定，对产品线的长期远景进行了策略性规划。软件生产线的概念和思想，将软件的生产过程别到三类不同的生产车间进行，即应用体系结构生产车间、构件生产车间和基于构件、体系结构复用的应用集成(组装)车间，从而形成软件产业内部的合理分工，实现软件的产业化生产。软件生产线如图 8-5 所示。

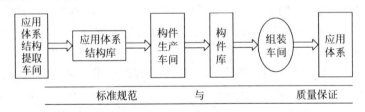

图 8-5　软件生产线

1) 软件产品线工程

软件产品线是一种基于架构的软件复用技术，它的理论基础是：特定领域(产品线)内的相似产品具有大量的公共部分和特征，通过识别和描述这些公共部分和特征，可以开发需求规范、测试用例、软件组件等产品线的公共资源。而这些公共资产可以直接应用或适当调整后应用于产品线内产品的开发，从而不再从草图开始开发产品。因此典型的产品线开发过程包括两个关键过程——领域工程和应用工程。

2) 软件产品线的组织结构

软件产品线开发过程分为领域工程和应用工程，相应的软件开发的组织结构也有两个部分——负责核心资源的小组和负责产品的小组。在 EMS 系统开发过程中采用的产品线方法中,主要有三个关键小组:平台组、配置管理组和产品组。

3) 软件产品线构件

产品线构件是用于支持产品线中产品开发的可复用资源的统称。这些构件远不是一般意义上的软件构件,它们包括:领域模型、领域知识、产品线构件、测试计划及过程、通信协议描述、需求描述、用户界面描述、配置管理计划及工具、代码构件、性能模型与度量、工作流结构、预算与调度、应用程序生成器、原型系统、过程构件(方法和工具)、产品说明、设计标准、设计决策、测试脚本等。在产品线系统的每个开发周期都可以对这些构件进行精化。

8.5.3 知识工程与知件

1. 知识工程

知识工程这个术语最早由美国人工智能专家 E. A. 费根鲍姆提出。由于在建立专家系统时所要处理的主要是专家的或书本上的知识,正像在数据处理中数据是处理对象一样。其研究内容主要包括知识的获取、知识的表示以及知识的运用和处理等三大方面。费根鲍姆及其研究小组在 20 世纪 70 年代中期研究了人类专家们解决其专门领域问题时的方式和方法。人工智能与计算机技术的结合产生了所谓“知识处理”的新课题。即要用计算机来模拟人脑的部分功能,或解决各种问题,或回答各种询问,或从已有的知识推出新知识等。

2. 知件

知件是独立的、计算机可操作的、商品化的、符合某种工业标准的、有完备文档的、可被某一类软件或硬件访问的知识模块。

专家系统和通常的知识库都在某些方面类似于知件,但是它们都不是知件。专家系统是传统意义上的软件,因为它包括以推理程序为核心的一系列应用程序模块。通常的知识库也不是知件。首先是因为它至少包含一个知识库管理程序,从而不满足知件的基本条件(只含知识);其次是因为这些知识库的知识表示和界面一般不是标准化的,难以用即插即用方式和任意的软件模块组合使用,而且一般的知识库还没有商品化。知件应该成为一种标准的部件,使更换知件就像更换计算机上的插件一样方便。

通过知件的形式,可以把软件中的知识含量分离出来,使软件和知件成为两种不同的研究对象和两种不同的商品,使硬件、软件和知件在 IT 产业中三足鼎立。对软件开发过程施以科学化和工程化的管理,就形成了软件工程。类似地,对知件开发过程施以科学化和工程化的管理,就形成了知件工程。两者有某些共同之处,但也有很多不同。计算机发现知识,或计算机和人合作发现知识已经成为一种产业——知识产业。而如果计算机生成的是规范化的、包装好的、商品化的知识,即知件,那么这个生成过程(包括维护、使用)涉及的全部技术之总和可以称之为知件工程。从某种意义上可以说,知件工程是商品化和大规模生产形式的知识工程。

3. 知件工程

根据知识获取和建模的 3 种不同方式,知件工程有 3 种开发模型。

1）熔炉模型

它适用于存在着可以批量获取知识的知识来源的情形。采用类自然语言理解技术，让计算机把整本教科书或整批技术资料自动地转换为一个知识库，也可以把一个专家的谈话记录自动地转换为知识库。这个知识库就称为熔炉。由于成批资料中所含的知识必须分解成知识元后在知识库中重新组织。特别是当这些知识来自多个来源（多本教科书，或多批技术资料，或多位专家，以及它们的组合）时，更需要把获取的知识综合起来，这种重新组织的过程就是知识熔炼的过程。我们把熔炉中的知识称为知识浆。熔炉模型的基本结构如图 8-6 所示。

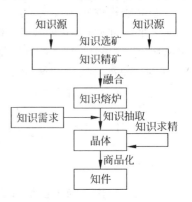

图 8-6　熔炉模型

2）结晶模型

它适用于从分散的知识资源中提取和凝聚知识。结晶模型的基本构思是：在知件的整个生命周期中，新的、有用的知识是不断积累的，它需要一个获取、提炼、分析、融合、重组的过程。从这个观点看，我们周围的环境更像是一种稀释了的知识溶液，提取知识的过程就像是一个结晶过程。由于其规模之大，我们称它为知识海。而熔炉模型中的知识浆则是浓缩了的知识溶液。对知识的需求就像一个结晶中心，围绕这个中心，海里的知识不断析出并向它聚集，使结晶越来越大。知识晶体的结构就是知识表示和知识组织的规范。蕴含于因特网上的知识就是一种典型的知识海。

我们需要两个控制机制来控制知识晶体的形成和更新过程。第一个机制称为知识泵。它的任务是从分散的知识源中提取并凝聚知识。上面提到的类自然语言就是这样的一种知识泵。它不仅可以控制知识析取的内容，还可以控制知识析取的粒度。已经获得的知识晶体可以作为新的知识颗粒进入知识海中，以便在高一级的水平上重用。类自然语言的使用在某种程度上体现了知识结晶的方式。第二个机制称为知识肾。由于知识是会老化和过时的，旧的、过时的知识不断被淘汰，它表现为结晶的风化和蒸发。知识肾的任务是综合分析新来的和原有的知识，排除老化、过时和不可靠的知识，促进知识晶体的新陈代谢。

综合这两者，知识泵和知识肾合作完成知识晶体的知识析取、知识融合和知识重组。知件的演化有赖于作为它的基础的知识晶体的演化和更新。从理论上说，这是一个无穷的过程。结晶模型如图 8-7 所示。

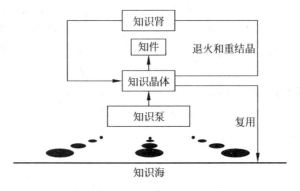

图 8-7　结晶模型

3）螺旋模型

它适用于获取通过反复实践积累起来的经验知识。该模型反映了学术界区分显知识和隐知识的观点，认为知识创建的过程体现为显知识和隐知识的不断互相转换，螺旋上升。它包括如下 4 个阶段：外化（通过建模等手段使隐知识变为显知识）、组合（显知识的系统化）、内化（运用显知识积累新的隐知识）和社会化（交流和共享隐知识），如图 8-8 所示。

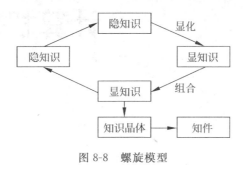

图 8-8　螺旋模型

把以上 3 种知件工程模型生成的知识模块统称为知识晶体。从应用的角度看，知识晶体还只是一个半成品，需要经过进一步的加工才能成为知件。

思考题

1. 什么是软件工程？
2. 简述软件工程过程。
3. 什么是软件生命周期？
4. 什么是瀑布模型？什么是快速原型模型？什么是螺旋模型？什么是喷泉模型？
5. 简述结构化方法。
6. 简述面向对象方法。
7. 简述软件复用和构件技术。
8. 什么是软件开发工具？什么是 CASE？
9. 简述敏捷设计思想。
10. 简述软件产品线技术。

第 9 章

计算机图形学

9.1 计算机图形学概述

1. 定义

计算机图形学(Computer Graphics,CG)是一种使用数学算法将二维或三维图形转化为计算机显示器的栅格形式的科学。简单地说,计算机图形学的主要研究内容就是研究如何在计算机中表示图形,以及利用计算机进行图形的计算、处理和显示的相关原理与算法。

2. 研究目的

计算机图形学一个主要的目的就是要利用计算机产生令人赏心悦目的真实感图形。为此,必须建立图形所描述的场景的几何表示,再用某种光照模型,计算在假想的光源、纹理、材质属性下的光照明效果。所以计算机图形学与另一门学科计算机辅助几何设计有着密切的关系。事实上,图形学也把可以表示几何场景的曲线曲面造型技术和实体造型技术作为其主要的研究内容。同时,真实感图形计算的结果是以数字图像的方式提供的,计算机图形学也就和图像处理有着密切的关系。

3. 研究内容

计算机图形学的研究内容非常广泛,如图形硬件、图形标准、图形交互技术、光栅图形生成算法、曲线曲面造型、实体造型、真实感图形计算与显示算法、非真实感绘制,以及科学计算可视化、计算机动画、自然景物仿真、虚拟现实等。

4. 计算机图形学历史

1963 年,伊凡·苏泽兰(Ivan Sutherland)在麻省理工学院发表了名为《画板》的博士论文,它标志着计算机图形学的正式诞生。至今已有四十多年的历史,已进入了较为成熟的发展期。

5. 应用

目前,其主要应用领域包括计算机辅助设计与加工,影视动漫,军事仿真,医学图像处理,气象、地质、财经和电磁等的科学可视化等。

9.2　计算机图形学应用

9.2.1　计算机辅助设计

1. 定义

计算机辅助设计(Computer Aided Design,CAD)利用计算机及其图形设备帮助设计人员进行设计工作,简称 CAD。在工程和产品设计中,计算机可以帮助设计人员担负计算、信息存储和制图等工作。在设计中通常要用计算机对不同方案进行大量的计算、分析和比较,以决定最优方案。各种设计信息,不论是数字的、文字的或图形的,都能存放在计算机的内存或外存里,并能快速地检索。设计人员通常用草图开始设计,将草图变为工作图的繁重工作可以交给计算机完成。利用计算机可以进行与图形的编辑、放大、缩小、平移和旋转等有关的图形数据加工工作。

2. 发展历史

20 世纪 50 年代在美国诞生第一台计算机绘图系统,开始出现具有简单绘图输出功能的被动式的计算机辅助设计技术。60 年代初期出现了 CAD 的曲面片技术,中期推出商品化的计算机绘图设备。70 年代,完整的 CAD 系统开始形成,后期出现了能产生逼真图形的光栅扫描显示器,接着推出了手动游标、图形输入板等多种形式的图形输入设备,促进了 CAD 技术的发展。

20 世纪 80 年代,随着强有力的超大规模集成电路制成的微处理器和存储器件的出现,工程工作站问世,CAD 技术在中小型企业逐步普及。80 年代中期以来,CAD 技术向标准化、集成化、智能化方向发展。一些标准的图形接口软件和图形功能相继推出,为 CAD 技术的推广、软件的移植和数据共享起了重要的促进作用。系统构造由过去的单一功能变成综合功能,出现了计算机辅助设计与辅助制造联成一体的计算机集成制造系统。固化技术、网络技术、多处理机和并行处理技术在 CAD 中的应用,极大地提高了 CAD 系统的性能。人工智能和专家系统技术引入 CAD,出现了智能 CAD 技术,使 CAD 系统的问题求解能力大为增强,设计过程更趋自动化。

3. 应用

现在,CAD 已在电子和电气、科学研究、机械设计、软件开发、机器人、服装业、出版业、工厂自动化、土木建筑、地质、计算机艺术等各个领域得到广泛应用。如图 9-1(a)～(c)所示。

9.2.2　多媒体技术

1. 多媒体的概念

(1) 媒体(Media)就是人与人之间实现信息交流的中介,简单地说,就是信息的载体,也

(a)电子电气、科学研究、机械设计

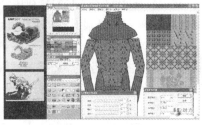

(b)机器人、服装业、出版业

(c)土木建筑、地质、计算机艺术

图 9-1　计算机辅助设计的应用

称为媒介。媒体(medium)在计算机行业里,有两种含义:其一是指传播信息的载体,如语言、文字、图像、视频、音频等;其二是指存储信息的载体,如 ROM、RAM、磁带、磁盘、光盘等,目前,主要的载体有 CD-ROM、VCD、网页等。

(2)多媒体,一般理解为多种媒体的综合,是计算机和视频技术的结合。可以理解为直接作用于人感官的文字、图形、图像、动画、声音和视频等各种媒体的统称,即多种信息载体的表现形式和传递方式。

2．多媒体的基本形式

(1)文本:是以文字和各种专用符号表达的信息形式,它是现实生活中使用得最多的一种信息存储和传递方式。用文本表达信息给人充分的想象空间,它主要用于对知识的描述性表示,如阐述概念、定义、原理和问题以及显示标题、菜单等内容。

(2)图像:是多媒体软件中最重要的信息表现形式之一,它是决定一个多媒体软件视觉效果的关键因素。

(3)动画:是利用人的视觉暂留特性,快速播放一系列连续运动变化的图形图像,也包括画面的缩放、旋转、变换、淡入淡出等特殊效果。通过动画可以把抽象的内容形象化,使许多难以理解的教学内容变得生动有趣。合理使用动画可以达到事半功倍的效果。

(4)声音:是人们用来传递信息、交流感情最方便、最熟悉的方式之一。在多媒体课件中,按其表达形式,可将声音分为讲解、音乐、效果三类。

(5) 视频影像:视频影像具有时序性与丰富的信息内涵,常用于交代事物的发展过程。视频非常类似于我们熟知的电影和电视,有声有色,在多媒体中充当起重要的角色。

3. 多媒体技术

多媒体技术是计算机技术和视频技术的结合。多媒体由硬件和软件组成。多媒体是数字控制和数字媒体的汇合,电脑负责数字控制系统,数字媒体是音频和视频先进技术的结合。

多媒体技术是多种信息类型技术的综合。这些媒体可以是图形、图像、声音、文字、视频、动画等信息表示形式,也可以是显示器、扬声器、电视机等信息的展示设备,传递信息的光纤、电缆、电磁波、计算机等中介媒质,还可以是存储信息的磁盘、光盘、磁带等存储实体。多媒体技术应该包括:音频技术,视频技术,图像技术,通信技术,存储技术等。

4. 多媒体技术特点

(1) 集成性:能够对信息进行多通道统一获取、存储、组织与合成。

(2) 控制性:多媒体技术是以计算机为中心,综合处理和控制多媒体信息,并按人的要求以多种媒体形式表现出来,同时作用于人的多种感官。

(3) 交互性:交互性是多媒体应用有别于传统信息交流媒体的主要特点之一。传统信息交流媒体只能单向地、被动地传播信息,而多媒体技术则可以实现人对信息的主动选择和控制。

(4) 非线性:多媒体技术的非线性特点将改变人们传统循序性的读写模式。以往人们读写方式大都采用章、节、页的框架,循序渐进地获取知识,而多媒体技术将借助超文本链接的方法,把内容以一种更灵活、更具变化的方式呈现给读者。

(5) 实时性:当用户给出操作命令时,相应的多媒体信息都能够得到实时控制。

(6) 互动性:它可以形成人与机器、人与人及机器间的互动,互相交流的操作环境及身临其境的场景,人们根据需要进行控制。人机相互交流是多媒体最大的特点。

(7) 方便性:用户可以按照自己的需要、兴趣、任务要求、偏爱和认知特点来使用信息,任取图、文、声等信息表现形式。

(8) 动态性:"多媒体是一部永远读不完的书",用户可以按照自己的目的和认知特征重新组织信息,增加、删除或修改节点,重新建立链接。

5. 多媒体系统

一般的多媒体系统由如下 4 个部分的内容组成:多媒体硬件系统、多媒体操作系统、媒体处理系统工具和用户应用软件,如图 9-2 所示。

(1) 多媒体硬件系统:包括计算机硬件、声音/视频处理器、多种媒体输入/输出设备及信号转换装置、通信传输设备及接口装置等。其中,最重要的是根据多媒体技术标准而研制生成的多媒体信息处理芯片和板卡、光盘驱动器等。

(2) 多媒体操作系统:或称为多媒体核心系统(Multimedia kernel system),具有实时任务调度、多媒体数据转换和对多媒体设备的驱动和控制,以及图形用户界面管理等

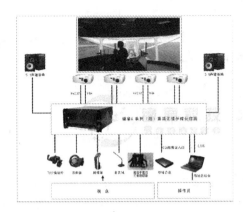

图 9-2　多媒体系统

功能。

（3）媒体处理系统工具：或称为多媒体系统开发工具软件，是多媒体系统重要组成部分。

（4）用户应用软件：根据多媒体系统终端用户要求而定制的应用软件或面向某一领域的用户应用软件系统，它是面向大规模用户的系统产品。

6. 多媒体计算机的硬件

多媒体计算机的主要硬件除了常规的硬件如主机、软盘驱动器、硬盘驱动器、显示器、网卡之外，还要有音频信息处理硬件、视频信息处理硬件及光盘驱动器等部分。

（1）音频卡（Sound Card）：用于处理音频信息，它可以把话筒、录音机、电子乐器等输入的声音信息进行模数转换（A/D）、压缩等处理，也可以把经过计算机处理的数字化的声音信号通过还原（解压缩）、数模转换（D/A）后用音箱播放出来，或者用录音设备记录下来。

（2）视频卡（Video Card）：用来支持视频信号（如电视）的输入与输出。

（3）采集卡：能将电视信号转换成计算机的数字信号，便于使用软件对转换后的数字信号进行剪辑处理、加工和色彩控制。还可将处理后的数字信号输出到录像带中。

（4）扫描仪：将摄影作品、绘画作品或其他印刷材料上的文字和图像，甚至实物，扫描到计算机中，以便进行加工处理。

（5）光驱：分为只读光驱（CD-ROM）和可读写光驱（CD-R，CD-RW），可读写光驱又称刻录机。用于读取或存储大容量的多媒体信息。

9.2.3　计算机动画艺术

1. 历史的回顾

计算机动画技术的发展是和许多其他学科的发展密切相关的。计算机图形学、计算机绘画、计算机音乐、计算机辅助设计、电影技术、电视技术、计算机软件和硬件技术等众多学科的最新成果都对计算机动画技术的研究和发展起着十分重要的推动作用。20 世纪 50 年代到 60 年代之间，大部分的计算机绘画艺术作品都是在打印机和绘图仪上产生的。一直到

60年代后期,才出现利用计算机显示点阵的特性,通过精心地设计图案来进行计算机艺术创造的活动。

20世纪70年代开始,计算机艺术走向繁荣和成熟。1973年,在东京索尼公司举办了"首届国际计算机艺术展览会"。20世纪80年代至今,计算机艺术的发展速度远远超出了人们的想象。在代表计算机图形研究最高水平的历届SIGGRAPH年会上,精彩的计算机艺术作品层出不穷。另外,在此期间的奥斯卡奖的获奖名单中,采用计算机特技制作电影频频上榜,大有舍我其谁的感觉。在中国,首届计算机艺术研讨会和作品展示活动于1995年在北京举行,它总结了近年来计算机艺术在中国的发展,对未来的工作起到了重要的推动作用。

2. 电影特技中的应用

计算机动画的一个重要应用就是制作电影特技,可以说电影特技的发展和计算机动画的发展是相互促进的。1987年由著名的计算机动画专家塔尔曼夫妇领导的MIRA实验室制作了一部7min的计算机动画片《相会在蒙特利尔》,再现了国际影星玛丽莲·梦露的风采。1988年,美国电影《谁陷害了兔子罗杰》(Who Framed Roger Rabbit?)中二维动画人物和真实演员的完美结合,令人瞠目结舌、叹为观止,其中用了不少计算机动画处理。1991年美国电影《终结者II:世界末日》展现了奇妙的计算机技术。此外,还有《侏罗纪公园》(Jurassic Park)、《狮子王》、《玩具总动员》(Toy Story)等。如图9-3(a)~(c)所示。

(a) 《星球大战》、《哈利波特》、《功夫熊猫》

(b) 动画设计、《阿凡达》

(c) 玩具总动员与侏罗纪公园

图9-3 计算机动画在电影特技中的应用

9.2.4　虚拟现实

1. 技术起源和发展

19 世纪 60 年代末,美国有一位名叫艾万·萨斯兰的计算机专家创造了一个世界上并不存在的"几何王国"。参观这个王国的人只要戴上特制的头盔,就会身不由己地徜徉在一个由各种几何图形组成的世界里,这时在你眼前闪过、头顶上飘浮和身边掠过的都是一些大大小小、形状和颜色各不相同的圆形、方形等图案,你可以尽情浏览,随意欣赏,品味这个虚幻世界带来的乐趣。这个"几何王国"就是世界上最早出现的虚拟现实系统。

2. 虚拟现实概念

虚拟现实技术将计算机、传感器、图文声像等多种设置结合在一起,创造出一个虚拟的"真实世界"。在这个世界里,人们看到、听到和触摸到的,都是一个并不存在的虚幻世界,是现代高超的模拟技术使人们产生了"身临其境"的感觉。

虚拟现实是一种三维的、由计算机制造的模拟环境。在这个环境里,用户可以操纵机器,与机器相互影响,并完全沉浸其中。因此,从这个定义上看,"虚拟"是从计算机的"虚拟记忆"这个概念派生出来的。虚拟现实向我们提供了一个与现实生活极为相似的虚幻世界。

虚拟现实不仅仅是一种设计,而且还是一个表达和交流的媒体。借助头盔显示器、数字手套和其他传感设备,一个人可以与另外一个"虚拟人"进行交流,虚拟现实中的虚拟人可以是机器,也可以是现实人的"虚影",如图 9-4 所示。

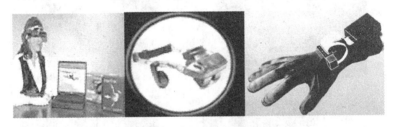

图 9-4　虚拟现实系统、3D 头盔、数据手套

虚拟现实(Virtual Reality,VR)是近年来出现的高新技术。VR 是一项综合集成技术,涉及计算机图形学、人机交互技术、传感技术、人工智能等领域,它用计算机生成逼真的三维视、听、嗅觉等感觉,使人作为参与者通过适当装置,自然地与虚拟世界进行体验和交互。VR 主要有三方面的含义:第一,虚拟现实是借助于计算机生成逼真的实体,"实体"是对于人的感觉(视、听、触、嗅)而言的;第二,用户可以通过人的自然技能与这个环境交互,自然技能是指人的头部转动、眼动、手势等其他人体的动作;第三,虚拟现实往往要借助于一些三维设备和传感设备来完成交互操作。虚拟现实的系统框图如图 9-5 所示。

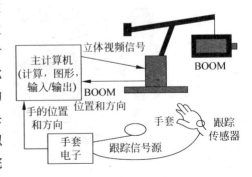

图 9-5　系统框图(1992 年 Bryson)

3．虚拟现实技术的应用

虚拟现实是未来最重要的技术之一，它将带动许多领域的进步。目前，虚拟现实在许多领域都得到了应用，比如娱乐、艺术、商业、通信、设计、教育、工程、医学、航空、科学计算等。

（1）建筑领域。虚拟现实已经展示了它在雕塑和建筑工业方面的潜能。一座建筑在它还处于设计阶段时，就可以被模拟出来，人们修改它，并可以身临其境地体验它的建筑风格。建筑师和业主在建筑开工之前就可看到建筑的外部造型，内部结构及装饰，通风和温控效果，灯光、视屏及声响感官舒适度等，从而及时完善原有设计，如图9-6所示。

图9-6　建筑模拟图

（2）艺术。目前，我们可以通过Internet虚拟地参观真实的艺术画廊和博物馆。美国和一些欧洲国家博物馆已经具备了虚拟现实艺术品特殊展览的能力。虚拟现实将改变我们

图9-7　艺术变形

关于艺术构成的概念。一件艺术品有可能成为一个可操作、可人机对话并令人沉浸其中的经历。你也许会在虚拟油画中漫游，这里实际上成了你探索的迷你世界；你可以影响画中的某些要素，甚至可以进行涂改；你可以走进一个雕塑画廊，然后对其中的艺术品进行修改，在你这样做的时候，你的思想实际上已经融入到艺术品中。虚拟现实技术在艺术领域中的应用如图9-7所示。

（3）教育和技能培训。今后，学生们可以通过虚拟世界学习他们想学的知识。化学专业的学生不必冒着爆炸的危险也可以做试验；天文学专业的学生可以在虚拟星系中遨游，以掌握它们的性质；历史专业的学生可以观看不同的历史事件，甚至可以参与历史人物的行动；英语专业的学生可以在世界剧院看莎士比亚戏剧，如同这些剧目首次上演一样。

（4）工程设计。许多工程师已经在利用虚拟现实模拟器制造和检验样品了。在航空工业，首次利用虚拟现实技术设计、试验的飞机是波音777飞机。实物样品的生产需要许多时间和经费。而改用电子样品或模拟样品则可以省时、省钱，缩短新产品的推出周期，因为提出意见与改进的过程都可以在计算机内完成。如图9-8所示。

图 9-8　工业设计

(5) 航天。虚拟现实技术近年来在航空业也得到了长足的发展。美国宇航局埃姆斯研究中心的科学家将探索火星的数据进行处理,得到了火星的虚拟现实图像。研究人员可以看到全方位的火星表面景象。高山、平川、河流以及纵横的沟壑里被风化得斑斑驳驳的巨石,都显得十分清晰逼真,而且不论从哪个方向看这些图,视野中的景象都会随着头的转动而改变,就好像真的置身于火星上漫游、探险一样,如图 9-9 所示。

(6) 娱乐业。虚拟现实已经在娱乐领域得到了广泛应用。在一些大城市的娱乐中心或游戏机室,虚拟现实娱乐节目已经随处可见。不久的将来,几乎所有的录像厅和电影院都将会变成虚拟现实娱乐中心。随着虚拟现实的不断发展,虚拟现实游戏将会进入家庭。想象一下,您正沉浸在冒险游戏的三维世界里,在这个游戏里,您可以和其他同伴互动。它可以成为一个真实的、由真人在其中扮演角色的事件,如图 9-10 所示。

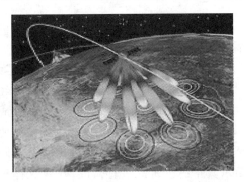

图 9-9　航天　　　　　　　　　　　　图 9-10　游戏

(7) 医学。一些公司制作的模拟人体,这是一种电子化的人体,它将满足医学院教学和培训的需要。国内一些医学院也正在进行电子化人体的项目。今后,医学院的学生将通过解剖模拟尸体学习解剖学,这是一种了解人体的有效途径。医学专业的学生和外科医生可以尝试在一个新手术前进行模拟手术。如图 9-11 所示。

(8) 军事。虚拟现实技术最先应用的领域之一就是战斗模拟。如今,这些应用不仅用于飞机模拟,而且还用于船舰、坦克通信及步兵演习。今后,战争的任何侧面都将在实战之前进行模拟演练,模拟演练将变得十分真实,完全可以达到乱真的地步。也许我们可以用模拟战争代替实战,如图 9-12 所示。

(9) 科学表达。科学计算可能会产生的大规模数据,运用可视化技术将其形象化表达出来,可帮助人们理解其科学含义,如图 9-13 所示。

图 9-11　医学

图 9-12　军事

图 9-13　分形图

9.2.5　计算机美术

1. 概述

计算机美术是一门计算机技术和美术相结合的学科,它要求创作者既要懂美术又要懂计算机。它利用计算机作工具,按照美学原理,以图像和图形的形式进行信息交流和升华,形成了自身的特点,创造了新的艺术形式。它的成果使我们得到美的享受,也为人类社会创造了新的文化。

随着计算机软硬件技术的进步及计算机应用的普及,人们开始使用计算机来进行美术创作。由于这种方法产生的某些效果,是传统方法无法相比的,因此一片新天地被拓展了出来,计算机美术开始蓬勃地发展。

用计算机进行美术创作的形式可说是百花齐放,有的类似油画,有的能做素描,有的在屏幕上写毛笔字。在风格上,有的精细如工笔画,有的粗犷如水墨画,既可作雕塑也可作剪影,所有这些艺术形式都是软件制作者的匠心,如图 9-14(a)～(b)所示。

2. 计算机美术的发展

1952 年,美国的 Ben. Laposke 用模拟计算机做的波型图《电子抽象画》预示着电脑美术的开始(比计算机图形学的正式确立还要早)。计算机美术的发展可分为如下三个阶段。

(1) 早期探索阶段(1952—1968 年)。主创人员大部分为科学家和工程师,作品以平面几何图形为主。1963 年美国《计算机与自动化》杂志开始举办年度"计算机美术比赛"。代表作品有 1960 年 Wiuiam Ferrter 为波音公司制作的人体工程学实验动态模拟,模拟飞行

(a) 计算机美术作品(一)

(b) 计算机美术作品(二)

图 9-14　计算机美术作品欣赏

员在飞机中的各种情况;1963 年 Kenneth Know Iton 的打印机作品《裸体》;1967 年日本 GTG 小组的《回到方块》。

(2) 中期应用阶段(1968 年—1983 年)。以 1968 年伦敦第一次世界计算机美术大展——"控制论珍宝"(Cybernehic Serendipity)为标志,进入世界性研究与应用阶段;计算机与计算机图形技术逐步成熟,一些大学开始设置相关课题,出现了一些 CAD 应用系统和成果,三维造型系统产生并逐渐完善。代表作品为 1983 年美国 IBM 研究所 Richerd Voss 设计出分形山(可到网站"分形频道 hrtp:ttfracta1.126.tom"中查找有关"分形"的知识)。

(3) 应用与普及阶段(1984 年—现在)。以微机和工作站为平台的个人计算机图形系统逐渐走向成熟,大批商业性美术(设计)软件面市。以苹果公司的 MAC 机和图形化系统软件为代表的桌面创意系统被广泛接受,CAD 成为美术设计领域的重要组成部分。代表作品为 1990 年 Jefrey Shaw 的交互图形作品"易读的城市(The legible city)"。

*9.2.6 计算机可视化

近年来,随着计算机应用的普及和科学技术的迅速发展,来自超级计算机、卫星遥感、CT、天气预报以及地震勘测等领域的数据量越来越大,由于没有有效的处理和观察理解手段,科学家们和工程师们惊呼"我们可以做的仅仅是将数据收集和存放起来"。

三维大规模数值模拟可产生上百兆、上千兆的大量数据,已无法用传统的方法来理解大量科学数据中包含的复杂现象和规律。因此,科学计算可视化技术已经成为科学研究中必不可少的手段。它是科学工作者以及工程技术人员洞察数据内含信息、确定内在关系与规律的有效方法,使科学家和工程师以直观形象的方式揭示理解抽象科学数据中包含的客观规律,从而摆脱直接面对大量无法理解的抽象数据的被动局面。

1. 科学计算可视化的定义

所谓"可视化",就是将科学计算的中间数据或结果数据,转换为人们容易理解的图形图像形式。随着计算机、图形图像技术的飞速发展,人们现在已经可以用丰富的色彩、动画技术、三维立体显示及仿真(虚拟现实)等手段,形象地显示各种地形特征和植被特征模型,也可以模拟某些还未发生的物理过程(如天气预报)、自然现象及产品外形(如新型飞机)。

目前,科学计算可视化已广泛应用于流体计算力学、有限元分析、医学图像处理、分子结构模型、天体物理、空间探测、地球科学、数学等领域。从可视化的数据上来分,有点数据、标量场、矢量场等;有二维、三维,以至多维。从可视化实现层次来分,有简单的结果后处理、实时跟踪显示、实时交互处理等。通常一个可视化过程包括数据预处理、构造模型、绘图及显示等几个步骤。随着科学技术的发展,人们对可视化的要求不断提高,可视化技术也向着实时、交互、多维、虚拟现实及因特网应用等方面不断发展。

2. 科学计算可视化的发展历史

可视化技术由来已久,早在 20 世纪初期,人们已经将图表和统计等原始的可视化技术应用于科学数据分析当中,如图 9-15 所示。

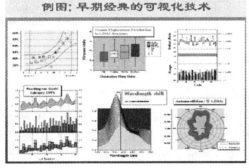

图 9-15 早期的可视化结果

作为学科术语,"可视化"一词正式出现在 1987 年 2 月美国国家科学基金会(National Science Foundation)召开的一个专题研讨会上。1995 年前后,随着网络信息技术的发展,一批可视技术有了新的突破。1995 年开始的 InfoVis 年会是信息可视化领域的一个里程碑。每年 10 月在美国举办的 IEEE Symposium on Information Visualization 和从 1997 年开始在英国伦敦每年 7 月举办的 International Conference on Information Visualization 研讨会集中体现了当代该领域的研究水平。美国科学院 2003 年举办了知识领域可视化专题讨论会。IEEE Visualization 2004 会议,总结了可视化方面的成就,提出三个重要研究热点——分子可视化、面向工程的可视化和信息可视化。

我国科学信息可视化技术研究始于 20 世纪 90 年代中期,由于条件关系,起初,主要在国家级研究中心、一流大学和大公司的研发中心进行。近年来,随着 PC 功能的提高,各种图形显示卡以及可视化软件的发展,IV(可视化)技术已扩展到科学研究、工程、军事、医学、经济等各个领域。随着 Internet 兴起,IV 技术方兴未艾。至今,我国不论在算法方面,还是在油气勘探、气象、计算力学、医学等领域的应用都取得了一大批可喜成果。如"数字中国"、"数字长江"、"数字黄河"、"数字城市"等工程的进展,IV 技术在我国得到了广泛应用。但从总体上来说,我国 IV 技术的水平与国外先进水平相比差距甚大,特别是商业软件方面还是空白。因此,组织力量开发 IV 商业软件已成为当务之急。

3．科学计算可视化的应用

可视化技术从诞生之日起,便受到了各行各业的欢迎。在过去的 10 年里,可视化的应用范围已从最初的科研领域走到了生产领域,到今天它几乎涉及了所有能应用计算机的部门,如图 9-16 所示。

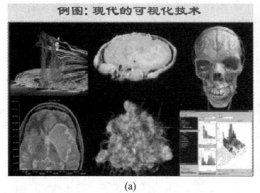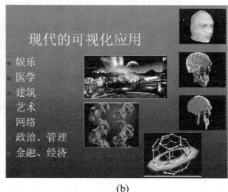

图 9-16　可视化在各个领域的应用

（1）医学。在医学上由核磁共振、CT 扫描等设备产生的人体器官密度场,对于不同的组织,表现出不同的密度值。通过在多个方向多个剖面来表现病变区域,或者重建为具有不同细节程度的三维真实图像,使医生对病灶部位的大小、位置,不仅有定性的认识,而且有定量的认识,尤其是对大脑等复杂区域,数据场可视化所带来的效果尤其明显。借助虚拟现实的手段,医生可以对病变的部位进行确诊,制定出有效的手术方案,并在手术之前模拟手术。在临床上也可应用在放射诊断、制定放射治疗计划等,如图 9-17 所示。

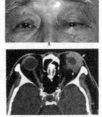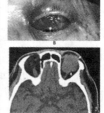

图 9-17　医学成像设备和检查结果

（2）生物、分子学。在对蛋白质和 DNA 分子等复杂结构进行研究时,可以利用电镜、光镜等辅助设备对其剖片进行分析、采样获得剖片信息,利用这些剖片构成的体数据可以对其原形态进行定性和定量分析,因此可视化是研究分子结构必不可少的工具。分子模拟可视图如图 9-18 所示。

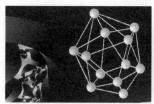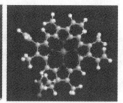

图 9-18　分子模拟可视图

（3）航天工业。飞行器运动情况和飞行器表现在可视化技术下，可以非常直观地展现出来。如图 9-19 所示。借助可视化技术，许多困难都可以迎刃而解了。

图 9-19　卫星运动飞行图和宇宙星座模拟图

（4）工业无损探伤。在工业无损探伤中，可以用超声波探测，在不破坏部件的情况下，不仅可以清楚地认识其内部结构，而且对发生变异的区域也可以准确地探出。显然，能够及时检查出有可能发生断裂等具有较大破坏性的隐患是有极大现实意义的，如图 9-20 所示。

图 9-20　工业无损探伤设备和可视化结果

（5）人类学和考古学。在考古过程中找到古人类化石的若干碎片，由此重构出古人类的骨架结构。传统的方法是按照物理模型，用黏土来拼凑而成。现在，利用基于几何建模的可视化系统，人们可以从化石碎片的数字化数据完整地恢复三维人体结构，甚至模拟人的表情，向研究人员提供了既可以做基于计算机几何模型的定量研究，又可以实施物理上可塑考古原址，如图 9-21 所示。

（6）地质勘探。利用模拟人工地震的方法，可以获得地质岩层信息。通过数据特征的抽取和匹配，可以确定地下的矿藏资源。如图 9-22 所示。用可视化方法对模拟地震数据的解释，可以大大地提高地质勘探的效率和安全性。

（7）立体云图显示。气象分析和预报要处理大量的测量或计算数据，气象云图是其中一种非常重要的气象数据，也常用于发布天气预报。气象研究中，地形和云层的高度是影响天气演变的重要因素，运用可视化技术，将三维立体地形图和三维立体云图合成显示输出，能给人更形象、直观的认识，如图 9-23 所示。

图 9-21　模拟考古建筑和人体面部图

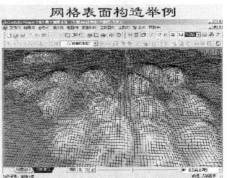

图 9-22　数字城市地图和模拟地形图

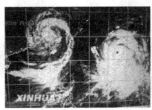

图 9-23　合成云图

*9.2.7　医学成像

1. 核磁共振成像

核磁共振（Nuclear Magnetic Resonance，NMR）全名是核磁共振成像（Nuclear Magnetic Resonance Imaging，NMRI），又称磁共振成像（Magnetic Resonance Imaging，MRI），MRI 是磁矩不为零的原子核，在外磁场作用下自旋能级发生塞曼分裂，共振吸收一定频率的射频辐射的物理过程。核磁共振是处于静磁场中的原子核在另一交变磁场作用下发生的物理现象。通常人们所说的核磁共振指的是利用核磁共振现象获取分子结构、人体内部结构信息的技术。MRI 是一种生物磁自旋成像技术，它利用原子核自旋运动的特点，在外加磁场内，经射频脉冲激后产生信号，用探测器检测并输入计算机，经过处理转换在屏幕上显示图像。MRI 是继 CT 后医学影像学的又一重大进步，如图 9-24 所示。

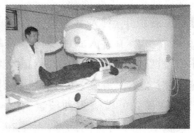

图 9-24　核磁共振成像

　　MRI 将人体置于特殊的磁场中,用无线电射频脉冲激发人体内氢原子核,引起氢原子核共振,并吸收能量。在停止射频脉冲后,氢原子核按特定频率发出射电信号,并将吸收的能量释放出来,被体外的接受器收录,经电子计算机处理获得图像,这就叫做核磁共振成像。其原理如图 9-25 所示。

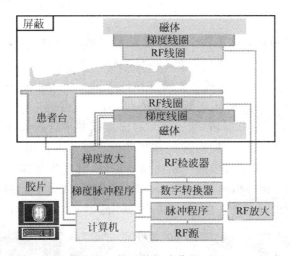

图 9-25　核磁共振成像的原理

　　1930 年,物理学家伊西多·拉比发现在磁场中的原子核会沿磁场方向呈正向或反向的有序平行排列,而施加无线电波之后,原子核的自旋方向将发生翻转。这是人类关于原子核与磁场以及外加射频场相互作用的最早认识。由于这项研究,拉比于 1944 年获得了诺贝尔物理学奖。

　　1946 年两位美国科学家布洛赫和珀塞尔发现,将具有奇数个核子(包括质子和中子)的原子核置于磁场中,再施加以特定频率的射频场,就会发生原子核吸收射频场能量的现象,这就是人们最初对核磁共振现象的认识。为此他们两人获得了 1952 年度诺贝尔物理学奖。

　　1969 年,纽约州立大学南部医学中心的医学博士达马迪安通过测核磁共振的弛豫时间成功地将小鼠的癌细胞与正常组织细胞区分开来。在达马迪安新技术的启发下纽约州立大学石溪分校的物理学家保罗·劳特布尔于 1973 年开发出了基于核磁共振现象的成像技术(MRI),并且应用他的设备成功地绘制出了一个活体蛤蜊的内部结构图像。他的实验立刻引起了广泛重视,短短 10 年间就进入了临床应用阶段。之后,MRI 技术日趋成熟,应用范围日益广泛,成为一项常规的医学检测手段,广泛应用于帕金森氏症、多发性硬化症等脑部与脊椎病变以及癌症的治疗和诊断。

由于人们对大脑组织，对大脑如何工作以及为何有如此高级的功能知之甚少。美国贝尔实验室于1988年开始了对人脑的功能和高级思维活动进行功能性核磁共振成像的研究，美国政府还将20世纪90年代确定为"脑的十年"。用核磁共振技术可以直接对生物活体进行观测，而且被测对象意识清醒，还具有无辐射损伤、成像速度快、时空分辨率高（可分别达到$100\mu m$和几十毫秒）、可检测多种核素、化学位移有选择性等优点。美国威斯康星医院已拍摄了数千张人脑工作时的实况图像，有望在不久的将来揭开人脑工作的奥秘。

医疗卫生领域中的第一台MRI设备产生于20世纪80年代。到了2002年，全球已经大约有22000台MRI照相机在使用，而且完成了6000多万例MRI检查。

2. 计算机X射线断层扫描技术CT

1）CT简介

CT（Computed Tomography）是一种功能齐全的病情探测仪器，它是电子计算机X射线断层扫描技术简称。

CT的工作程序是根据人体不同组织对X线的吸收与透过率的不同，应用灵敏度极高的仪器对人体进行测量，然后将测量所获取的数据输入电子计算机，电子计算机对数据进行处理后，就可摄下人体被检查部位的断面或立体的图像，发现体内任何部位的细小病变。

CT检查对中枢神经系统疾病的诊断价值较高，应用普遍。对颅内肿瘤、脓肿与肉芽肿、寄生虫病、外伤性血肿与脑损伤、脑梗塞与脑出血以及椎管内肿瘤与椎间盘突出等病诊断效果好，诊断较为可靠。因此，脑的X线造影除脑血管造影仍用以诊断颅内动脉瘤、血管发育异常和脑血管闭塞以及了解脑瘤的供血动脉以外，其他如气脑、脑室造影等均已少用。螺旋CT扫描，可以获得比较精细和清晰的血管重建图像，即CTA，而且可以做到三维实时显示，有希望取代常规的脑血管造影，如图9-26所示。

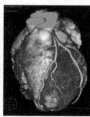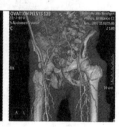

图9-26　CT机及人体内部结构成像图

2）CT的发明史

自从X射线发现后，医学上就开始用它来探测人体疾病。但是，由于人体内有些器官对X线的吸收差别极小，因此X射线对那些前后重叠的组织的病变就难以发现。于是，美国与英国的科学家开始寻找一种新的东西来弥补用X线技术检查人体病变的不足。

1963年，美国物理学家科马克发现人体不同的组织对X线的透过率有所不同，在研究中还得出了一些有关的计算公式，这些公式为后来CT的应用奠定了理论基础。

1967年，英国电子工程师亨斯费尔德在并不知道科马克研究成果的情况下，也开始了研制一种新技术的工作。他首先研究了模式的识别，然后制作了一台能加强X射线放射源的简单的扫描装置,即后来的 CT,用于对人的头部进行实验性扫描测量。后来,他又用这种装置去测量全身,获得了同样的效果。

1971 年 9 月,亨斯费尔德又与一位神经放射学家合作,在伦敦郊外一家医院安装了他设计制造的这种装置,开始了头部检查。10 月 4 日,医院用它检查了第一个病人。患者在完全清醒的情况下朝天仰卧,X 线管装在患者的上方,绕检查部位转动,同时在患者下方装一计数器,使人体各部位对 X 线吸收的多少反映在计数器上,再经过电子计算机的处理,使人体各部位的图像从荧屏上显示出来。这次试验非常成功。

1972 年 4 月,亨斯费尔德在英国放射学年会上首次公布了这一结果,正式宣告了 CT 的诞生。这一消息引起科技界的极大震动,CT 的研制成功被誉为自伦琴发现 X 射线以后,放射诊断学上最重要的成就。

由于对计算机 X 射线断层扫描技术 CT 的突出贡献,亨斯费尔德和科马克分别获取 1979 年诺贝尔生理学和医学奖。

3) CT 的成像基本原理

CT 是用 X 线束对人体某部一定厚度的层面进行扫描,由探测器接收透过该层面的 X 线,转变为可见光后,由光电转换变为电信号,再经模拟/数字转换器转为数字,输入计算机处理。图像形成的处理有如对选定层面分成若干个体积相同的长方体,称之为体素。扫描所得信息经计算而获得每个体素的 X 线衰减系数或吸收系数,再排列成矩阵,即数字矩阵,数字矩阵可存储于磁盘或光盘中。经数字/模拟转换器把数字矩阵中的每个数字转为由黑到白不等灰度的小方块,即像素,并按矩阵排列,即构成 CT 图像。所以,CT 图像是重建图像。每个体素的 X 线吸收系数可以通过不同的数学方法算出。

CT 设备主要有以下三部分:①扫描部分由 X 线管、探测器和扫描架组成;②计算机系统,将扫描收集到的信息数据进行储存运算;③图像显示和存储系统,将经计算机处理、重建的图像显示在电视屏上或用多架照相机或激光照相机将图像摄下。

4) X 刀计划系统

X 刀放射治疗机是一种新型的医疗设备,它利用一些高精度的定位手段,用大剂量、能量集中的 X 射线束,一次性杀死肿瘤。但 X 刀放射治疗计划参数的精度要求非常高,一旦参数设置不合理,大剂量射线对人的损伤将是难以挽救的。因此仅靠医生的经验进行放疗计划的设定是不够的,必需配备相应的三维立体定向放射治疗计划系统。三维立体定向放射治疗计划系统的目的是为医生提供一个直接在三维空间中进行放射治疗计划制定的辅助设计手段,并提供一种放射治疗计划的正确性的辅助检查手段,在对病人进行实际治疗以前,在计算机上对放射治疗的效果进行模拟检查,它把 CT 机诊断和 X 刀放疗机的治疗有机地结合起来。与 X 刀放射治疗设备配套的三维立体定向放射治疗计划系统,又称为 X 刀计划系统,如图 9-27 所示。

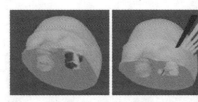

图 9-27　病灶与 X 射线扫描

思考题

1. 计算机图形学有些什么应用？
2. 什么是计算机辅助设计？
3. 什么是多媒体技术？
4. 什么是计算机动画艺术？
5. 什么是虚拟现实？
6. 什么是计算机美术？
7. 什么是计算机可视化？
8. 简述医学成像技术。

第10章

人工智能

10.1 人工智能概述

10.1.1 人工智能的概念

人工智能(Artificial Intelligence,AI)是一门综合了计算机科学、生理学、哲学的交叉学科。人工智能的研究课题涵盖面很广,从机器视觉到专家系统,包括了许多不同的领域。其中特点是让机器学会"思考"。为了区分机器是否会"思考",有必要给出"智能"的定义。究竟"会思考"到什么程度才叫智能?

人工智能学科是计算机科学中涉及研究、设计和应用智能机器的一个分支。它近期的主要目标在于研究用机器来模仿和执行人脑的某些智力功能,并开发相关理论和技术。

人工智能是智能机器所执行的通常与人类智能有关的智能行为,如判断、推理、证明、识别、感知、理解、通信、设计、思考、规划、学习和问题求解等思维活动。

10.1.2 人工智能的历史

人工智能的发展并非一帆风顺,它经历了以下几个阶段。

第一阶段:20 世纪 50 年代人工智能的兴起和冷落。人工智能概念首次提出后,相继出现了一批显著的成果,如机器定理证明、跳棋程序、通用问题求解程序、LISP 表处理语言等。但由于消解法推理能力有限,以及机器翻译等的失败,使人工智能走入了低谷。

第二阶段:20 世纪 60 年代末到 70 年代,专家系统使人工智能研究出现新高潮。DENDRAL 化学质谱分析系统、MYCIN 疾病诊断和治疗系统、PROSPECTIOR 探矿系统、Hearsay-II 语音理解系统等专家系统的研究和开发,将人工智能引向了实用化。并且,1969 年成立了国际人工智能联合会议。

第三阶段:20 世纪 80 年代,第五代计算机使人工智能得到了很大发展。日本 1982 年开始了"第五代计算机研制计划",即"知识信息处理计算机系统 KIPS",其目的是使逻辑推理达到数值运算那么快。虽然此计划最终失败,但它的开展形成了一股研究人工智能的热潮。

第四阶段:20 世纪 80 年代末,神经网络飞速发展。1987 年,美国召开第一次神经网络国际会议,宣告了这一新学科的诞生。此后,各国在神经网络方面的投资逐渐增加,神经网络迅速发展起来。

第五阶段：20世纪90年代，人工智能再次出现新的研究高潮。互联网技术的发展，人工智能由单个智能主体转向基于网络环境下的分布式人工智能研究。不仅研究基于同一目标的分布式问题求解，而且研究多个智能主体的多目标问题求解，将人工智能更面向实用。另外，由于Hopfield多层神经网络模型的提出，使人工神经网络研究与应用出现了欣欣向荣的景象。

10.1.3　人类智能学派

人工智能自诞生以来，从符号主义、联结主义到行为主义变迁，这些研究从不同角度模拟人类智能，在各自研究中都有取得了很大的成就。

1. 符号主义

符号主义，又称为逻辑主义、心理学派或计算机学派，其原理主要为物理符号系统假设和有限合理性原理。符号主义认为，人工智能源于数学逻辑，人的认知基元是符号，而且认知过程即符号操作过程，通过分析人类认知系统所具备的功能和机能，然后用计算机模拟这些功能，来实现人工智能。符号主义主要困难主要表现在机器博弈的困难、机器翻译不完善和人的基本常识问题表现的不足。

2. 联结主义

联结主义，又称为仿生学派或生理学派，其原理主要为神经网络及神经网络间的连接机制与学习算法。联结主义认为，人工智能源于仿生学，特别是人脑模型的研究，人的思维基元是神经元，而不是符号处理过程，因而人工智能应着重于结构模拟，也就是模拟人的生理神经网络结构。功能、结构和智能行为是密切相关的，不同的结构表现出不同的功能和行为。所谓人工神经网络模拟，也即通过改变神经元之间的连接强度来控制神经元的活动，以之模拟生物的感知与学习能力，可用于模式识别、联想记忆等。联结主义主要困难主要表现在对知识获取、在技术上的困难和模拟人类心智方面的局限。

3. 行为主义

行为主义，又称进化主义或控制论学派，行为主义认为，人工智能源于控制论，智能取决于感知和行动。行为主义提出了智能行为的"感知-动作"模式，智能不需要知识、表示和推理。人工智能可以像人类智能一样逐步进化。智能行为只能在现实世界中与周围环境交互作用而表现出来。

10.2　人工智能应用

10.2.1　机器人

1. 机器人概念引入

1920年捷克斯洛伐克作家雷尔·卡佩克发表了科幻剧《罗萨姆的万能机器人》。在剧本中,卡佩克把捷克语"Robota"写成了"Robot","Robota"是农奴的意思。该剧预告了机器人的发展对人类社会的悲剧性影响,引起了大家的广泛关注,被当成了机器人的起源。

2. 什么是机器人

机器人是具有一些类似人的功能的机械电子装置或者叫自动化装置。

机器人有三个特点:一是有类人的功能,比如说作业功能、感知功能、行走功能、还能完成各种动作;二是根据人的编程能自动地工作;三是它可以编程,改变它的工作、动作、工作的对象和工作的一些要求。它是人造的机器或机械电子装置,所以这个机器人仍然是个机器,如图 10-1 所示。

图 10-1   机器人

以下三个基本特点可以用以判断一个机器人是否是智能机器人。

(1)具有感知功能,即获取信息的功能。机器人通过"感知"系统可以获取外界环境信息,如声音、光线、物体温度等。

(2)具有思考功能,即加工处理信息的功能。机器人通过"大脑"系统进行思考,它的思考过程就是对各种信息进行加工、处理、决策的过程。

(3)具有行动功能,即输出信息的功能。机器人通过"执行"系统(执行器)来完成工作,如行走、发声等。

3. 机器人三原则

美国科幻小说家阿西莫夫总结出了著名的"机器人三原则"。

第一:机器人不可伤害人,或眼看着人将遇害而袖手不管。

第二:机器人必须服从人给它的命令,当该命令与第一条抵触时,不予服从。

第三:机器人必须在不违反第一、第二项原则的情况下保护自己。

4. 机器人的发展阶段

1947 年,美国橡树岭国家实验室在研究核燃料的时候,由于 X 射线对人体具有伤害性,必须有一台机器来完成像搬运和核燃料的处理工作。于是，1947 年产生了世界上第一台主从遥控的机器人。机器人发展经历了如下三个发展阶段。

1）第一阶段

第一代机器人，也叫示教再现型机器人，它是通过一个计算机，来控制一个多自由度的一个机械，通过示教存储程序和信息，工作时把信息读取出来，然后发出指令，这样的话机器人可以重复的根据人当时示教的结果，再现出这种动作，比方说汽车的点焊机器人，它只要把这个点焊的过程示教完以后，它总是重复这样一种工作，它对于外界的环境没有感知，这个操作力的大小，这个工件存在不存在，焊得好与坏，它并不知道，实际上这是第一代机器人的缺陷，如图 10-2 所示。

图 10-2　第一代机器人

2）第二阶段

在 20 世纪 70 年代后期，人们开始研究第二代机器人，叫带感觉的机器人，这种带感觉的机器人是类似人在某种功能的感觉，比如说力觉、触觉、滑觉、视觉、听觉和人进行相类比，有了各种各样的感觉。比方说在机器人抓一个物体的时候，它能感觉出来实际力的大小，它能够通过视觉去感受和识别物体的形状、大小、颜色。抓一个鸡蛋，它能通过触觉，知道力的大小和鸡蛋滑动的情况，如图 10-3 所示。

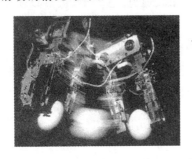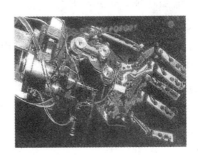

图 10-3　第二代机器人

3）第三阶段

第三代机器人，也是我们机器人学中一个所追求的最高级的理想的阶段，叫智能机器人。只要告诉它做什么，不用告诉它怎么去做，它就能完成运动，感知思维和人机通信的这种功能和机能。这个阶段目前的发展还是相对的，只是在局部有这种智能的概念和含义，但真正完整意义的这种智能机器人实际上还未出现。随着科学技术不断地发展，智能的概念越来越丰富，内涵也越来越宽。理想的智能机器人如图 10-4 所示。

图 10-4　第三代机器人

6. 机器人的发展趋势

现在科技界研究机器人大体上是沿着三个方向前进：一是让机器人具有更强的智能和功能；二是让机器人更具人形，也就是更像人；三是微型化，让机器人可以做更多细致的工作。

1）类人机器人

目前，机器人正在进入"类人机器人"的高级发展阶段，即无论从相貌到功能还是从思维能力和创造能力方面，都向人类"进化"甚至在某些方面大大超过人类，如计算能力和特异功能等。类人型机器人技术，集自动控制、体系结构、人工智能、视觉计算、程序设计、组合导航、信息融合等众多技术于一体。专家指出，未来的机器人在外形方面将大有改观，如目前的机器人大都为方脑袋、四方身体以及不成比例的粗大四肢，行进时要靠轮子或只作上下、前后左右的机械运动，而未来的机器人从相貌上来看与人无区别，它们将靠双腿行走，其上下坡和上下楼梯的平衡能力也与人无异，有视觉、有嗅觉、有触觉、有思维，能与人对话，能在核反应堆工作，能灭火，能在所有危险场合工作，甚至能为人治病，还可克隆自己和自我修复。总之，它们能在各种非常艰难危险的工作中，代替人类去从事各种工作，其工作能力甚至会超过人类，如图 10-5 所示。

图 10-5　类人型机器人

2) 生化机器人

人类的终极形态将是生化机器人。未来的人类和机器人的界限将逐渐消失,人类将拥有机器人一样强壮的身体,机器人将拥有人类一样聪明的大脑。随着生化机器人技术的逐步成熟,人脑机器人可能是人类的终极形态,而肉身机器人可能是机器人的终极形态。有了生化机器人技术后,机器器官和人类大脑能够"对话",让身体的免疫系统接受这个外来的器官,这样就不会产生不良的排斥反应。人类到死亡的时候,往往大脑中的大部分细胞还是活的。如果把这些细胞移植到一个机器身体内,制造一个具有人类大脑的机器人,人类就有望实现永生的梦想。图 10-6 展现了具有人造皮肤的生化机器人。

图 10-6　具有人造皮肤的生化机器人

3) 纳微机器人

微机器人作为人们探索微观世界的技术装备,在微机械零件装配、MEMS 的组装和封装、生物工程、微外科手术、光纤耦合作业、超精密加工及测量等方面具有广阔的应用前景和研究价值。微机器人的研究方向,包括纳米级微驱动机器人、微操作机器人和微小型机器人。纳米微驱动机器人是指机器人的运动位移在几微米和几百微米的范围内;微操作机器人是指对微小物体的整体或部分进行精度在微米或亚微米级的操作和处理;微小型机器人体积小、耗能低,能进入一般机械系统无法进入的狭窄作业空间,方便地进行精细操作。韩国 Chonnam National 大学的科学家 2007 年 10 月研制出一种微型机器人可以很轻松地进入人体的动脉血管,清除一些血栓内的疾病,如图 10-7 所示。

图 10-7　血管纳米"潜水艇"

10.2.2　决策支持系统

1. 决策支持系统概述

决策支持系统(decision support system,DSS)是辅助决策者通过数据、模型和知识,以人机交互方式进行半结构化或非结构化决策的计算机应用系统。它是管理信息系统(MIS)向更高一级发展而产生的先进信息管理系统。它为决策者提供分析问题、建立模型、模拟决策过程和方案的环境,调用各种信息资源和分析工具,帮助决策者提高决策水平和质量。

决策支持系统基本结构主要由 4 个部分组成,即数据部分、模型部分、推理部分和人机交互部分。数据部分是一个数据库系统;模型部分包括模型库(MB)及其管理系统(MBMS);推理部分由知识库(KB)、知识库管理系统(KBMS)和推理机组成;人机交互部分是决策支持系统的人机交互界面,用以接收和检验用户请求,调用系统内部功能软件为决策服务,使模型运行、数据调用和知识推理达到有机地统一,有效地解决决策问题。决策支持系统的结构如图 10-8 所示。

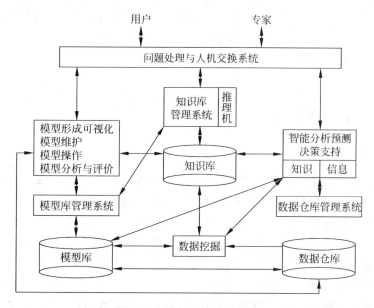

图 10-8　决策支持系统结构

2. 决策支持系统的发展过程

自从 20 世纪 70 年代决策支持系统概念被提出以来,决策支持系统已经得到很大的发展。1980 年 Sprague 提出了决策支持系统三部件(对话部件、数据部件、模型部件)结构,明确了决策支持系统的基本组成,极大地推动了决策支持系统的发展。

20 世纪 80 年代末 90 年代初,决策支持系统开始与专家系统(Expert System,ES)相结合,形成智能决策支持系统(Intelligent Decision Support System,IDSS)。智能决策支持系统既充分发挥了专家系统以知识推理形式解决定性分析问题的特点,又发挥了决策支持系统以模型计算为核心的解决定量分析问题的特点,充分做到了定性分析和定量分析的有机结合,使得解决问题的能力和范围得到了一个大的发展。智能决策支持系统是决策支持系统发展的一个新阶段。

20 世纪 90 年代中期出现了数据仓库(Data Warehouse,DW)、联机分析处理(On-Line Analysis Processing,OLAP)和数据挖掘(Data Mining,DM)新技术,DW＋OLAP＋DM 逐渐形成新决策支持系统的概念。把数据仓库、联机分析处理、数据挖掘、模型库、数据库、知识库结合起来形成的决策支持系统,即将传统决策支持系统和新决策支持系统结合起来的决策支持系统是更高级形式的决策支持系统,称为综合决策支持系统(Synthetic Decision Support System,SDSS)。

由于 Internet 的普及,网络环境的决策支持系统将以新的结构形式出现。决策支持系统的决策资源,如数据资源、模型资源、知识资源,将作为共享资源,以服务器的形式在网络上提供并发共享服务,为决策支持系统开辟一条新路。网络环境的决策支持系统是决策支持系统的发展方向。

知识经济时代的管理——知识管理(Knowledge Management,KM)与新一代 Internet 技术——网格计算,都与决策支持系统有一定的关系。知识管理系统强调知识共享,网格计算强调资源共享。决策支持系统是利用共享的决策资源(数据、模型、知识)辅助解决各类决策问题,基于数据仓库的新决策支持系统是知识管理的应用技术基础。在网络环境下的综合决策支持系统将建立在网格计算的基础上,充分利用网格上的共享决策资源,达到随需应变的决策支持。

10.2.3　专家系统

1. 专家系统概述

专家系统是一个智能计算机程序系统,其内部含有大量的某个领域专家水平的知识与经验,能够利用人类专家的知识和解决问题的方法来处理该领域的问题。也就是说,专家系统是一个具有大量的专门知识与经验的程序系统,它应用人工智能技术和计算机技术,根据某领域一个或多个专家提供的知识和经验,进行推理和判断,模拟人类专家的决策过程,以便解决那些需要人类专家处理的复杂问题,简而言之,专家系统是一种模拟人类专家解决领域问题的计算机程序系统。

专家系统是人工智能中最重要的也是最活跃的一个应用领域,它实现了人工智能从理论研究走向实际应用、从一般推理策略探讨转向运用专门知识的重大突破。20 多年来,知识工程的研究,专家系统的理论和技术不断发展,应用渗透到几乎各个领域,包括化学、数学、物理、生物、医学、农业、气象、地质勘探、军事、工程技术、法律、商业、空间技术、自动控制、计算机设计和制造等众多领域,开发了几千个的专家系统,其中不少在功能上已达到,甚至超过同领域中人类专家的水平,并在实际应用中产生了巨大的经济效益。

2. 发展历史

专家系统的发展已经历了三个阶段,正向第四代过渡和发展。

第一代专家系统(dendral、macsyma 等)以高度专业化、求解专门问题的能力强为特点。但在体系结构的完整性、可移植性等方面存在缺陷,求解问题的能力弱。

第二代专家系统(mycin、casnet、prospector、hearsay 等)属单学科专业型、应用型系统,其体系结构较完整,移植性方面也有所改善,而且在系统的人机接口、解释机制、知识获取技术、不确定推理技术、增强专家系统的知识表示和推理方法的启发性、通用性等方面都有所改进。

第三代专家系统属多学科综合型系统,采用多种人工智能语言,综合采用各种知识表示方法和多种推理机制及控制策略,并开始运用各种知识工程语言、骨架系统及专家系统开发工具和环境来研制大型综合专家系统。

在总结前三代专家系统的设计方法和实现技术的基础上,已开始采用大型多专家协作系统、多种知识表示、综合知识库、自组织解题机制、多学科协同解题与并行推理、专家系统工具与环境、人工神经网络知识获取及学习机制等最新人工智能技术来实现具有多知识库、多主体的第四代专家系统。

3. 专家系统的基本结构

专家系统的基本结构如图所示,其中箭头方向为数据流动的方向。专家系统通常由人机交互界面、知识库、推理机、解释器、综合数据库、知识获取等 6 个部分构成,如图 10-9 所示。

知识库用来存放专家提供的知识。专家系统的问题求解过程是通过知识库中的知识来模拟专家的思维方式的,因此,知识库是专家系统质量是否优越的关键所在,即知识库中知识的质量和数量决定着专家系统的质量水平。

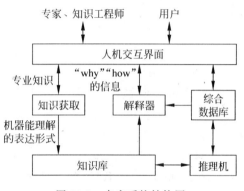

图 10-9 专家系统结构图

推理机针对当前问题的条件或已知信息,反复匹配知识库中的规则,获得新的结论,以得到问题求解结果。推理机就如同专家解决问题的思维方式,知识库就是通过推理机来实现其价值的。

人机界面是系统与用户进行交流时的界面。通过该界面,用户输入基本信息、回答系统提出的相关问题,并输出推理结果及相关的解释等。

综合数据库专门用于存储推理过程中所需的原始数据、中间结果和最终结论,往往是作为暂时的存储区。

解释器能够根据用户的提问,对结论、求解过程做出说明,因而使专家系统更具有人情味。

知识获取是专家系统知识库是否优越的关键,也是专家系统设计的"瓶颈"问题,通过知识获取,可以扩充和修改知识库中的内容,也可以实现自动学习功能。

10.2.4 机器翻译

1. 机器翻译概述

机器翻译(machine translation),又称为自动翻译,是利用计算机把一种自然源语言转变为另一种自然目标语言的过程,一般指自然语言之间句子和全文的翻译。它是自然语言处理的一个分支,与计算语言学、自然语言理解之间存在着密不可分的关系。

2. 发展历史

机器翻译的研究历史可以追溯到 20 世纪三四十年代。20 世纪 30 年代初,法国科学家

G.B.阿尔楚尼提出了用机器来进行翻译的想法。1933 年,苏联发明家 Π. Π. 特罗扬斯基设计了把一种语言翻译成另一种语言的机器,由于 30 年代技术水平还很低,他的翻译机没有制成。1946 年,第一台现代电子计算机 ENIAC 诞生,随后不久,信息论的先驱、美国科学家 W. Weaver 和英国工程师 A. D. Booth 在讨论电子计算机的应用范围时,于 1947 年提出了利用计算机进行语言自动翻译的想法。1949 年,W. Weaver 发表《翻译备忘录》,正式提出机器翻译的思想。机器翻译经历了如下 4 个阶段。

1) 开创期(1947—1964)

1954 年,美国乔治敦大学(Georgetown University) 在 IBM 公司协同下,用 IBM—701计算机首次完成了英俄机器翻译试验。中国在 1956 年把这项研究列入了全国科学工作发展规划。从 20 世纪 50 年代开始到 20 世纪 60 年代前半期,机器翻译研究呈不断上升的趋势。

2) 受挫期(1964—1975)

1964 年,为了对机器翻译的研究进展作出评价,美国科学院成立了语言自动处理咨询委员会(Automatic Language Processing Advisory Committee,ALPAC)开始了为期两年的综合调查分析和测试。1966 年 11 月该委员会公布了一个题为《语言与机器》的报告(ALPAC 报告),该报告全面否定了机器翻译的可行性,并建议停止对机器翻译项目的资金支持。机器翻译步入萧条期。

3) 恢复期(1975—1989)

进入 20 世纪 70 年代后,随着科学技术的发展和各国科技情报交流的日趋频繁,国与国之间的语言障碍显得更为严重,传统的人工作业方式已经远远不能满足需求,迫切地需要计算机来从事翻译工作。同时,计算机科学、语言学研究的发展,特别是计算机硬件技术的大幅度提高以及人工智能在自然语言处理上的应用,从技术层面推动了机器翻译研究的复苏,机器翻译项目又开始发展起来,各种实用的以及实验的系统被先后推出,例如 Weinder 系统、EURPOTRA 多国语翻译系统、TAUM-METEO 系统等。而我国在"十年浩劫"结束后也重新振作起来,机器翻译研究被再次提上日程。"784"工程给予了机器翻译研究足够的重视,20 世纪 80 年代中期以后,我国的机器翻译研究发展进一步加快,首先研制成功了 KY-1和 MT/EC863 两个英汉机译系统,表明我国在机器翻译技术方面取得了长足的进步。

4) 新时期(1990—现在)

随着 Internet 的普遍应用,世界经济一体化进程的加速以及国际社会交流的日渐频繁,传统的人工作业的方式已经远远不能满足迅猛增长的翻译需求,人们对于机器翻译的需求空前增长,机器翻译迎来了一个新的发展机遇。国际性的关于机器翻译研究的会议频繁召开,中国也取得了前所未有的成就,相继推出了一系列机器翻译软件,例如"译星"、"雅信"、"通译"、"华建"等。在市场需求的推动下,商用机器翻译系统迈入了实用化阶段,走进了市场,来到了用户面前。

3. 机器翻译的原理

整个机器翻译的过程可以分为原文分析、原文译文转换和译文生成三个阶段。在具体的机器翻译系统中,根据不同方案的目的和要求,可以将原文译文转换阶段与原文分析阶段结合在一起,而把译文生成阶段独立起来,建立相关分析独立生成系统。在这样的系统中,原语分析时要考虑译语的特点,而在译语生成时则不考虑原语的特点。在做多种语言对一种语言的翻译时,宜采用这样的相关分析独立生成系统。也可以把原文分析阶段独立起来,把原文译文转换阶段同译文生成阶段结合起来,建立独立分析相关生成系统。在这样的系统中,原语分析时不考虑译语的特点,而在译语生成时要考虑原语的特点,在做一种语言对多种语言的翻译时,宜采用这样的独立分析相关生成系统。还可以把原文分析、原文译文转换与译文生成分别独立开来,建立独立分析、独立生成的系统。在这样的系统中,分析原语时不考虑译语的特点,生成译语时也不考虑原语的特点,原语译语的差异通过原文译文转换来解决。在做多种语言对多种语言的翻译时,宜采用这样的独立分析独立生成系统。

*10.2.5 机器学习

1. 机器学习

机器学习(Machine Learning)是研究计算机怎样模拟或实现人类的学习行为,以获取新的知识或技能,重新组织已有的知识结构使之不断改善自身的性能。它是人工智能的核心,是使计算机具有智能的根本途径,其应用遍及人工智能的各个领域,它主要使用归纳、综合而不是演绎。

机器学习在人工智能的研究中具有十分重要的地位。机器学习逐渐成为人工智能研究的核心之一。它的应用已遍及人工智能的各个分支,如专家系统、自动推理、自然语言理解、模式识别、计算机视觉、智能机器人等领域。其中尤其典型的是专家系统中的知识获取瓶颈问题,人们一直在努力试图采用机器学习的方法加以克服。

机器学习的研究是根据生理学、认知科学等对人类学习机理的了解,建立人类学习过程的计算模型或认识模型,发展各种学习理论和学习方法,研究通用的学习算法并进行理论上的分析,建立面向任务的具有特定应用的学习系统。这些研究目标相互影响相互促进。自从 1980 年在卡内基·梅隆大学召开第一届机器学术研讨会以来,机器学习的研究工作发展很快,已成为中心课题之一。

2. 机器学习的发展史

机器学习是人工智能研究较为年轻的分支,它的发展过程大体上可分为 4 个时期。第一阶段是在 20 世纪 50 年代中叶到 60 年代中叶,属于机器学习的热烈时期。第二阶段是在 20 世纪 60 年代中叶至 70 年代中叶,被称为机器学习的冷静时期。第三阶段是从 20 世纪 70 年代中叶至 80 年代中叶,称为复兴时期。机器学习的最新阶段始于 1986 年。

机器学习进入新阶段的重要表现在下列诸方面。

(1) 机器学习已成为新的边缘学科并在高校形成一门课程。它综合应用心理学、生物学和神经生理学以及数学、自动化和计算机科学形成机器学习理论基础。

(2) 结合各种学习方法,取长补短的多种形式的集成学习系统研究正在兴起。特别是连接学习符号学习的耦合可以更好地解决连续性信号处理中知识与技能的获取与求精问题,这种学习方法因此而受到重视。

(3) 机器学习与人工智能各种基础问题的统一性观点正在形成。例如学习与问题求解结合进行、知识表达便于学习的观点产生了通用智能系统 SOAR 的组块学习。类比学习与问题求解结合的基于案例的方法已成为经验学习的重要方向。

（4）各种学习方法的应用范围不断扩大，一部分已形成商品。归纳学习的知识获取工具已在诊断分类型专家系统中广泛使用。连接学习在声图文识别中占优势。分析学习已用于设计综合型专家系统。遗传算法与强化学习在工程控制中有较好的应用前景。与符号系统耦合的神经网络连接学习将在企业的智能管理与智能机器人运动规划中发挥作用。

（5）与机器学习有关的学术活动空前活跃。国际上除每年一次的机器学习研讨会外，还有计算机学习理论会议以及遗传算法会议。

*10.2.6　模式识别

1．模式识别概述

模式识别（Pattern Recognition）是人类的一项基本智能，在日常生活中，人们经常在进行"模式识别"。随着 20 世纪 40 年代计算机的出现以及 50 年代人工智能的兴起，人们当然也希望能用计算机来代替或扩展人类的部分脑力劳动。（计算机）模式识别在 20 世纪 60 年代初迅速发展并成为一门新学科。

模式识别是指对表征事物或现象的各种形式的（数值的、文字的和逻辑关系的）信息进行处理和分析，以对事物或现象进行描述、辨认、分类和解释的过程，是信息科学和人工智能的重要组成部分。模式识别又常称作模式分类，从处理问题的性质和解决问题的方法等角度，模式识别分为有监督的分类（Supervised Classification）和无监督的分类（Unsupervised Classification）两种。二者的主要差别在于，各实验样本所属的类别是否预先已知。一般说来，有监督的分类往往需要提供大量已知类别的样本，但在实际问题中，这是存在一定困难的，因此研究无监督的分类就变得十分有必要了。

应用计算机对一组事件或过程进行辨识和分类，所识别的事件或过程可以是文字、声音、图像等具体对象，也可以是状态、程度等抽象对象。这些对象与数字形式的信息相区别，称为模式信息。

模式识别所分类的类别数目由特定的识别问题决定。有时，开始时无法得知实际的类别数，需要识别系统反复观测被识别对象以后确定。

模式识别与统计学、心理学、语言学、计算机科学、生物学、控制论等都有关系。它与人工智能、图像处理的研究有交叉关系。例如自适应或自组织的模式识别系统包含了人工智能的学习机制，人工智能研究的景物理解、自然语言理解也包含模式识别问题。又如模式识别中的预处理和特征抽取环节应用图像处理的技术，图像处理中的图像分析也应用模式识别的技术。

2．模式识别的应用

（1）文字识别：文字识别可应用于许多领域，如阅读、翻译、文献资料的检索、信件和包裹的分拣、稿件的编辑和校对、大量统计报表和卡片的汇总与分析、银行支票的处理、商品发票的统计汇总、商品编码的识别、商品仓库的管理，以及水、电、煤气、房租、人身保险等费用的征收业务中的大量信用卡片的自动处理和办公室打字员工作的局部自动化等。

（2）语音识别：近二十年来，语音识别技术取得显著进步，开始从实验室走向市场。语音识别技术将进入工业、家电、通信、汽车电子、医疗、家庭服务、消费电子产品等各个领域。

（3）图像识别：图像识别，是利用计算机对图像进行处理、分析和理解，以识别各种不同模式的目标和对象的技术。遥感图像识别已广泛用于农作物估产、资源勘察、气象预报和军事侦察等领域。

（4）医学诊断：在癌细胞检测、X 射线照片分析、血液化验、染色体分析、心电图诊断和脑电图诊断等方面，模式识别已取得了成效。

思考题

1. 什么是人工智能？
2. 简述人工智能的几个学派。
3. 简述人工智能应用。
4. 什么是机器人？
5. 什么是决策支持系统？
6. 什么是专家系统？
7. 什么是机器翻译？
8. 什么是机器学习？
9. 什么是模式识别？

第11章

计算机安全

11.1 计算机安全概述

信息安全是指信息网络的硬件、软件及其系统中的数据受到保护,不受偶然的或者恶意的原因而遭到破坏、更改、泄露,系统连续可靠正常地运行,信息服务不中断。信息安全的实质就是要保护信息系统或信息网络中的信息资源免受各种类型的威胁、干扰和破坏,即保证信息的安全性。根据国际标准化组织的定义,信息安全性的含义主要是指信息的完整性、可用性、保密性和可靠性。信息安全是任何国家、政府、部门、行业都必须十分重视的问题,是一个不容忽视的国家安全战略。但是,对于不同的部门和行业来说,其对信息安全的要求和重点却是有区别的。

改革开放带来了各方面信息量的急剧增加,并要求大容量、高效率地传输这些信息。为了适应这一形势,通信技术发生了前所未有的爆炸性发展。目前,除有线通信外,短波、超短波、微波、卫星等无线电通信也被越来越广泛地应用。与此同时,国外敌对势力为了窃取我国的政治、军事、经济、科学技术等方面的秘密信息,运用侦察台、侦察船、卫星等手段,形成固定与移动、远距离与近距离、空中与地面相结合的立体侦察网,截取我国通信传输中的信息。

11.1.1 信息安全威胁

信息系统安全领域存在的挑战有:系统太脆弱,太容易受攻击;被攻击时很难及时发现和制止;有组织有计划的入侵无论在数量上还是在质量上都呈现快速增长趋势;在规模和复杂程度上不断扩展网络而很少考虑其安全状况的变化情况;因信息系统安全导致的巨大损失并没有得到充分重视,而有组织的犯罪、情报和恐怖组织却深谙这种破坏的威力。几种典型的安全威胁如图 11-1 所示。

11.1.2 信息安全的目标和原则

1. 信息安全的目标

所有的信息安全技术都是为了达到一定的安全目标,其核心包括保密性、完整性、可用性、可控性和不可否认性 5 个安全目标。

(1) 保密性(Confidentiality):是指阻止非授权的主体阅读信息。它是信息安全一诞生

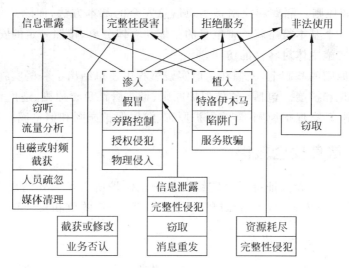

图 11-1 安全威胁

就具有的特性,也是信息安全主要的研究内容之一。更通俗地讲,就是说未授权的用户不能够获取敏感信息。

(2) 完整性(Integrity):是指防止信息被未经授权的篡改。它是保护信息保持原始的状态,使信息保持其真实性。如果这些信息被蓄意地修改、插入、删除等,形成虚假信息,将带来严重的后果。

(3) 可用性(Usability):是指授权主体在需要信息时能及时得到服务的能力。可用性是在信息安全保护阶段对信息安全提出的新要求,也是在网络化空间中必须满足的一项信息安全要求。

(4) 可控性(Controlability):是指对信息和信息系统实施安全监控管理,防止非法利用信息和信息系统。

(5) 不可否认性(Non-repudiation):是指在网络环境中,信息交换的双方不能否认其在交换过程中发送信息或接收信息的行为。

信息安全的保密性、完整性和可用性主要强调对非授权主体的控制。信息安全的可控性和不可否认性恰恰是通过对授权主体的控制,实现对保密性、完整性和可用性的有效补充,主要强调授权用户只能在授权范围内进行合法的访问,并对其行为进行监督和审查。

2. 信息安全的原则

为了达到信息安全的目标,各种信息安全技术的使用必须遵守一些基本的原则。

(1) 最小化原则。受保护的敏感信息只能在一定范围内被共享,履行工作职责和职能的安全主体,在法律和相关安全策略允许的前提下,为满足工作需要,仅被授予其访问信息的适当权限,称为最小化原则。敏感信息的"知情权"一定要加以限制,是在满足工作需要前提下的一种限制性开放。

(2) 分权制衡原则。在信息系统中,对所有权限应该进行适当地划分,使每个授权主体只能拥有其中的一部分权限,使他们之间相互制约、相互监督,共同保证信息系统的安全。如果一个授权主体被分配的权限过大,无人监督和制约,就隐含了巨大的安全隐患。

（3）安全隔离原则。隔离和控制是实现信息安全的基本方法,而隔离是进行控制的基础。信息安全的一个基本策略就是将信息的主体与客体分离,按照一定的安全策略,在可控和安全的前提下实施主体对客体的访问。

在这些基本原则的基础上,人们在生产实践过程中还总结出了一些实施原则,它们是基本原则的具体体现和扩展。包括:整体保护原则、谁主管谁负责原则、适度保护的等级化原则、分域保护原则、动态保护原则、多级保护原则、深度保护原则和信息流向原则等。

11.1.3　信息安全策略

信息安全策略是指为保证提供一定级别的安全保护所必须遵守的规则。实现信息安全,不但要靠先进的技术,而且也得靠严格的安全管理、法律约束和安全教育。

1. 应用先进的信息安全技术

用户对自身面临的威胁进行风险评估,决定其所需要的安全服务种类,选择相应的安全机制,然后集成先进的安全技术,形成一个全方位的安全系统,它是网络安全的根本保证。

2. 建立严格的安全管理制度

计算机网络使用机构应建立相应的网络安全管理办法,加强内部管理,建立合适的网络安全管理系统,加强用户管理和授权管理,建立安全审计和跟踪体系,提高整体网络安全意识。

3. 制订严格的法律、法规

计算机网络是一种新生事物。它的许多行为无法可依、无章可循,导致网络上计算机犯罪处于无序状态。面对日趋严重的网络犯罪,必须建立与网络安全相关的法律、法规,使非法分子慑于法律,不敢轻举妄动。

4. 启用安全操作系统

给系统中的关键服务器提供安全运行平台,构成安全 WWW 服务、安全 FTP 服务、安全 SMTP 服务等,并作为各类网络安全产品的坚实底座,确保这些网络安全产品的自身安全。

11.1.4　信息安全技术

1. 用户身份认证

用户身份认证是安全的第一道大门,是各种安全措施可以发挥作用的前提,身份认证技术包括:静态密码、动态密码(短信密码、动态口令牌、手机令牌)、USB KEY、IC 卡、数字证书、指纹虹膜等。

2. 防火墙

防火墙在某种意义上可以说是一种访问控制产品。它在内部网络与不安全的外部网络之间设置障碍,阻止外界对内部资源的非法访问,防止内部对外部的不安全访问。防火墙的主要技术有:包过滤技术、应用网关技术、代理服务技术。

3. 网络安全隔离

网络隔离有两种方式,一种是采用隔离卡来实现的,一种是采用网络安全隔离网闸实现的。隔离卡主要用于对单台机器的隔离,网闸主要用于对整个网络的隔离。这两者的区别以及网络安全隔离与防火墙的区别可查阅相关参考资料。

4. 安全路由器

由于WAN连接需要专用的路由器设备,因而可通过路由器来控制网络传输。通常采用访问控制列表技术来控制网络信息流。

5. 虚拟专用网

虚拟专用网(VPN)是在公共数据网络上,通过采用数据加密技术和访问控制技术,实现两个或多个可信内部网之间的互联。VPN的构筑通常都要求采用具有加密功能的路由器或防火墙,以实现数据在公共信道上的可信传递。

6. 安全服务器

安全服务器主要针对一个局域网内部信息存储、传输的安全保密问题,其实现的功能包括对局域网资源的管理和控制,对局域网内用户的管理,以及局域网中所有安全相关事件的审计和跟踪。

7. 电子签证机构

电子签证机构(CA)作为通信的第三方,为各种服务提供可信任的认证服务。CA可向用户发行电子签证证书,为用户提供成员身份验证和密钥管理等功能。PKI产品可以提供更多的功能和更好的服务,将成为所有应用的计算基础结构的核心部件。

8. 安全管理中心

由于网上的安全产品较多,且分布在不同的位置,这就需要建立一套集中管理的机制和设备,即安全管理中心。它用来给各网络安全设备分发密钥,监控网络安全设备的运行状态,负责收集网络安全设备的审计信息等。

9. 入侵检测系统

入侵检测,作为传统保护机制(比如访问控制,身份识别等)的有效补充,形成了信息系统中不可或缺的反馈链。

10. 入侵防御系统

入侵防御,入侵防御系统作为入侵检测系统(IDS)很好的补充,是在信息安全发展过程中占据重要位置的计算机网络硬件。

11. 安全数据库

由于大量的信息存储在计算机数据库内,有些信息是有价值的,也是敏感的,需要保护。安全数据库可以确保数据库的完整性、可靠性、有效性、机密性、可审计性及存取控制与用户身份识别等。

12. 信息安全服务

信息安全服务是指为确保信息和信息系统的完整性、保密性和可用性所提供的信息技术专业服务,包括对信息系统安全的咨询、集成、监理、测评、认证、运维、审计、培训和风险评估、容灾备份、应急响应等工作。

13. 数据加密

数据加密技术从技术上的实现分为在软件和硬件两方面。按作用不同,数据加密技术主要分为数据传输、数据存储、数据完整性的鉴别以及密钥管理技术 4 种。

11.2　计算机病毒

11.2.1　计算机病毒概述

目前计算机的应用遍及到社会的各个领域,同时计算机病毒也给我们带来了巨大的破坏和潜在的威胁,因此为了确保计算机能够安全工作,计算机病毒的防范工作,已经迫在眉睫。

1. 计算机病毒的定义

计算机病毒,是指编制或者在计算机程序中插入的破坏计算机功能或者毁坏数据,以影响计算机的使用,并能自我复制的一组计算机指令或者程序代码。

2. 计算机病毒的特性

(1) 传染性。计算机病毒会通过各种渠道从已被感染的计算机扩散到未被感染的计算机,在某些情况下造成被感染的计算机工作失常甚至瘫痪。因此,这也是计算机病毒这一名称的由来。

(2) 潜伏性。有些计算机病毒并不是一侵入你的机器,就会对机器造成破坏,它可能隐藏在合法文件中,静静地呆几周或者几个月甚至几年,具有很强的潜伏性,一旦时机成熟就会迅速繁殖、扩散。

(3) 隐蔽性。计算机病毒是一种具有很高编程技巧、短小精悍的可执行程序,如不经过程序代码分析或计算机病毒代码扫描,病毒程序与正常程序是不容易区别开来的。

(4) 破坏性。任何计算机病毒侵入到机器中,都会对系统造成不同程度的影响。轻者占有系统资源,降低工作效率,重者数据丢失、机器瘫痪。

除了上述 4 点外,计算机病毒还具有不可预见性、可触发性、衍生性、针对性、欺骗性、持久性等特点。正是由于计算机病毒具有这些特点,给计算机病毒的预防、检测与清除工作带来了很大的难度。

3. 计算机病毒的分类

自从 1988 年在美国发现的"蠕虫病毒"至今,计算机病毒以惊人的速度增长,据国外统计,计算机病毒以 10 种/周的速度增长,另据我国公安部统计,国内以 4 种/月的速度递增。病毒的种类繁多,分类方法也不一。为了更好地了解它,根据目前流行的计算机病毒,把它们概括成如下几类。

1) 从其传播方式上分类

(1) 引导型病毒。又称开机型病毒。当用户开机时,通过 DOS 的引导程序引入内存中,它不以文件的形式存储在磁盘上,因此也没有文件名,十分隐蔽。由于它先于操作系统装入内存,因此它能够完全控制 DOS 的各类中断,具有强大的破坏能力。常见的大麻病毒、巴基斯坦智囊病毒及米开朗基罗病毒等均属此类。

(2) 文件型病毒。这是一种针对性很强的病毒,一般来讲,它只感染磁盘上的可执行文件(COM,EXE,SYS 等),它通常依附在这些文件的头部或尾部,一旦这些感染病毒的文件被执行,病毒程序就会被激活,同时感染其他文件。这类病毒数量最大,它们又可细分为外壳型、源码型和嵌入型等。

(3) 混合型病毒。这类病毒兼有上述两种病毒的特点,它既感染引导区又感染文件,正是因为这种特性,使它具有了很强的传染性。如果只将病毒从被感染的文件中清除,当系统重新启动时,病毒将从硬盘引导进入内存,这之后文件又会被感染;如果只将隐藏在引导区中的病毒消除掉,当文件运行时,引导区又会被重新感染。

2) 按其破坏程序分类

(1) 良性病毒。这类病毒多数是恶作剧的产物,其目的不为破坏系统资源,只是为了自我表现一下。其一般表现为显示信息,发出声响,自我复制等。

(2) 恶性病毒。这类病毒的目的在于破坏计算机中的数据,删除文件,对数据进行删改、加密,甚至对硬盘进行格式化,使计算机无法正常运行甚至瘫痪。

11.2.2 计算机病毒的检测与防治

1. 病毒的检测

从计算机病毒的特性可知,计算机病毒具有很强隐蔽性和极大的破坏性。因此在日常中如何判断病毒是否存在于系统中是非常关键的工作。一般用户可以根据下列情况来判断系统是否感染病毒。

计算机的启动速度较慢且无故自动重启;工作中机器出现无故死机现象;桌面上的图标发生了变化;桌面上出现了异常现象:奇怪的提示信息,特殊的字符等;在运行某一正常的应用软件时,系统经常报告内存不足;文件中的数据被篡改或丢失;音箱无故发生奇怪声音;系统不能识别存在的硬盘;你的朋友向你抱怨你总是给他发出一些奇怪的信息,或你的邮箱中发现了大量的不明来历的邮件;打印机的速度变慢或者打印出一系列奇怪的字符。

2. 病毒的预防

计算机一旦感染病毒,可能给用户带来无法恢复的损失。因此在使用计算机时,要采取一定的措施来预防病毒,从而最低限度地降低损失。

常用的病毒预防措施有:不使用来历不明的程序或软件;在使用移动存储设备之前应先杀毒,在确保安全的情况下再使用;安装防火墙,防止网络上的病毒入侵;安装最新的杀毒软件,并定期升级,实时监控;养成良好的电脑使用习惯,定期优化、整理磁盘,养成定期全面杀毒的习惯;对于重要的数据信息要经常备份,以便在机器遭到破坏后能及时得到恢复;在使用系统盘时,应对软盘进行写保护操作。

计算机病毒及其防御措施都是在不停的发展和更新的,因此我们应做到认识病毒,了解病毒,及早发现病毒并采取相应的措施,从而确保我们的计算机能安全工作。

11.2.3　计算机病毒趋势

1. 网络成为病毒的主要传播途径

网络使得计算机病毒的传播速度大大提高,感染的范围也越来越广,其中以"冲击波"和"震荡波"以及"熊猫烧香"的表现最为突出。2007 年"熊猫烧香"病毒使中毒企业和政府机构已经超过千家,其中不乏金融、税务、能源等关系到国计民生的重要单位。

2. 病毒变种的速度极快并向混合型、多样化发展

"熊猫烧香"大规模爆发后,其变形病毒就接踵而至,不断更新。2007 年 4 月"熊猫烧香"已有数十个不同变种。另外,计算机病毒向混合型、多样化发展的结果是一些病毒会更精巧,另一些病毒会更复杂,混合多种病毒特征,如红色代码病毒(Code Red)就是综合了文件型、蠕虫型病毒的特性。

3. 运行方式和传播方式的隐蔽性

微软的 MS04-028 漏洞,危害等级为"严重"。该漏洞涉及 GDI+组件,在用户浏览特定JPG 图片的时候,会导致缓冲区溢出,进而执行病毒攻击代码。该漏洞针对所有基于 IE 浏览器内核的软件、Office 系列软件、微软.NET 开发工具,以及微软其他的图形相关软件等。这类病毒可能通过以下形式发作:群发邮件,附带有病毒的 JPG 图片文件;采用恶意网页形式,浏览网页中的 JPG 文件、甚至网页上自带的图片即可被病毒感染;通过即时通信软件(如 QQ、MSN 等)的自带头像等图片或者发送图片文件进行传播。

4. 利用系统漏洞进行攻击和传播

"蠕虫王"、"冲击波"、"震荡波"和"熊猫烧香"都是利用 Windows 系统的漏洞,在短短的几天内就造成了巨大的社会危害和经济损失。

5. 计算机病毒技术与黑客技术将日益融合

木马和后门程序并不是计算机病毒。但随着计算机病毒技术与黑客技术的发展,病毒

编写者最终将会把这两种技术进行融合。

6. 经济利益将成为推动计算机病毒发展的最大动力

越来越多的迹象表明,经济利益已成为推动计算机病毒发展的最大动力。最近国内外一些知名的游戏网站和商业网站,也频繁遭到黑客攻击,攻击的动机无非是恶性竞争或借此来推销自己的防毒(或防火墙)产品以牟取利益。其实不仅网上银行、商业网站,网上的股票账号、信用卡账号乃至游戏账号等都可能被病毒攻击,甚至网上的虚拟货币也在病毒目标范围之内。

11.3　计算机犯罪与道德伦理

11.3.1　计算机犯罪

1. 定义

计算机犯罪,就是在信息活动领域中,利用计算机信息系统以计算机信息知识作为手段,针对计算机信息系统,对国家、团体或个人造成危害,依据法律规定应当予以刑罚处罚的行为。

计算机犯罪的概念可以有广义和狭义之分。广义的计算机犯罪是指行为人故意直接对计算机实施入侵或破坏,或者利用计算机实施有关金融诈骗、盗窃、贪污、挪用公款、窃取国家机密或其他犯罪行为的总称。狭义的计算机犯罪仅指行为人违反国家规定,故意侵入国家事务、国防建设、尖端科学技术等的计算机信息系统,或者利用各种技术手段对计算机信息系统的功能及有关数据、应用程序等进行破坏、制作、传播计算机病毒,影响计算机系统正常运行且造成严重后果的行为。

计算机犯罪(Computer Crime)始于 20 世纪 60 年代,到了 80 年代、特别是进入 90 年代在国内外呈愈演愈烈之势。为了预防和减少计算机犯罪,给计算机犯罪合理地、客观地定性已是当务之急。

2. 计算机犯罪的原因

(1) 经济利益驱动。贪欲往往是犯罪的原始动力,计算机犯罪也不例外。目前,从掌握的资料分析,多数计算机犯罪的案件属于财产犯罪。利用计算机盗窃、诈骗、贪污、盗版等进行财产犯罪已经成为计算机犯罪的主流,也是导致计算机犯罪的最主要的原因。

(2) 计算机网络安全方面的缺陷。过去的十几年中,网络黑客们一直在通过计算机的漏洞来对计算机系统进行攻击,而且这种攻击的方法变得越来越复杂。这就给网络安全带来了严峻的挑战。

(3) 法律不健全。网络犯罪之所以如此猖獗,其最主要的原因就在于网络空间还不是一个法制环境。计算机犯罪是一种新兴的高技术、高智能犯罪,计算机犯罪的立法又严重滞后,从而在一定程度上成了计算机犯罪有机可乘的漏洞。

(4) 为寻求刺激。黑客喜欢挑战,并对计算机技术细节着迷不已,正是这种痴迷常常使他们越过界限,利用计算机进行不同程度的犯罪活动。

(5) 存有侥幸心理。由于网络犯罪没有固定的犯罪现场,网上作案后不留任何痕迹,因此犯罪很难被发现,而电子取证更是难上加难。

3. 计算机犯罪的特点

(1) 作案手段智能化、隐蔽性强。大多数的计算机犯罪,都是行为人经过狡诈而周密的安排,运用计算机专业知识,所从事的智力犯罪行为。进行这种犯罪行为时,犯罪分子只需要向计算机输入错误指令,篡改软件程序,作案时间短且对计算机硬件和信息载体不会造成任何损害,作案不留痕迹,使一般人很难觉察到计算机内部软件上发生的变化。

(2) 目标较集中。就国内已经破获的计算机犯罪案件来看,作案人主要是为了非法占有财富和蓄意报复,因而目标主要集中在金融、证券、电信、大型公司等重要经济部门和单位,其中以金融、证券等部门尤为突出。

(3) 侦查取证困难,破案难度大。据统计,99%的计算机犯罪不能被人们发现。另外,在受理的这类案件中,侦查工作和犯罪证据的采集相当困难。

(4) 后果严重,社会危害性大。国际计算机安全专家认为,计算机犯罪社会危害性的大小,取决于计算机信息系统的社会作用,取决于社会资产计算机化的程度和计算机普及应用的程度,其作用越大,计算机犯罪的社会危害性也越大。

4. 计算机犯罪对策

(1) 健全人事管理、完善规章制度、减少作案可能。在管理中要分工明确,严格遵守规章制度,形成必要的监督制约机制。

(2) 改进技术、堵塞漏洞、控制诱发犯罪。与计算机有关的安全防护措施需要不断完善,包括对有关系统进行物理和技术安全防范。

(3) 完善有关的监察惩治法律,使案犯得到相应的惩罚。任何安全防范的技术措施都会有不足之处,因此国家必须通过立法对高技术犯罪实施社会控制以减少犯罪条件、打击犯罪分子。

(4) 重视政治思想、道德品质教育,消除不良文化刺激。科学知识、专业技术不能代替政治思想和道德品质教育。学校、家庭和社会应重视政治思想、道德和法制方面的教育,使年轻人树立正确的世界观、人生观。

11.3.2　计算机道德伦理

1. 信息伦理失范产生的背景

1) 信息伦理失范现象

(1) 信息泛滥。我们用信息爆炸来形容社会信息总量的急剧增长。网络信息已经远远超过了人们的信息处理能力,并对人们产生了巨大的冲击。现如今,信息已经超出了人类和社会的处理和利用的容忍限度,并成为一种严重的社会负担。

(2) 信息污染。网络信息污染主要是指虚假、错误、色情、暴力、恐怖、迷信等信息。由于网络信息发布的自由性和无控制性,这类信息随处可见,其结果是严重腐蚀人们的灵魂,玷污人类的文明,对人类文明的发展构成严重的威胁。

(3) 个人隐私。网络的开放性和数字化已经对个人隐私的保护提出了挑战,个人隐私仿佛置于光天化日之下,个人资料更容易被获得。由于个人信息具有商业价值,有些人则搜集个人隐私出售。信息网络变成了侵犯隐私最合适的温床。

(4) 知识产权。信息技术使得知识和信息产品容易被复制,且监控和约束这种行为十分困难。如个人作品被随意发布到网上,知识被任意拷贝,目前由知识产权的保护而引发的法律和道德问题越来越复杂,且知识产权的保护界线处于较模糊的状态。据统计,每年有关著作权、技术专利和软件盗版等所涉及的金额达数亿元人民币。

(5) 信息垄断。由于西方国家在资金和技术上的优势,它们在信息方面已经占据信息垄断地位。信息垄断不仅可以带来巨大的经济利益,而且也能实现对其他国家的文化扩张,由于信息的大量输出,它们可以将本国的社会价值观和意识形态观传递给其他国家,并对其产生巨大影响。如何在竞争中打破信息垄断,已成为弱小国家面临的信息伦理学难题。

(6) 信息安全。黑客和计算机病毒是信息安全的巨大隐患。它使信息安全极端脆弱,并产生程度不等的安全失范。由于目前所采用的信息安全技术措施无法从根本上解决信息安全问题,因此如何进行信息安全防范,已成为信息伦理急需解决的问题。

2) 原因分析

(1) 数字分离是起因。数字分离是信息社会发展过程中所产生的大多数伦理问题的根源所在。数字分离是人与人之间的一种新的分离。信息圈不是一个地理、政治、社会或语言意义上的空间,它是一种精神生活空间。各个地区、不同领域、不同职业的人们都可能居住于这个信息圈,形成一个所谓的"虚拟"社区。由于国家之间的差距、政治体系的不同、宗教信仰的区别、年轻人与老年人之间的鸿沟,信息圈中也存在着明显的分界线。另外,经济和社会文化也将导致数字分离距离的扩大。

(2) 虚拟网络创造冷漠的环境。网络是虚拟世界,目前尚未有一个部门能够对网络社会进行完全的控制。在一定程度上,网络超越了时间和空间的限制。由于网络交流方式以语言符号为主,它不需要面对面的交流,于是,人们慢慢失去对现实世界的亲和力。由于人是通过他人的反馈不断地调整自己的行为,来达到使自己的行为符合社会规范、符合自己的社会角色的目的。而网络却没有这种作用,其结果是直接导致伦理问题的出现。

(3) 权利与义务的脱节。网络采用的是匿名机制和没有权威的控制,网络的无主权性和身份匿名的机制使得社会控制更加困难。当一方拒绝承担诚信、公平等一系列社会责任的时候,权力受损的是与其进行交往的另一方或其他方,却没有任何的措施来对逃脱责任方进行惩罚。其结果是权利与义务脱节。

2. 信息伦理的概念

所谓伦理是指通过社会舆论、个人内心信念和价值观以及必要的行政手段,调节人与自然、个人与他人、个人与社会关系的行为准则和规范的总和,同时也是个人自我完善的一种手段、一种目标。

信息伦理指在信息开发、信息传播、信息加工分析、信息管理和利用等方面的伦理要求、伦理准则、伦理规范,以及在此基础上形成的新型的伦理关系。

信息伦理的本质是指信息伦理系统中最根本的方面,它决定着信息伦理的特点,对信息伦理本质的探究可以从起源、应用、目的三方面入手。从信息伦理的起源上看,信息伦理是人类交往活动的现实需要和规律反映;从信息伦理的应用上看,信息伦理调节着人们在信息交往活动中的功利实现;从信息伦理的目的上看,信息伦理追求人类社会在信息时代的和谐与进步。

信息伦理是一种全新的伦理思潮和价值观念,是人们在信息技术发展之下寻找新型人际关系的一种道德新知。信息伦理属于应用伦理学这一交叉学科,是研究伦理道德在人类信息交往这一社会实践领域的应用。

信息伦理最早源于计算机伦理研究,主要研究信息技术对社会伦理问题产生的影响。20世纪90年代以来,与信息领域有关的伦理研究范围不断扩大,从计算机伦理、网络伦理、媒体伦理直至范围更加广泛的信息开发利用活动的伦理学研究,即信息伦理。

3. 信息伦理体系的框架构建

在这种信息时代的历史条件下,信息伦理体系的框架构建是一个非常重要的工作,应该予以重视,为此,华东师范大学信息学系的闻毅声认为,信息伦理体系的框架建设应该从信息文化的方面和道德结构的层面进行总体的构架。

1) 信息文化方面的建设

信息文化的构成与传统文化相似,包括物质、制度、观念三个层次,但是其内容却有着明显的时代特征和差距。

物质文化是信息文化的基础,这个基础聚集着现代文明的主流。比较特殊的是信息技术系统的特性。尽管在不同的国家中,由于意识形态、制度或观念的差异,人们对技术的吸收、技术的应用是有差异的。但是,作为物质层面的信息技术系统,总是先接受新技术和新方法,可以说信息技术和物质文化具有同质性,往往文化基础的反应比人的观念灵敏,即物质文化对信息技术有很强的包容性。

制度文化是信息文化的载体。在网络化的环境下,制度文化最明显的特征就是信息的传递,不再是逐级逐层地进行,网上信息的传播跨越了时空的障碍,社会的金字塔结构逐渐解体,因此,信息传递的层次逐步减少,信息传递过程中的失真大大降低。另一方面,网络信息传播的透明度比较高,这是民主政治建设的有利条件,也是网络吸引人的地方。

观念文化是信息文化的主导。观念文化随着物质、制度文化的变化而变化,并随着其发展而发展。观念文化大量涉及生活方式、伦理道德、风俗习惯。虽然观念文化不如物质文化那样反应灵敏,也不像制度文化那样变化巨大,其转变尽管比较缓慢,却很深刻持久。

2) 信息伦理道德层面

信息道德意识是信息伦理的第一层次。道德意识涉及与信息相关的道德观念、道德意志、道德信念和道德理想,集中体现在信息道德原则和规范中。在网络环境中交往,人们看重的是"信用",因此诚信是信息活动的基本准则。各民族,各种价值观念尽管有不同程度的差异,但是崇尚诚实,几乎是各种文化的价值取向的共性。在信息文化建设中诚信更应该受到推崇。

信息道德关系是信息伦理的第二层次。它是指信息活动中的人际关系、人与集体的关系以及集体之间的关系。网络礼仪,在个性化和互动性很强的网络环境中,需着力培植,使人们在享受网络带来的便利的同时,也能够尽义务维护网络的秩序,创建网络文明。

信息道德活动是信息伦理的第三层次。道德规范以及和谐的人际关系,深刻地影响着每个人的思维,并且约束着每个人的信息行为。人们依据一定的信息道德与规范,在信息活动中有意识地、有选择地采取行动,对他人的信息行为的善恶进行评价,同时对自己信息行为的良莠进行自我剖析。从严格意义上讲,信息道德活动的过程,是一种对人的品格、素养进行陶冶,进行教育的过程。它是主观个人的信息伦理与客观社会的信息伦理的辩证统一。

4. 信息伦理建设的实施

在当前形势下,对传播伦理作进一步的规范则是一个切实可行的办法。如何改进我国的传播伦理规范,必须充分重视以下几方面。

1) 制定信息立法,与信息伦理互补

信息伦理只是一种软性的社会控制手段,它的实施依赖于人们的自主性和自觉性,因此在针对各类性质严重的信息犯罪时,信息伦理规范将显得软弱无力。只有法律法规才能构筑信息安全的第一道防线。信息立法尽管已经超出了信息伦理的研究范畴,但相关的法律条文可以在一定程度上划出一条底线,为信息环境下的伦理决策提供有力的依据。法律法规不是万能的,信息立法也需要信息伦理的补充。只有二者互相配合、互相补充形成良性互动,才能让信息领域在有序中发展。

2) 技术消除数字分离

数字分离有可能导致新的殖民主义和种族隔离,因此,必须对其进行限制。技术不仅是一种工具,也是一种平台。目前,国际上过滤因特网中违法与有害信息最全面最有效的技术手段是采用因特网内容选择平台——“中性标签系统”。它主要是对每一个网页的内容进行分类,并根据内容特性加上标签,同时由计算机软件对网页的标签进行监测,以限制对特定内容网页的检索。任何重要技术都有伦理感情色彩,以前的技术创新都有自己的伦理后果,且至今还存在。计算机技术已经对信息伦理产生了巨大的影响,伦理进展远远落后于技术的发展,更新道德敏感性依然是一个缓慢的过程。

3) 制定信息伦理准则,约束个体行为

在信息技术不太健全、信息立法不太完善、信息安全受到威胁的情况下,制定行业准则显得非常重要。在我国,新闻界为保护网上的信息产权和知识产权,联合抵制侵权行为,由新华社等国内 23 家新闻网络媒体共同制定的《中国新闻界网络媒体公约》,实际上是中国的行业伦理准则。为贯彻该公约的实施,已成立了专门的组织来实施监督,使网络信息得到正常合理的使用,防止非法、有害信息的传播和渗透,防止对信息产权和知识产权造成破坏。

4) 加强网络道德教育,不断提高个体自律水平

信息伦理是依靠个体的内心信念来进行制约的,为此,首先应从提高公民的伦理意识入手,来树立正确的信息伦理观。对此,可通过各类媒体的宣传,加强对普通公民的信息伦理观念进行引导,特别是培养青少年树立正确的信息伦理价值观。明确告诉他们什么是必须遵守的道德规范,什么是应当遵循的游戏规则,什么是不道德的行为,从而使他们自觉形成网络自律,最大限度地减少各种不道德和犯罪行为的发生。这个目标的实现需要在职业场所、公共生活、家庭生活、学校等各个领域,通过传媒、讲授、报刊杂志等方式对个体施加影响。在这个过程中,良好的社会风尚和道德准则对个体自律的形成起着重要作用。

11.3.3　青少年上网问题与对策

1. 青少年上网的危害

任何事的影响都是双向的,网络在带给青少年诸多益处的同时,也会带来负面的影响。

(1) 对青少年的人生观、价值观和世界观的形成构成潜在威胁。互联网内容虽丰富却庞杂,良莠不齐,青少年在互联网上频繁接触西方国家的宣传论调、文化思想等,这使得他们头脑中沉淀的中国传统文化观念和我国主流意识形态形成冲突,使青少年的价值观产生倾斜,甚至盲从西方。长此以往,对于我国青少年的人生观和意识形态必将起一种潜移默化的作用,对于国家的政治安定显然是一种潜在的巨大威胁。

(2) 使许多青少年沉溺于网络虚拟世界,脱离现实,荒废学业。与现实的社会生活不同,青少年在网上面对的是一个虚拟的世界,它不仅满足了青少年尽早、尽快占有各种信息的需要,也给人际交往留下了广阔的想象空间,而且不必承担现实生活中的压力和责任。虚拟世界,特别是网络游戏,使不少青少年沉溺于虚幻的环境中而不愿面对现实生活。而无限制地泡在网上,将对日常学习、生活产生很大的影响,严重的甚至会荒废学业。

(3) 不良信息和网络犯罪对青少年的身心健康和安全构成危害和威胁。当前,网络对青少年的危害主要集中到两点,一是某些人实施诸如诈骗或性侵害之类的犯罪,另一方面就是黄色垃圾对青少年的危害。据有关专家调查,因特网上非学术性信息中,有 47% 与色情有关,网络使色情内容更容易传播。据不完全统计,60% 的青少年虽然是在无意中接触到网上黄色的信息,但自制力较弱的青少年往往出于好奇或冲动而进一步寻找类似信息,从而深陷其中。调查还显示,在接触过网络上色情内容的青少年中,有 90% 以上有性犯罪行为或动机。

2. 青少年上网原因分析

(1) 青少年自身的原因。青少年的生理、心理特点,决定他们易于接受新事物,乐于追求新事物。他们对新鲜的事物充满了好奇,愿意跟着时代的潮流走,同时他们喜欢冒险,喜欢刺激,喜欢逆反与标新立异,而网络恰恰给他们提供了这样一个机会。网络中的新事物层出不穷,网络游戏的巧妙设计也使他们可以不断地寻求刺激与成就感。网络是一个巨大的资源库,正好能满足青少年的需要。青少年大都正处于求学阶段,来自父母、学校的压力,令许多学生喘不过气来。他们厌倦于每天的书海题库,也厌倦了父母的唠叨与老师的指责;他们有自己独特的思想与见解,却无法向父母倾诉,生怕得不到他们的理解。于是,他们愿意在网络世界里放松精神,寻找朋友,以获得精神的寄托。对于青少年来说,最重要的是自制力问题。部分青少年流连于上网就是因为他们自制力不够强,经不住网络的诱惑,面对形形色色的游戏软件与精彩的游戏画面,便一头扎了进去,无法自拔。

(2) 家庭的原因。家庭成员的关系也会影响青少年的上网行为。有调查显示,男生中有 6.9% 的人觉得自己与父母关系不好,甚至还有 2.3% 的人觉得自己完全无法与父母沟通;女生中亦有 2.8% 的人觉得自己与父母关系不好。他们需要寻找其他的倾诉对象,有些人找同学,有些人就在网上找朋友,通过 QQ,通过聊天室,在虚拟的世界里发泄内心的苦恼与不满。另外,父母亲之间的关系也会影响青少年的上网行为。父母关系不好,就会疏忽对孩子的关心,进而影响到孩子身心的健康发展。孩子需要寻找慰藉,自然而然就会开始依赖网络。

(3) 群体从众效应的影响。群体中一旦有一部分人形成了某种习惯或偏好,其他人便会不自觉地受他们的话题引导,并渐渐地形成类似的偏好。学生在校学习,首先存在于班级这个大集体中,班上同学的言行举止或多或少会影响其他同学,而且流行时尚在班集体中也最易传播,久而久之,几乎全班同学都会追求这种新鲜事物。其次,同学与同学之间也会结成不同的小群体,小群体内易形成共同的爱好和习惯。倘若群体中有人喜欢上了某种网络游戏,便会向群体中的其他人谈论他的一些战绩与心得,其他人也就会在不知不觉中受其影响,尝试该游戏,更喜欢该游戏。

(4) 网络的吸引力。网络的特质决定了青少年上网的潮流。网络强调以"自我"为中心,个性的张扬,平等的交流,避免了直面交流的摩擦与伤害,满足了人们追求便捷与舒适的享受。自主性是青少年可以自主选择需要的信息,自由地发表自己的观点。互联网的自主性为青少年个性化发展提供了广阔的空间。开放性使整个世界变成了一个地球村。任何人随时随地都可以从网上获取自己所需的任何信息。网络成为信息的万花筒,使超地域的文化沟通变得轻而易举,它带来了网络文化的多元化。平等性使人为的等级、性别、职业等差别都尽可能小地隐去,不管是谁,大家都以符号的形式出现,大家都在同一起跑线上。地位的平等带来了交流的自由,任何人在互联网上都可以表达自己的观点。这对青少年来说具有很大魅力。虚拟性使网民可以身份"隐形",尝试扮演各种社会角色;还能为你圆现实生活中无法企及的梦想。

(5) 社会的两面性。网吧业务不规范。尽管网吧在门口张贴"禁止未成年人入内"的公告,但却接受未成年顾客。有些网吧甚至故意开在学校的附近,以招揽更多的学生顾客。随着软件技术的发展,软件开发者也不断地推陈出新,大量设计精良的游戏软件吸引广大青少年。而这又是国家引导和鼓励的新兴产业。

3. 对策

(1) 从宏观方面,要加强法制建设。立法机构必须针对新的情况即时制定相关的法律和规范,限制不良行为,引导网络、网吧业务在法制化的轨道中运行;要在全社会展开学法,守法的活动,加强政府的监督与管理;要加强社会舆论与公众的监督职能,坚决与不法行为作斗争。

(2) 从市场方面,要加强管理。应该建立网吧业务行业的经营管理机制,实行严格的核准登记制,由国家统管服务业的部门在各省分设机构统一管理。对于违章、违法经营的网吧必须严肃惩处,严重违法者必须责令关闭,并禁止其再次开业。而对于网络这一虚拟的世界,政府若想切实有效的控制与管理,确实不便也不可能,唯有通过引导全社会健康积极的思想行为的形成,才能减少网络"垃圾"的流传。

(3) 从学校方面,应该加强教育工作。学校可以向学生放映一些宣传片,并向他们展示青少年因沉迷于上网而堕落消沉甚至犯罪的典型事例,循循善诱,使得学生从内心抵制网络的不良影响。

(4) 从家庭方面,家长应多与学生沟通,可以允许他们在空闲的时间适度地上网,但必须防止并限制他们过度沉迷于网络。家长、老师也应该多交流,及时发现并改正学生的不良行为,促进学生身心的健康发展。

(5) 从青少年自身,要加强自制力和辨别能力的培养。要教会学生合理地利用网络资源,分配上网时间,抵制网络的诱惑。只有好好的把握与控制自己的行为,形成健康的生活方式,社会、学校和家庭的努力才会真正奏效。要帮助孩子提高自身抵制诱惑能力,树立远大理想,将全部精力用在学习和正当有益的特长爱好上。

(6) 从技术上,要加强防御和引导。技术是辅助手段,但我们也要在这方面多做些工作。比如,从网络的角度限制青少年上黄色网站、限制玩游戏的时间、引导青少年访问健康的网站等。

思考题

1. 什么是计算机安全?
2. 简述信息安全的威胁。
3. 简述信息安全的目标和原则。
4. 简述信息安全策略。
5. 简述信息安全技术。
6. 什么是计算机病毒?
7. 简述计算机病毒的检测与防治。
8. 简述计算机病毒趋势。
9. 什么是计算机犯罪?
10. 什么是计算机道德伦理?
11. 简述青少年上网问题与对策。

*第12章 计算机新技术和应用

12.1 硬件新技术

12.1.1 信息材料

1. 信息材料概述

信息材料属于功能材料,是为实现信息探测、传输、存储、显示和处理等功能使用的材料。信息处理材料是制造信息处理器件如晶体管和集成电路的材料。目前使用最多的是硅。砷化镓也是一种重要的信息处理材料。

信息材料是指在微电子、光电子技术和新型元器件基础产品领域中所用的材料,主要包括单晶硅为代表的半导体微电子材料、激光晶体为代表的光电子材料、介质陶瓷和热敏陶瓷为代表的电子陶瓷材料、钕铁硼(NdFeB)永磁材料为代表的磁性材料、光纤通信材料、磁存储和光盘存储为主的数据存储材料、压电晶体与薄膜材料、贮氢材料和锂离子嵌入材料为代表的绿色电池材料等。这些基础材料及其产品支撑着通信、计算机、信息家电与网络技术等现代信息产业的发展。

电子信息材料的总体发展趋势是向着大尺寸、高均匀性、高完整性、以及薄膜化、多功能化和集成化方向发展。当前的研究热点和技术前沿包括柔性晶体管、光子晶体、SiC、GaN、ZnSe 等宽带半导体材料为代表的第三代半导体材料、有机显示材料以及各种纳米电子材料等。

2. 信息材料分类

按功能分,信息材料主要有以下几类。

(1) 半导体微电子材料:在半导体产业的发展中,一般将硅、锗称为第一代半导体材料;将砷化镓、磷化铟、磷化镓、砷化铟、砷化铝及其合金等称为第二代半导体材料;而将宽禁带($Eg>2.3eV$)的氮化镓、碳化硅、硒化锌和金刚石等称为第三代半导体材料。

(2) 光电子材料:在光电子技术领域应用的,以光子、电子为载体,处理、存储和传递信息的材料。已使用的光电子材料主要分为光学功能材料、激光材料、发光材料、光电信息传输材料、光电存储材料、光电转换材料、光电显示材料和光电集成材料。

(3) 电子陶瓷材料:电子陶瓷是通过对表面、晶界和尺寸结构的精密控制而最终获得具有新功能的陶瓷。其中最重要的是须具有高的机械强度,耐高温高湿、抗辐射、介质常数在很宽的范围内变化,介质损耗角正切值小,电容量温度系数可以调整。抗电强度和绝缘电阻值高,以及老化性能优异等。在能源、家用电器、汽车等方面可以广泛应用。

(4) 磁性材料:是古老而用途十分广泛的功能材料,而物质的磁性早在 3000 年以前就被人们所认识和应用,例如中国古代用天然磁铁作为指南针。现代磁性材料已经广泛的用在我们的生活之中,例如将永磁材料用作马达,应用于变压器中的铁心材料作为存储器使用的磁光盘,计算机用磁记录软盘等。

(5) 光纤通信材料:主要是光导纤维,简称光纤,它重量轻、占空间小、抗电磁干扰、通信保密性强,可以制成光缆以取代电缆,是一种很有发展前途的信息传输材料。

(6) 磁存储和光盘存储为主的数据存储材料:信息存储材料是指用于各种存储器的一些能够用来记录和储存信息的材料。这类材料在一定的强队的外场(如光、电、磁或热等)作用下发生从某一种状态到另一种状态的突变,并能将变化后的状态保持较长的时间。

(7) 压电晶体与薄膜材料:有一类十分有趣的晶体,对它挤压或拉伸时,它的两端就会产生不同的电荷。这种效应被称为压电效应。能产生压电效应的晶体就叫压电晶体。广泛应用于电子信息产业各领域,如彩电、空调、电脑、DVD、无线电通信等,尤其在高性能电子设备及数字化设备中应用日益扩大。薄膜材料是对溅射类镀膜,可以简单理解为利用电子或高能激光轰击靶材,并使表面组分以原子团或离子形式被溅射出来,并且最终沉积在基片表面,经历成膜过程,最终形成薄膜。

(8) 光伏材料:能将太阳能直接转换成电能的材料。光伏材料又称太阳电池材料,只有半导体材料具有这种功能。对光伏材料的研究目前致力于降低材料成本和提高转换效率,使太阳电池的电力价格与火力发电的电力价格竞争,从而为更广泛更大规模应用创造条件。

3. 热门信息材料

1) 第三代半导体材料

目前砷化镓已经成为继硅之后发展最快、应用最广、产量最大的半导体材料。GaN 材料的禁带宽度为硅材料的 3 倍多,其器件在大功率、高温、高频、高速和光电子应用方面具有远比硅器件和砷化镓器件更为优良的特性,可制成蓝绿光、紫外光的发光器件和探测器件。第三代半导体材料目前面临的最主要挑战是发展适合 GaN 薄膜生长的低成本衬底材料和大尺寸的 GaN 体单晶生长工艺。可以预见:以硅材料为主体、GaAs 半导体材料及新一代宽禁带半导体材料共同发展将成为集成电路及半导体器件产业发展的主流。

2) 有机显示材料

有机发光材料有两大类,小分子的称之为低分子 OLED,大分子的称为高分子 PLED。目前,低分子 OLED 和高分子 PLED 发展前景都被人看好。彩色 OLED 和 PLED 可以利用白光发光材料和微型彩色滤光器来实现。已经利用主动矩阵硅芯片,成功地开发了 800×600 像素,0.6in 的小型彩色显示屏。这种小型显示屏与光学放大设备配合,装配在飞行员、士兵和消防人员的头盔上,三维电子游戏也将为有机发光材料提供一显身手的舞台。

3) 纳米电子材料

纳米材料在电子通信方面,纳米技术将使电子元件更小、更快、更低能耗,可以制造出存储密度和运算速度比现在大 3~6 个数量级的全频道通信工程和计算机用器件。在医药方面,它可以制造到达身体指定部位的基因和药物传送系统、有生物相容性的器官和血液代用品。在微米粒子状态,有一半药物不溶于水,但是纳米结构药物则能够溶解,更利于吸收。另外,纳米材料可以制造超坚韧的钻头、自修补涂层和纤维、海水除盐膜等新产品。能源、微细加工、飞机、汽车、航天、环保等方面也都将在纳米技术推进下有大的进展。

12.1.2　SoC 技术

集成电路现已进入深亚微米阶段。由于信息市场的需求和微电子自身的发展,引发了以微细加工为主要特征的多种工艺集成技术和面向应用的系统级芯片的发展。随着半导体产业进入超深亚微米乃至纳米加工时代,在单一集成电路芯片上就可以实现一个复杂的电子系统,诸如手机芯片、数字电视芯片、DVD 芯片等。在未来几年内,上亿个晶体管、几千万个逻辑门都可望在单一芯片上实现。

1. SoC 基本概念

20 世纪 90 年代中期,受 ASIC 芯片组启发,萌生将完整计算机所有不同的功能块一次直接集成于一颗硅片上的想法。

SoC (System-on-Chip)称为系统级芯片,也称片上系统,意指它是一个产品,是一个有专用目标的集成电路,其中包含完整系统并有嵌入软件的全部内容。同时它又是一种技术,用以实现从确定系统功能开始,到软硬件划分,并完成设计的整个过程。

从狭义角度讲,它是信息系统核心的芯片集成,是将系统关键部件集成在一块芯片上;从广义角度讲,SoC 是一个微小型系统,如果说中央处理器(CPU)是大脑,那么 SoC 就是包括大脑、心脏、眼睛和手的系统。国内外学术界一般倾向将 SoC 定义为将微处理器、模拟 IP 核、数字 IP 核和存储器(或片外存储控制接口)集成在单一芯片上,它通常是客户定制的,或是面向特定用途的标准产品。

SoC 定义的基本内容有两方面,一是构成,二是形成过程。系统级芯片的构成可以是系统级芯片控制逻辑模块、微处理器/微控制器 CPU 内核模块、数字信号处理器 DSP 模块、嵌入的存储器模块、和外部进行通信的接口模块、含有 ADC/DAC 的模拟前端模块、电源提供和功耗管理模块,对于一个无线 SoC 还有射频前端模块、用户定义逻辑以及微电子机械模块,更重要的是一个 SoC 芯片内嵌有基本软件模块或可载入的用户软件等。系统级芯片形成或产生过程包含以下三个方面:①基于单片集成系统的软硬件协同设计和验证;②再利用逻辑面积技术使用和产能占有比例有效提高即开发和研究 IP 核生成及复用技术,特别是大容量的存储模块嵌入的重复应用等;③超深亚微米、纳米集成电路的设计理论和技术。

2. SoC 设计的关键技术

SoC 设计的关键技术主要包括总线架构技术、IP 核可复用技术、软硬件协同设计技术、SoC 验证技术、可测性设计技术、低功耗设计技术、超深亚微米电路实现技术等,此外还要做嵌入式软件移植、开发研究。

用 SoC 技术设计系统芯片,一般先要进行软硬件划分,将设计基本分为两部分:芯片硬件设计和软件协同设计。芯片硬件设计包括功能设计阶段、设计描述和行为级验证、逻辑综合、门级验证、布局和布线。

12.1.3 纳米器件

1. 纳米电子器件

1959 年物理学家理查德·费恩曼在一次题目为《在物质底层有大量的空间》的演讲中提出：将来人类有可能建造一种分子大小的微型机器，可以把分子甚至单个的原子作为建筑构件在非常细小的空间构建物质，这意味着人类可以在最底层空间制造任何东西。

纳米是尺寸或大小的度量单位，即 10^{-9} m，4 倍原子大小，万分之一头发粗细。纳米技术就是研究在千万分之一（10^{-7}）米到亿分之一（10^{-9}）米内原子、分子和其他类型物质进行操纵和加工的技术。

纳米电子器件的英文是 nano/scale electronic devices。纳米电子器件在学术文献中的解释是器件和特征尺寸进入纳米范围的电子器件，也称为纳米器件。纳米技术可以使芯片集成度进一步提高，电子元件尺寸、体积缩小，使半导体技术取得突破性进展，大大提高计算机的容量和运行速度，如图 12-1 所示。

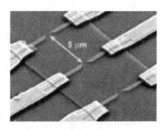

图 12-1　纳米电子器件

2. 纳米器件的典型应用

世上每一个现实存在的物体都是由分子组成的，在理论上，纳米机器可以构建所有的物体。当然从理论到真正实现应用是不能等同的，但纳米机械专家已经表明，实现纳米技术的应用是可行的。

（1）血管纳米"潜水艇"。2009 年 1 月 22 日澳大利亚墨尔本莫纳什大学在鞭毛的启发下研制出了一种微型马达，直径只有¼mm（即 250μs），不到两根头发粗。此马达在实验室已经成功航行于人体血液中，科学家希望它能够进入狭窄的大脑动脉中。未来的血管纳米"潜水艇"如图 12-2 所示。

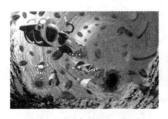

图 12-2　血管纳米"潜水艇"

（2）纳米机器人。在纳米尺度上应用生物学原理，研制的可编程分子机器人，也称纳米机器人。第一代纳米机器人是生物系统和机械系统的有机结合体，这种纳米机器人可注入人体血管内，进行健康检查和疾病治疗。还可以用来进行人体器官的修复工作、做整容手术、从基因中除去有害的 DNA，或把正常的 DNA 安装在基因中，使机体正常运行。第二代纳米机器人是直接从原子或分子装配成具有特定功能的纳米尺度的分子装置，第三代纳米机器人将包含有纳米计算机，是一种可以进行人机对话的装置。这种纳米机器人一旦问世将彻底改变人类的劳动和生活方式，如图 12-3 所示。

图 12-3　纳米机器人

（3）未来战场纳米"小精灵"。由于纳米技术的飞速发展，可控制、可运动的微型机械电子装置正逐渐成为现实。目前，由纳米技术催生的可应用于未来战场的"小精灵"，主要有以下几种。

① 易潜伏的蚂蚁机器兵。这是一种通过声音加以控制的微型机器人，如果让这些蚂蚁机器兵背上微型探测器，就可在敌方敏感军事区内充当不知疲倦的全天候侦察兵，长期潜伏，不断将敌方情报传回控制站。若它再与微型地雷配合使用，还能实施战略打击。如果把这种蚂蚁机器兵事先潜伏在敌方关键设备中，平时相安无事，一旦交战，就可通过指令遥控激活它们，让它们充当杀手，去炸毁或"蚕噬"敌方设备，特别是破坏信息系统和电力设备等基础设施，如图 12-4 所示。

图 12-4　纳米机器蚂蚁

② 易突防的袖珍飞机。这种袖珍飞机长度只有几毫米到几十毫米，甚至连肉眼几乎都看不到。如图 12-5 所示。由于体积太小，它的能量消耗非常低，但活动能力却很强，本领也很大，可以几小时甚至几天不停地在敌方空域飞行，通过机载微传感器将战场信息传回己方指挥所。这一类袖珍侦察机使用非常方便，既可由间谍带入敌国，也可通过其他方式散布，一般雷达根本无法发现它们。对于它们，现有的防空武器则只能望空兴叹。

③ 像种草一样布放"间谍"。利用纳米技术制造微探测器并组网使用，形成分布式战场

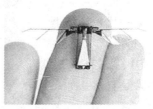

图 12-5　袖珍飞机

传感器网络。这种微探测器由战机、直升机或人员实施布放,就像在敌方军事区内种草一样简单,一经布防即自动进入工作状态,能源源不断地送回情报。这些纳米探测器依赖电子、声音、压力、磁性等传感器,可探测 200m 范围内的人员和装备活动情况,对敏感区实施不间断的连续监视。同时在纳米探测器上还可以安装微型驱动装置,让其具备一定的机动能力。另外,把间谍草传感器网络与战场打击系统连成一体,就可在战场透明化的基础上实施"点穴式"的精确打击。袖珍昆虫如图 12-6 所示。

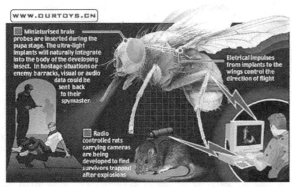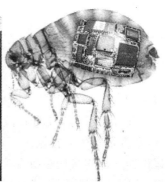

图 12-6　袖珍昆虫

12.2　网络新技术

12.2.1　网格计算

1. 网格计算概述

20 世纪 90 年代初,根据 Internet 上主机大量增加但利用率并不高的状况,美国国家科学基金会(NFS)将其 4 个超级计算中心构筑成一个元计算机,逐渐发展到利用它研究解决具有重大挑战性的并行问题。它提供统一的管理、单一的分配机制和协调应用程序,使任务可以透明地按需要分配到系统内的各种结构的计算机中,包括向量机、标量机、SIMD 和 MIMD 型的各类计算机。NFS 元计算环境主要包括高速的互联通信链路、全局的文件系统、普通用户接口和信息、视频电话系统、支持分布并行的软件系统等。

元计算被定义为"通过网络连接强力计算资源,形成对用户透明的超级计算环境",目前用得较多的术语"网格计算(grid computing)"更系统化地发展了最初元计算的概念,它通过网络连接地理上分布的各类计算机(包括机群)、数据库、各类设备和存储设备等,形成对用户相对透明的虚拟的高性能计算环境,应用包括了分布式计算、高吞吐量计算、协同工程和数据查询等诸多功能。网格计算被定义为一个广域范围的"无缝的集成和协同计算环境"。网格计算模式已经发展为连接和统一各类不同远程资源的一种基础结构。

网格是把整个因特网整合成一台巨大的超级计算机,实现计算资源、存储资源、数据资源、信息资源、知识资源、专家资源的全面共享。当然,网格并不一定非要这么大,我们也可以构造地区性的网格,如中关村科技园区网格、企事业内部网格、局域网网格、甚至家庭网格和个人网格。事实上,网格的根本特征是资源共享而不是它的规模。由于网格是一种新技术,因此具有新技术的两个特征:其一,不同的群体用不同的名词来称谓它;其二,网格的精确含义和内容还没有固定,而是在不断变化。

2.网格的结构

1)网格计算"三要素"

(1)任务管理:用户通过该功能向网格提交任务、为任务指定所需资源、删除任务并监测任务的运行状态。

(2)任务调度:用户提交的任务由该功能按照任务的类型、所需资源、可用资源等情况安排运行日程和策略。

(3)资源管理:确定并监测网格资源状况,收集任务运行时的资源占用数据。

2)Globus 的体系结构

Globus 网格计算协议建立在互联网协议之上,以互联网协议中的通信、路由、名字解析等功能为基础。Globus 的协议分为 5 层:构造层、连接层、资源层、汇集层和应用层。每层都有自己的服务、API 和 SDK,上层协议调用下层协议的服务。网格内全局应用都通过协议提供的服务调用操作系统。Globus 的体系结构如图 12-7 所示。

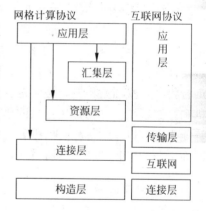

图 12-7 Globus 的体系结构

3.网格计算发展趋势

(1)标准化趋势。就像 Internet 需要依赖 TCP/IP 协议一样,网格也需要依赖标准协议才能共享和互通。目前,包括全球网格论坛(Global Grid Forum,GGF)、对象管理组织(Object Management Group,OMG)、环球网联盟(World Wide Web Consortium,W3C)以及 Globus 项目组在内的诸多团体都试图争夺网格标准的制定权。Globus 项目组在网格协议制定上有很大发言权,因为迄今为止,Globus Toolkit 已经成为事实上的网格标准。

(2)技术融合趋势。在 OGSA 出现之前,已经出现很多种用于分布式计算的技术和产品。在 2002 年 Globus Toolkit 的开发转向了 Web Services 平台,用 OGSA 在网格世界一统天下。OGSA 之后,网格的一切对外功能都以网格服务(Grid Service)来体现,并借助一些现成的、与平台无关的技术,如 XML、SOAP、WSDL、UDDI、WSFL、WSEL 等,来实现这些服务的描述、查找、访问和信息传输等功能。这样,一切平台及所使用技术的异构性都被屏蔽。用户访问网格服务时,根本就无需关心该服务是 CORBA 提供的,还是. Net 提供的。

(3) 大型化趋势。不单美国政府对网格作了巨大投资,公司也不甘示弱。IBM 在 2001年 8 月投入 40 多亿美元进行"网格计算创新计划"(Grid Computing Initiative),全面支持网格计算。英国政府宣布投资 1 亿英镑,用以研发"英国国家网格"(UK National Grid)。除此之外,欧洲还有 DataGrid、UNICORE、MOL 等网格研究项目正在开展。其中,DataGrid涉及欧盟的 20 几个国家,是一种典型的"大科学"应用平台。日本和印度都启动了建设国家网格计划。

12.2.2　云计算

1. 云计算概念

狭义云计算指 IT 基础设施的交付和使用模式,指通过网络以按需、易扩展的方式获得所需资源;广义云计算指服务的交付和使用模式,指通过网络以按需、易扩展的方式获得所需服务。这种服务可以是 IT 和软件、互联网相关服务,也可是其他服务。云计算的核心思想,是将大量用网络连接的计算资源统一管理和调度,构成一个计算资源池向用户按需服务。提供资源的网络被称为"云"。"云"中的资源在使用者看来是可以无限扩展的,并且可以随时获取,按需使用,随时扩展,按使用付费。

云计算是网格计算、分布式计算、并行计算、效用计算、网络存储、虚拟化、负载均衡等传统计算机和网络技术发展融合的产物。事实上,许多云计算部署依赖于计算机集群(但与网格的组成、体系机构、目的、工作方式大相径庭),也吸收了自主计算和效用计算的特点。通过使计算分布在大量的分布式计算机上,而非本地计算机或远程服务器中,企业数据中心的运行将与互联网更相似。这使得企业能够将资源切换到需要的应用上,根据需求访问计算机和存储系统。好比是从古老的单台发电机模式转向了电厂集中供电的模式。它意味着计算能力也可以作为一种商品进行流通,就像煤气、水电一样,取用方便,费用低廉。最大的不同在于,它是通过互联网进行传输的。

2. 云计算服务

云计算可以认为包括以下几个层次的服务:基础设施即服务(IaaS)、平台即服务(PaaS)和软件即服务(SaaS)。云计算服务通常提供通用的通过浏览器访问的在线商业应用,软件和数据可存储在数据中心。

IaaS(Infrastructure as a Service):基础设施即服务。消费者通过 Internet 可以从完善的计算机基础设施获得服务。

PaaS(Platform as a Service):平台即服务。PaaS 实际上是指将软件研发的平台作为一种服务,以 SaaS 的模式提交给用户。因此,PaaS 也是 SaaS 模式的一种应用。但是,PaaS的出现可以加快 SaaS 的发展,尤其是加快 SaaS 应用的开发速度。

SaaS(Software as a Service):软件即服务。它是一种通过 Internet 提供软件的模式,用户无须购买软件,而是向提供商租用基于 Web 的软件,来管理企业经营活动。相对于传统的软件,SaaS 解决方案有明显的优势,包括较低的前期成本、便于维护、可快速展开使用等。

3．云计算体系架构

云计算的三级分层：云软件、云平台、云设备。如图 12-8 所示。

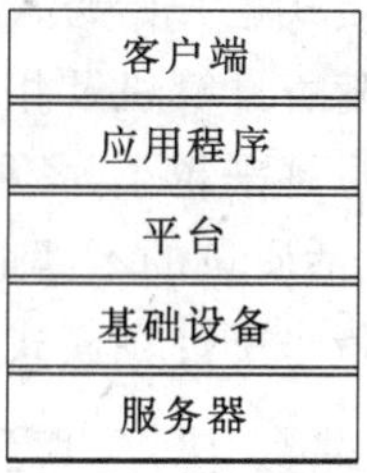

上层分级：云软件 SaaS 打破以往大厂垄断的局面，所有人都可以在上面自由挥洒创意，提供各式各样的软件服务。参与者是世界各地的软件开发者。

中层分级：云平台 PaaS 打造程序开发平台与操作系统平台，让开发人员可以通过网络撰写程序与服务，一般消费者也可以在上面运行程序。参与者是 Google、微软、苹果、Yahoo。

客户端
应用程序
平台
基础设备
服务器

图 12-8 云层次结构

下层分级：云设备 IaaS 将基础设备（如 IT 系统、数据库等）集成起来，像旅馆一样，分隔成不同的房间供企业租用。参与者是英业达、IBM、戴尔、升阳、惠普、亚马逊。

大部分的云计算基础构架是由通过数据中心传送的可信赖的服务和创建在服务器上的不同层次的虚拟化技术组成的。人们可以在任何有提供网络基础设施的地方使用这些服务。"云"通常表现为对所有用户的计算需求的单一访问点。人们通常希望商业化的产品能够满足服务质量（QoS）的要求，并且一般情况下要提供服务水平协议。开放标准对于云计算的发展是至关重要的，并且开源软件已经为众多的云计算实例提供了基础。

"云"的基本概念，是通过网络将庞大的计算处理程序自动分拆成无数个较小的子程序，再由多部服务器所组成的庞大系统搜索、计算分析之后将处理结果回传给用户。通过这项技术，远程的服务供应商可以在数秒之内，达成处理数以千万计甚至亿计的信息，达到和"超级计算机"同样强大性能的网络服务。它可分析 DNA 结构、基因图谱定序、解析癌症细胞等高级计算。例如 Skype 以点对点（P2P）方式来共同组成单一系统，又如 Google 通过 MapReduce 架构将数据拆成小块计算后再重组回来，而且 Big Table 技术完全跳脱一般数据库数据运作方式，以 row 设计存储又完全地配合 Google 自己的文件系统（Google 文件系统），以帮助数据快速穿过"云"。

12.2.3 普适计算

1．普适计算概述

1）计算的历程

纵观计算机技术的发展历史，计算模式经历了第一代的主机（大型机）计算模式和第二代的 PC（桌面）计算模式，即将到来的下一轮计算则为普适计算（Pervasive Computing 或 Ubiquitous Computing）。普适计算是当前计算技术的研究热点，也被称为第三种计算模式。

在主机计算时代，计算机是稀缺的资源，人与计算机的关系是多对一的关系，计算机安装在为数不多的计算中心里，人们必须用生涩的机器语言与计算机打交道。此时，信息空间与我们生活的物理空间是脱节的，计算机的应用也局限于科学计算领域。

20 世纪 80 年代，PC 开始流行，计算模式也随之跨入桌面计算时代。这时，人与计算机的关系演变为一对一的关系。随后，图形用户界面和多媒体技术的发展使计算机使用者的范围从计算机专业人员扩展到其他行业的从业人员和家庭用户,计算机也从计算中心步入办公室和家庭,人们能够方便地获得计算服务。现在,伴随着人类社会进入 21 世纪的脚步,计算模式也开始跨入普适计算时代。

随着计算机及相关技术的发展,通信能力和计算能力的价格正变得越来越低,所占用的体积也越来越小,各种新形态的传感器、计算/联网设备蓬勃发展。同时由于人类对生产效率、生活质量的不懈追求,人们开始希望能随时、随地、无困难地享用计算能力和信息服务,由此带来了计算模式的新变革,这就是计算模式的第三个时代——普适计算时代。

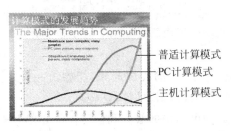

图 12-9　三种计算模式的发展趋势

从图 12-9 中可以看出,主机计算模式经过了一个高峰后,多年来已呈下降趋势;PC 计算模式这几年也开始呈下降趋势,而普适计算模式这些年在呈上升趋势。

在普适计算时代,各种具有计算和联网能力的设备将变得像现在的水、电、纸、笔一样,随手可得,人与计算机的关系将发生革命性的改变,变成一对多、一对数十甚至数百,同时,计算机的受众也将从必须具有一定计算机知识的人员普及到普通百姓。计算机不再局限于桌面,它将被嵌入到我们的工作、生活空间中,变为手持或可穿戴的设备,甚至与我们日常生活中使用的各种器具融合在一起。此时,信息空间将与物理空间融合为一体,这种融合体现在两方面,首先,物理空间中的物体将与信息空间中的对象互相关联,例如,一张挂在墙上的油画将同时带有一个 URL,指向与这幅油画相关的 Web 站点;其次,在操作物理空间中的物体时,可以同时透明地改变相关联的信息空间中对象的状态,反之亦然。

2) 普适计算定义

普适计算是指在普适环境下使人们能够使用任意设备、通过任意网络、在任意时间获得一定质量的网络服务的技术。

普适计算的含义十分广泛,所涉及的技术包括移动通信技术、小型计算设备制造技术、小型计算设备上的操作系统技术及软件技术等。

间断连接与轻量计算(即计算资源相对有限)是普适计算最重要的两个特征。普适计算的软件技术就是要实现在这种环境下的事务和数据处理。

在信息时代,普适计算可以降低设备使用的复杂程度,使人们的生活更轻松、更有效率。实际上,普适计算是网络计算的自然延伸,它使得不仅个人电脑,而且其他小巧的智能设备也可以连接到网络中,从而方便人们即时地获得信息并采取行动。

普适计算是在网络技术和移动计算的基础上发展起来的,其重点在于提供面向客户的、统一的、自适应的网络服务。普适环境主要包括网络、设备和服务。网络环境包括 Internet、移动网络、电话网、电视网和各种无线网络等。普适计算设备更是多种多样,包括计算机、手机、汽车、家电等能够通过任意网络上网的设备;服务内容包括计算、管理、控制、资源浏览等,如图 12-10 所示。

实现普适计算的目标需要以下关键技术:场景识别、资源组织、人机接口、设备无关性技术、设备自适应技术等。

普适计算具有以下环境特点:在任何时间、任何地点、以任何方式提供方便服务,用不

图 12-10　普适计算系统

同的网络(不同协议、不同带宽)和不同的设备(屏幕、平台、资源)、为不同偏好的人服务。

2. 普适计算的发展历史

被称为普适计算之父的是施乐公司 PALOATO 研究中心的首席技术官 Mark Weiser，他最早在 1991 年提出：21 世纪的计算将是一种无所不在的计算(Ubiquitous Computing)模式。

1999 年，IBM 提出普适计算(又叫普及计算)的概念。目前，IBM 已将普适计算确定为电子商务之后的又一重大发展战略，并开始了端到端解决方案的技术研发。IBM 认为，实现普适计算的基本条件是计算设备越来越小，方便人们随时随地佩带和使用。在计算设备无时不在、无所不在的条件下，普适计算才有可能实现。从 1999 年开始的 Ubicomp 国际会议、2000 年开始的 Pervasive Computing 国际会议，到 2002 年 IEEE Pervasive Computing 期刊的创刊，学术界开始研究普适计算。

早在 20 世纪 90 年代中期，作为普适计算研究的发源地，Xerox Parc 研究室的科学家就曾预言普适计算设备(智能手机、PDA 等)的销量将在 2003 年前后超过代表桌面计算模式的 PC，这一点已经得到了验证。据 IDC 统计，2001 年美国和西欧的 PC 销量已经开始进入平稳期，甚至开始下滑，而在同期，手机、PDA 的销量却大幅度攀升，在很多国家，手机的拥有量已经超过了 PC。

3. 普适计算的技术

简单地对桌面计算模式下的理论和技术进行线性扩展已经不能满足普适计算模式的要求，必须建立一整套与之相适应的计算理论和技术，包括硬件、网络、中间件、人机交互、应用软件等。通过国际上各研究团体几年的探索，普适计算模式中一些关键性的研究课题已经逐渐明确，包括以下几个方面。

(1) 开发针对普适计算的软件平台和中间件。在普适计算时代，人们关注的是如何让多个计算实体(进程或设备)互相协作，共同为人类提供服务。屏蔽计算任务是由哪个计算实体具体执行的细节而展现出一个统一的服务界面，这是支持普适计算的软件平台和中间件研究要完成的任务。具体来说，这方面的研究内容包括：服务的描述、发现和组织机制、计算实体间通信和协作的模型、开发接口等。

(2) 建立新型的人与计算服务的交互通道。在普适计算时代，人与计算服务的交互通道将变得更加多样化、透明和无处不在。例如，"可穿戴计算"提出把计算设备和交互设备穿戴在身上，如此一来，人们就可以随时随地获得计算和信息服务，这对于在各种复杂和未知环境中工作的人来说是十分有用的。而信息设备的研究则通过在日常生活中的各种器具中嵌入与其用途相适应的计算和感知能力，使人们在使用这些器具时可以直接获得计算服务，而不必依赖桌面计算机。交互空间的研究则试图把计算和感知能力嵌入人们的生活和工作环境中，使人可以不必离开工作和生活的现场，也不必佩带任何辅助设备就可以通过自然的方式(如语音、手势等)获取计算服务，同时环境也可以主动地观察用户、推断其意图而提供合适的服务，这就是所谓的"伺候式服务"。

(3) 建立面向普适计算模式的新型应用模型。当一个人需要面对多个计算实体的时候，人的注意力就成为最重要的资源。在这种情况下，如果各种应用还是延续桌面计算下的模型，这些应用模块的启动、连接、配置、基于 GUI 的对话本身等就会耗费大量的注意力资源，从而降低人的工作效率。所以我们必须建立新的、关注人的注意力资源的应用模型。为此，研究者们提出了感知上下文(Context -Awareness)的计算、无缝移动(Seamless Mobility)等概念。在普适计算模式下，无处不在的传感器和感知模块完全可以提供这些上下文信息，而支持普适计算的软件平台也使得这些信息的发布和获取变得十分容易，这就为开发感知上下文的应用提供了可能。该领域的研究课题包括上下文的表示、综合、查询机制以及相应的编程模型。无缝移动重点关注的是如何使人在移动中可以透明、连续地获得计算服务，而无须频繁地配置系统。普适计算的基础设施为此提供了一个很好的基础，例如，用户手持设备可以通过与用户所处的交互空间的交互获得该空间中可以使用的服务列表以及用户的移动位置等信息。

(4) 提供适合普适计算时代需求的新型服务。在普适计算时代，由于计算资源、网络连接和人与计算服务的交互通道变得无所不在，因此我们可以提出一些在桌面计算时代无法实现的新型服务。例如，有人提出了"移动会议(Mobile Meeting)"的概念，即一个项目组的讨论可以不局限于一个固定的地方，而是可以通过各种手持设备或交互空间来随时随地地举行。还有人提出了"灵感捕捉"概念，即我们可以随时随地把脑海中闪现的灵感火花或经历的事件(如一堂课、一次会议)快速和方便地记录下来，并在以后根据时间、地点、参加者和场景等上下文线索进行快速检索。此外还有"普遍交互"概念，即所有家电的控制都可以通过基于 Web 的界面来完成，这样人们就可以随时随地对家里的设备进行操作了。

12.3 软件开发新技术

12.3.1 遗传程序设计

遗传程序设计是学习和借鉴大自然的演化规律、特别是生物的演化规律来解决各种计算问题的自动程序设计的方法学。

1992 年，美国 Stanford 大学的 J. Koza 出版了专著《遗传程序设计(Genetic Programming：On the Programming of Computers by Means of Natural Selection)》，介绍用自然选择的方法进行计算机程序设计。1994 年，他又出版了《遗传程序设计(二)：可重用程序的自动发

现》(Genetic Programming Ⅱ：Automatic Discovery of Reusable Programs)，开创了用遗传算法实现程序设计自动化的新局面，为程序设计自动化带来了一线曙光。遗传程序设计已引起计算机科学与技术界的关注，并有许多应用。

1985 年由 Cramer 首次提出，1992 由 Koza 教授将其完善发展。GP 是一种全局性概率搜索算法，它的目标是根据问题的概括性描述自动产生解决该问题的计算机程序。GP 吸取了遗传算法(GA)的思想和达尔文自然选择法则，将 GA 的线性定长染色体结构改变为递归的非定长结构。这使得 GP 比 GA 更加强大，应用领域更广。

Koza 选择 Lisp 作为 GP 的程序设计语言。有了程序结构的概念，在前文介绍的演化算法的基础上，即可讨论自动程序设计(Automatic Programming，AP)。可以用下面的公式来概括自动程序设计的思想：EA＋PS＝AP(演化算法＋程序结构＝自动程序设计)。

Holland 的标准遗传算法中的遗传群体是由一些二进制字符串组成的；而 GP 或 AP 的遗传群体是由一些计算机程序组成的，即由 PS 的元素形成的程序树组成。AP 从以程序结构的元素随机地构成计算机程序的原生软体开始，应用畜牧学原理繁殖一个新的(常常是改进了的)计算机程序群体。这种繁殖应用达尔文的"适者生存、不适者淘汰"的原理，以一种与领域无关的方式(演化算法)进行，即模拟大自然中的遗传操作——复制、杂交与变异。杂交运算用来创造有效的子代程序(由程序结构的元素组成)；变异运算用来创造新的程序，并防止过早收敛。所以，AP 就是把程序结构的高级语言符号表示与智能算法(一种以适应性驱动的、具有自适应、自组织、自学习与自优化特征的高效随机搜索算法)结合起来，即 AP＝EA＋PS。一个求解(或近似求解)给定问题的计算机程序往往就从这个过程中产生。

12.3.2　基因编程

本书的作者在《软件演化过程与进化论》专著(清华大学出版社，2009 年 1 月)中就如何进行软件基因编程进行了阐述。

1. 软件基因/组的定义

软件基因(Software Gene)，也称为软件遗传因子，是指携带有软件遗传信息的一条序列串，由 0 和 1 组成，是遗传物质的最小功能单位。0 和 1 的不同排列组合决定了软件基因的功能。每一个软件基因是一个指令集合，用以编码软件的程序。基因中的指令可以明确地告诉软件开发工具和程序员如何设计程序。

软件基因组就是由所有的软件基因构成的一个长长的序列串，也是由 0 和 1 组成。软件基因组由三个部分组成，它们是基因组头、基因组体和基因组尾。

2. 软件中心法则

软件开发的过程就是需求分析到设计(概要设计和详细设计)，再到编码的过程。也相当于把软件基因组转换成为软件程序代码的过程。这一过程与生物的中心法则相似，即把 DNA 转换成 RNA，再转换成蛋白质。如图 12-11 所示。"软件中心法则"(Software Central Dogma)是指将软件需求转化为软件设计的模块，再将其转化为执行程序的过程。

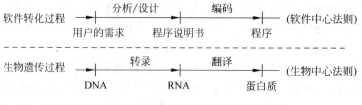

图 12-11　软件中心法则与生物中心法则

3. 转化的步骤

软件开发的过程就是需求分析到软件设计,再到编码的过程。如图 12-12 所示。

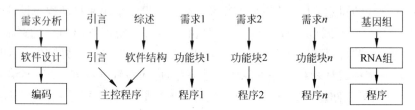

图 12-12　软件开发过程

4. 具体转化过程

1) 需求分析与基因提取

设用户需求可以表示为集合的形式,如图 12-13(1)所示。实际上,需求分析的过程,就是软件基因提取的过程。根据软件需求规格说明书标准,在软件基因提取的过程中,即需求分析过程中,将用户需求逐一划分,得到用户的各种需求及彼此的关系。如图 12-13(2)所示。由此可以得到软件基因组和软件基因。软件基因就是 $X_i(i=1,2,\cdots,n)$,它是用户的 n 个功能需求。X_0 是基因之间的关系,也是基因组的头,$X_i(i=1,2,\cdots,n)$ 和 X_0 共同构成了基因组。

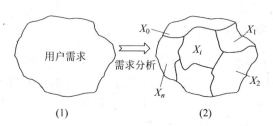

(1)　　　　　　　　　(2)

图 12-13　用户需求分析及基因提取

2) 软件设计

软件设计的任务有两个,一个概要设计,一个是详细设计。

(1) 概要设计,就是要将 X_0 转化为软件的总体结构,还要进行内外接口设计和运行组合/控制设计。如图 12-14 所示。

(2) 详细设计,就是要将每一个 $X_i(i=1,2,\cdots,n)$ 转化为每一个程序的具体设计 $G_i(i=1,2,\cdots,n)$。它包括每一个程序的输入/输出,算法,存储等设计。如图 12-15 所示。

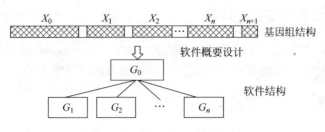

图 12-14 基因组转化成软件结构

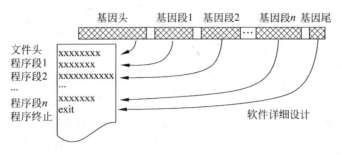

图 12-15 转化成程序

3）编码实现

软件编码实现的任务有两个，一个是每一个程序的编码，另一个是整个软件的测试组装。

（1）每一个程序的编码，将每一个程序设计结果 $G_i(i=1,2,\cdots,n)$ 转化为执行文件 $Y_i(i=1,2,\cdots,n)$，如图 12-16 所示。

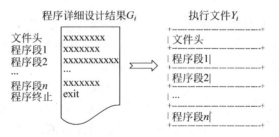

图 12-16 程序详细设计结果转化成执行文件

（2）整个软件的测试组装，就是将所有的程序 $Y_i(i=1,2,\cdots,n)$，根据软件的总体结构、内外接口设计和运行组合/控制等组装成最后的软件产品结果，如图 12-17 所示。

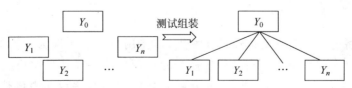

图 12-17 软件结构转化为软件产品

12.3.3　软件开发工具酶

酶(Enzyme)是由细胞产生的具有催化能力的蛋白质(protein),这些酶大部分位于细胞体内,部分分泌到体外。酶的催化特点是具有催化能力和调节能力。

1. 软件工具酶

本书作者在《软件演化过程与进化论》专著(清华大学出版社,2009年1月)中就软件工具酶进行了阐述。

定义:软件工具酶(Software Tool Enzyme,STE)是在软件开发过程中辅助开发人员开发软件的工具。

(1) 软件工具酶的作用(Function)。软件开发工具酶作为催化剂(Catalyst),可使用户需求转化为程序的过程加快。这一点很多搞过软件开发的人都有体会。与生物酶一样,软件工具酶作为催化剂时,它只辅助需求到程序的转换,而且参与其活动,但是,它不会变成为被开发软件的一部分,而且软件"酶"可以被反复使用。软件开发工具酶作为粘合剂(Adhesive),可以把底物分开,也可把碎片连接起来。这就是酶切和酶连接。比如,在结构设计中,需求分析工具可以把需求整体分成块。"软件工厂"平台也能把组件组装成软件。

(2) 软件工具酶的作用机理。实际上,软件工具酶是通过其活性中心先与底物形成一个中间复合物(Compound),随后再分解成产物,酶被分解出来。酶的活性部位在其与底物结合的边界区域。软件工具酶结合底物,形成酶——底物复合物。酶活性部位与底物结合,转变为过渡态,生成产物,然后释放。随后软件工具酶与另一底物结合,开始它的又一次循环。

(3) 软件工具酶也具有催化能力和调节能力。

① 催化(catalysis)能力:我们曾做过一个实验,对比软件工具酶加快反应速度。使用课件自动生成酶与没有使用软件工具酶编制课件,所用的时间比是480。当时,用PowerPoint编制"系统分析与设计"课程的课件时,耗时约40h,而使用我们开发的"课件自动生成系统",自动生成课件耗时约5min,所用的时间比是480。这说明,软件工具酶的催化作用是非常大的。该实验只是从一个侧面反映了软件工具酶加速催化能力。

② 调节性(adjustment):软件开发是一个有序性的工作,其中,软件项目管理工具的调节和控制功不可没,它在其中担当起了较强的控制调节作用。软件工具酶活性的调节控制方式有增加软件工具酶的品种和数量(浓度)的调节、利用管理软件的反馈调节等。

2. 中心法则与酶

软件工具酶的中心任务就是辅助开发人员,将用户需求转换为计算机可以运行的程序。软件开发就是将用户需求正确地转换为软件程序。一般地说,软件开发需要经过三次转化过程,一是用户需求的获取,二是从用户的需求到程序说明书的信息转化,三是从程序说明书到程序的信息转化。这就是软件转换法则(Software Transportation Dogma),如图12-18所示。

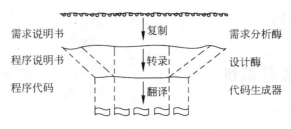

图 12-18　需求到程序的转化

3. 未来软件开发模式

(1)"近未来"软件开发模式。如今的软件开发模式还是从用户需求,通过需求分析工具到设计说明书,再通过编程工具到高级语言程序代码。如图 12-19 所示。这一开发模式经历了从手工到自动化的过程,而且,这种方式还要持续一段时间。

图 12-19　"近未来"软件开发模式

(2)"中远未来"软件开发模式。在不远的将来,由于读写大脑技术的成熟,下载大脑数据变得十分便捷,软件开发模式将是:直接从大脑中读出二进制代码用户需求,通过需求转化工具酶,给出转化方案,再通过二进制代码生成酶,将大脑中读出二进制代码用户需求转化为可执行的二进制机器码,如图 12-20 所示。

图 12-20　"中远未来"软件开发模式

(3)"远未来"软件开发模式。在更远的将来,人们考虑的将不再是如何开发软件,而是关心如何将大脑的思维体系移植到计算机或更高级的人工物中存活,因为那时的大脑思维的介质载体已经不能满足人类思维的需求。解决这一问题的方法将是:直接读取大脑的思维体系,然后,制定向人工物"移植"的方案,再通过移植工具酶,将大脑思维体系移植到更高智能结构的人工物中。与现在不同,那时的工作重点和难点是移植到新寄生物后如何不出现抗排斥反应的处理。而现在我们似乎更关心人类思维需求是否被满足的困难,如图 12-21 所示。

图 12-21　"远未来"软件开发模式

12.4　生物计算

12.4.1　生物计算机

1．生物计算机概念

早在20世纪70年代，人们就发现DNA处于不同状态时可以代表"有信息"或"无信息"。于是，科学家设想：假若有机物的分子也具有这种"开"和"关"的功能，那岂不可以把它们作为计算机的基本构件，从而造出"有机物计算机"吗？

科学家发现，一些半醌类有机化合物存在两种电态，即具备"开"、"关"功能，并且还进一步发现，蛋白质分子中的氢也有两种电态。因此，一个蛋白质分子就是一个"开关电路"。从理论上说，只要是用半醌类有机化合物的分子或蛋白质的分子作元件，就能制造出"半醌型"或"蛋白质型"的计算机。由于有机物分子总是存在于生物体内，所以人们把这种有机物计算机称作"生物计算机"或"分子计算机"。

生物计算机，主要是以生物电子元件构建的计算机。它利用蛋白质有开关特性，用蛋白质分子作元件从而制成的生物芯片。其性能是由元件与元件之间电流启闭的开关速度来决定的。用蛋白质制成的计算机芯片，它的一个存储点只有一个分子大小，所以它的存储容量可以达到普通计算机的10亿倍。由蛋白质构成的集成电路，其大小只相当于硅片集成电路的10万分之一。而且运行速度更快，只有10^{-11}s，大大超过人脑的思维速度。

DNA计算机。科学家研究发现，脱氧核糖核酸（DNA）有一种特性，能够携带生物体的大量基因物质。数学家、生物学家、化学家以及计算机专家从中得到启迪，正在合作研究制造未来的液体DNA电脑。这种DNA电脑的工作原理是以瞬间发生的化学反应为基础，通过和酶的相互作用，将发生过程进行分子编码，把二进制数翻译成遗传密码的片段，每一个片段就是著名的双螺旋的一个链，然后对问题以新的DNA编码形式加以解答。和普通的电脑相比，DNA电脑的优点首先是体积小，但存储的信息量却超过现在世界上所有的计算机。

2．生物计算机的优点

由有机物分子作为开关元件而构成的生物计算机，具有以下优点。

（1）密集度高。由于DNA生物电子元件比硅芯片上的电子元件要小很多，而且生物芯片本身具有天然独特的立体化结构，其密度要比平面型硅集成电路高5个数量级，因此具有巨大的存储能力。如体积为$1m^3$的液体生物计算机，存储的信息比世界上所有计算机存储的信息总和还要多，而分子集成电路的密集度可以达到现有半导体超大规模集成电路的10万倍。

（2）速度快。分子逻辑元件的开关速度比目前的硅半导体逻辑元件开关速度高出1000倍以上。如果让几万亿个DNA分子在某种酶的作用下进行化学反应，就能使生物计算机同时运行几十亿次，这就意味着运算速度要比当今最新一代超级计算机快10万倍，能量消耗仅相当于普通计算机的10亿分之一。

（3）可靠性高。由生物分子构成的分子集成电路（生物芯片）也同一般的生物体一样，具有"自我修复"机能，也就是说，即便这种芯片出了点故障也无关大局，它能够慢慢地自动恢复过来，达到自我修复的目的。所以，生物计算机的可靠性非常高，经久耐用，具有"半永久性"。这对于目前的电子计算机来说，简直是一件不可思议的事情。

（4）拟人性。生物计算机的主要原材料是生物工程技术产生的蛋白质分子，生物计算机具有生物活性，能够和人体的组织有机地结合起来，尤其是能够与大脑和神经系统相连。这样，生物计算机就可直接接受大脑的综合指挥，成为人脑的辅助装置或扩充部分，并能由人体细胞吸收营养补充能量，因而不需要外界能源。它将成为能植入人体内，能帮助人类学习、思考、创造、发明的最理想的伙伴。另外，由于生物芯片内流动电子间碰撞的可能性极小，几乎不存在电阻，所以生物计算机的能耗极小。由于蛋白质分子能够自我组合，再生新的微型电路，使得生物计算机具有生物体的一些特点，比如能模仿人脑的思考机制。

12.4.2　生物信息学

1．生物信息学概述

生物信息学领域的核心内容是研究如何通过对 DNA 序列的统计计算分析，更加深入地理解 DNA 序列、结构、演化及其与生物功能之间的关系。

从广义的角度说，生物信息学主要从事对基因组研究相关生物信息的获取、加工、储存、分配、分析和解释。它包括了两层含义，一是对海量数据的收集、存储、整理与服务；另一个是从中发现新的规律。

生物信息学是把基因组 DNA 序列信息分析作为源头，找到基因组序列中代表蛋白质和 RNA 基因的编码区；同时，阐明基因组中大量存在的非编码区的信息实质，破译隐藏在 DNA 序列中的遗传语文规律；在此基础上，归纳、整理与基因组遗传语文信息释放及其调控相关的转录谱和蛋白质谱的数据，从而认识代谢、发育、分化、进化的规律。生物信息学的对象和目标如图 12-22 所示。

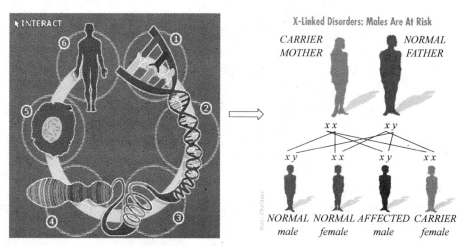

图 12-22　生物信息学的对象和目标

2．生物信息学发展历史

1）产生的背景

1866 年孟德尔从实验上提出了假设：基因是以生物成分存在的。1871 年 Miescher 从死的白细胞核中分离出 DNA，1944 年 Avery 和 McCarty 证明了 DNA 是生命器官的遗传物质。1944 年 Chargaff 发现了著名的 Chargaff 规律，即 DNA 中鸟嘌呤的量与胞嘧啶的量总是相等的，腺嘌呤与胸腺嘧啶的量也相等。与此同时，Wilkins 与 Franklin 用 X 射线衍射技术测定了 DNA 纤维的结构。1953 年 James Watson 和 Francis Crick 在 Nature 杂志上推测出了 DNA 的三维结构（双螺旋）。如图 12-23 所示。Crick 于 1954 年提出了遗传信息传递的规律，中心法则（Central dogma）。

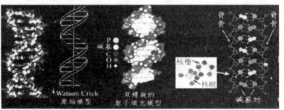

图 12-23　DNA 双螺旋

2001 年 2 月，人类基因组工程测序的完成，使生物信息学走向了一个高潮。2003 年 4 月 14 日，美国人类基因组研究项目首席科学家 Collins F 博士在华盛顿隆重宣布"人类基因组序列图绘制成功，人类基因组计划（Human Genome Project，HGP）的所有目标全部实现"并识别了大约 32000 个基因，并提供了 4 类图谱，即遗传、物理、序列、转录序列图谱。这标志着人类基因组计划胜利完成和"后基因组时代"已来临。人类基因组序列图如图 12-24 所示。

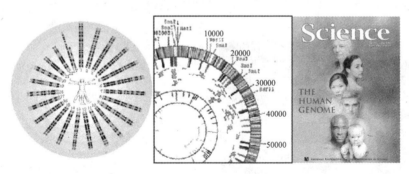

图 12-24　人类基因组

2）生物信息学发展阶段

生物信息学的发展过程与基因组学研究密切相关，大致可分为三个阶段，即前基因组时代、基因组时代、后基因组时代。

（1）前基因组时代。介于 20 世纪 50 年代末至 80 年代末，这一时期也是早期生物信息学研究方法逐步形成的阶段。

（2）基因组时代。介于 20 世纪 80 年代末至 2003 年的 HGP 顺利完成，这时生物信息学真正兴起并形成了一门多学科的交叉、边缘学科。

（3）后基因组时代。自 2003 年 HGP 完成开始。

12.4.3　生物芯片

1. 生物芯片定义

生物芯片（Biochip）技术通过微加工和微电子技术在芯片表面构建微型生物化学分析系统，实现了对生命机体的组织、细胞、蛋白质、核酸、糖类及其他生物组分进行准确、快速、大信息量的检测，如图 12-25 所示。

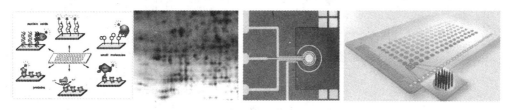

图 12-25　生物芯片

2. 生物芯片的分类

生物芯片主要类型包括基因芯片（gene-chip）、蛋白质芯片（protein-chip）、组织芯片（tissue-chip）和芯片实验室（lab-on-chip）等。

1）基因芯片

基因芯片，又称为寡核苷酸探针微阵列，是基于核酸探针互补杂交技术原理而研制的。所谓核酸探针只是一段人工合成的碱基序列，在探针上连接上一些可检测的物质，根据碱基互补的原理，利用基因探针到基因混合物中识别特定基因，如图 12-26 所示。

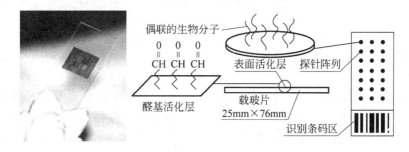

图 12-26　基因芯片

2）蛋白质芯片

蛋白质芯片与基因芯片的原理类似，它是将大量预先设计的蛋白质分子（如抗原或抗体等）或检测探针固定在芯片上组成密集的阵列，利用抗原与抗体、受体与配体、蛋白与其他分子的相互作用进行检测，如图 12-27 所示。

3）组织芯片

组织芯片技术是一种不同于基因芯片和蛋白芯片的新型生物芯片。它是将许多不同个

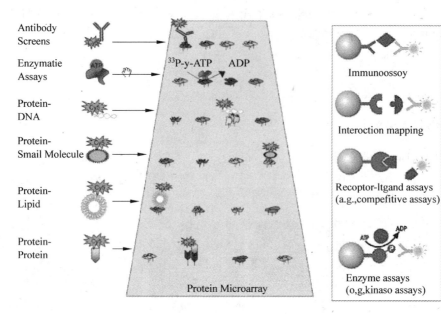

图 12-27　蛋白质芯片

体小组织整齐地排布于一张载玻片上而制成的微缩组织切片,从而进行同一指标(基因、蛋白)的原位组织学的研究,如图 12-28 所示。

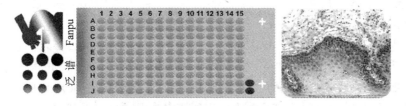

图 12-28　组织芯片

4) 芯片实验室

芯片实验室是将生命科学研究中所涉及的许多不连续的分析过程(如样品制备、基因扩增、核酸标记及检测等)融为一体,形成便携式微型生物全分析系统。它的最终目的是实现将生物分析的全过程集成在一片芯片上完成,从而使现时许多烦琐、不精确和难以重复的生物分析过程自动化、连续化和微缩化,所以芯片实验室是未来生物芯片发展的最终目标。芯片实验室将生命科学中的样品制备、生化反应、结果检测和数据处理的全过程,集中在一个芯片上进行,构成微型全分析系统,即芯片实验室,如图 12-29 所示。

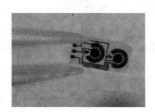

图 12-29　芯片实验室

3. 生物芯片技术的应用

生物芯片技术已经在生物学、医学和食品科学等领域取得了丰硕的成果。生物芯片技术的开发与运用还将在农业、环保、司法鉴定、军事中的基因武器等广泛的领域中开辟一条全新的道路。下面重点展望生物芯片技术在中药研究领域的应用前景。

(1) 生物芯片在基因结构与功能研究上的应用：基因测序与基因表达分析，基因突变和多态性检测。如图 12-30(a)所示。

(2) 生物芯片在食品科学上的应用：转基因食品的检测、食品中微生物的检测和食品卫生检验。如图 12-30(b)所示。

(3) 生物芯片在医学中的应用：在疾病诊断中的应用和生物芯片在疫苗研制中的应用。如图 12-30(c)所示。

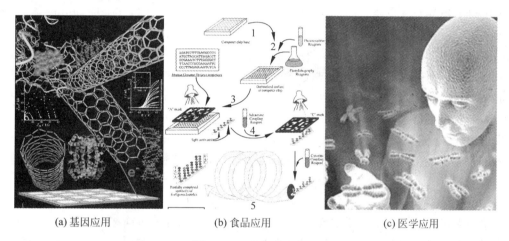

(a) 基因应用   (b) 食品应用   (c) 医学应用

图 12-30 生物芯片应用

(4) 生物芯片在中药研究中的展望：筛选有效的中药复方、筛选药物的有效成份、中药安全性的检测、中药材品质的鉴定。

12.4.4 人工免疫

1. 人体免疫系统防御

免疫系统就像一支军队一样，里面有陆军、海军、空军，一旦有敌人入侵，免疫系统就会起来抵抗。

第一线防御系统：皮肤及黏膜组织是抵抗病原的第一防线。健康的皮肤及其表面所分布的汗腺、皮脂腺是可以保护身体不被外在的污染原所感染侵犯。

第二道主动防御机转：假如当入侵物超越了第一线防御系统，吞噬性的细胞(如单核球或巨噬细胞)就会把入侵物吞噬，将之内化并与溶小体配合将之摧毁，而当入侵者极强悍，单核球或巨噬细胞无法将其制服时，此时巨噬细胞就会发出讯息给 T-cell 及 β-cell，而后 T-cell 就会帮助 β-cell 产生抗体，而抗体是具有"专一性"及"记忆性"的。抗体接着就可以产生一些物质与补体合作使病菌破裂而寿终正寝；或者是当抗体依附在病原菌表面时，结合补体,使入侵者活动力减弱,此时巨噬细胞也就更容易将其吞噬。

一旦这两道防御线无法遏阻入侵者,病原就开始在身体组织及血液内繁殖了。虽然免疫系统无法完全成功地阻止病原入侵,但并不表示免疫细胞们就完全放弃了,此时免疫细胞仍以全身继发性的淋巴器官为据点在体内不断反击。

2. 人工免疫系统

20 世纪 80 年代,Farmer 等人率先基于免疫网络学说给出了免疫系统的动态模型,并探讨了免疫系统与其他人工智能方法的联系,开始了人工免疫系统的研究。直到 1996 年 12 月,在日本首次举行了基于免疫性系统的国际专题讨论会,首次提出了"人工免疫系统"(AIS)的概念。随后,人工免疫系统进入了兴盛发展时期,D. Dasgupta 和焦李成等认为人工免疫系统已经成为人工智能领域的理论和应用研究热点。1997 和 1998 年 IEEE 国际会议还组织了相关专题讨论,并成立了"人工免疫系统及应用分会"。D. Dasgupta 系统分析了人工免疫系统和人工神经网络的异同。

由于免疫系统本身的复杂性,有关算法机理的描述还不多见,相关算子还比较少。Castro L. D.、Kim J.、杜海峰、焦李成等基于抗体克隆选择机理相继提出了克隆选择算法。Nohara 等基于抗体单元的功能提出了一种非网络的人工免疫系统模型。而两个比较有影响的人工免疫网络模型是 Timmis 等基于人工识别球(Artificial Recognition Ball),AR 概念提出的资源受限人工免疫系统(Resource Limited Artificial Immune System,RLAIS)和 Leandro 等模拟免疫网络响应抗原刺激过程提出的 aiNet 算法。

3. 人工免疫的网络安全研究

基于人工免疫的网络安全研究内容主要包括反病毒和抗入侵两个方面。针对反病毒和抗入侵等网络安全问题,国内外研究人员也设计了大量的算法、模型和原型系统。较有代表性的两个工作:一是 IBM 公司的研究人员 J. O. Kephart 等人提出的用于反病毒的计算机免疫系统,二是 S. Forrest 等人提出的可用于反病毒和抗入侵两个方面的非选择算法。

(1) J. O. Kephart 等人提出的计算机免疫系统。通过模拟生物免疫系统的各个功能部件以及对外来抗原的识别、分析和清除过程,IBM 公司的 J. O. Kephart 等研究人员设计了一种计算机免疫模型和系统,用于计算机病毒的识别和清除。该免疫反病毒模型是一个初步完整的免疫反病毒模型。该原型系统是一个病毒自动分析系统。

(2) 非选择算法。S. Forrest 等人在分析 T 细胞产生和作用机制的基础上,提出了一个非选择算法。T 细胞在成熟过程中必须经过阴性选择,使得可导致自身免疫反应的 T 细胞克隆死亡并被清除,这样,成熟的 T 细胞将不会识别"自我",而与成熟 T 细胞匹配的抗原性异物则被识别并清除。

4. 人工免疫系统的应用

虽然人工免疫系统是新兴的研究领域,但基于免疫系统原理开发的各种模型和算法已广泛地用于科学研究和工程实践中,主要应用集中在以下几个方面:模式识别、信息安全、异常检测与故障诊断、数据挖掘、智能控制、优化计算、机器人学等。

12.4.5　人工生命

1. 人工生命定义

人工生命是指用计算机和精密机械等生成或构造表现自然生命系统行为特点的仿真系统或模型系统。自然生命系统的行为特点表现为自组织、自修复、自复制的基本性质，以及形成这些性质的混沌动力学、环境适应和进化。

中国青年学者涂晓媛在 1996 年获美国计算学会 ACM 最佳博士论文奖，她的论文题目是"人工动物的计算机动画"。涂晓媛的"人工鱼"（artificial fish）被英语国家通用的数学教科书引用，被许多西方国家的学术刊物广泛介绍。涂晓媛研究开发的"人工鱼"是基于生物物理和智能行为模型的计算机动画新技术，是在虚拟海洋中活动的人工鱼社会群体。她开发的"人工鱼"不同于一般的计算机"动画鱼"之处在于："人工鱼"具有"人工生命"的特征，具有"自然鱼"的某些生命特征，如意图、习性、感知、动作、行为等。涂晓媛的"人工鱼"是由工程技术路径研究开发的"人工生命"，是基于生物物理和智能行为模型的，用计算机动画技术在屏幕上画出来的"人工鱼"，是具有自然鱼生命特征的计算机动画，如图 12-31 所示。

当前构建人工生命的途径主要有如下三类。

（1）第一类是通过软件的形式，即用编程的方法建造人工生命。由于这类人工生命主要在计算机内活动，其行为主要通过计算机屏幕表现出来，所以它们被称为虚拟人工生命或数字人工生命。大家熟悉的计算机病毒就是一种较为低等的数字人工生命。

图 12-31　涂晓媛的"人工鱼"

（2）第二类是通过硬件的形式，即通过电线、硅片、金属板、塑料等各种硬件的方法在现实环境中建造类似动物或人类的人工生命。它们被称为"现实的人工生命"或"机器人版本的人工生命"。机器人是这类人工生命的代表。

（3）第三类是通过"湿件"的方式，即在试管中通过生物化学或遗传工程的方法合成或创造人工的生命。不过这种方法在目前并不能从头开始，即完全从无生命物质开始合成生命，而只能对现有的生命进行改造创造人工生命，比如克隆羊就是如此。因为这种工作基本运用的仍然是传统的生物学的方法，所以，作为一个新的研究领域的人工生命目前还属于计算机科学的一个分支，主要由一些计算机专家在进行研究。

2. 人工生命的发展历史

20 世纪初，逻辑在算术机械运算中的运用，导致过程的抽象形式化。

20 世纪 40 年代末，50 年代初，冯·诺伊曼提出了机器自增长的可能性理论。以计算机为工具，迎来了信息科学的发展。

20 世纪 70 年代以来，科拉德（Conrad）和他的同事研究人工仿生系统中的自适应、进化和群体动力学，提出了不断完善的"人工世界"模型。

20 世纪 80 年代，人工神经网络又兴起，出现了许多神经网络模型和学习算法。与此同时，人工生命的研究也逐渐兴起。1987年召开了第一届国际人工生命会议。

自从1987年兰顿提出人工生命的概念以来，人工生命研究已走过了十多年的历程。人工生命的独立研究领域的地位已被国际学术界所承认。

12.4.6 大脑思维下载与上载

从古到今，永生是人类一直追求的梦想，然而，思想的永恒与肉体的死亡却是一对不可调和的矛盾。人是灵与肉的天然混合体，离开了思想和智能，人如同"行尸走肉"。离开了肉体，人的思想则不能正常工作。人类生命的有限性决定了它承载的思想不能长久，于是，人类一直试图把自己的思想从大脑中输出来。输出个人思想和智能的方式很多，比如，撰写书籍和论文，录制声音和影像等，但这种形式的智能只能保存，不能"存活"，因此人们还是认为自己的生命没有得到"永生"。

尽管人类已成功将部分智能转移至计算机或网络中"养活"起来，比如，将人的思维编制成计算机程序，再如，将专家的知识转换为专家系统，但是，到目前为止这种人类智能的移植还是非常有限的。个人全部智能的提取，并在其他载体中"养活"依然是非常困难的事。人体作为一种智能的载体，它有很大的局限性。比如记忆力、思维快慢、困难问题的解决等，人脑智能因此受到限制。

灵与肉的分离，并寄生于新的载体是解决这一问题的思路之一。如果能将人的思维从其身体中"提取"出来，移植到另外一种介质或载体中，使之"存活"并演化，那是一件非常有意义的工作。

1. 大脑思维下载

2005年英国未来学家伊恩·皮尔森(Ian Pearson)预言：计算机技术将帮助人类实现"灵魂"不死。45年后，思维可以脱离大脑存在。大脑的内容可以"下载"到计算机硬盘中保存。虚拟空间将成为人类未来的栖身地。人的思想可以在计算机中永生。

近年，读大脑的研究工作已经取得了不少成果。据2007年2月12日英国《卫报》报道，由英国伦敦学院大学、牛津大学和德国研究机构的神经科学家组成的研究小组表示，可以用磁影像共振仪对人脑进行扫描，将扫描到的信息转化为具体的思维，从而解读出一个人想要干什么。这是科学家们第一次以这种方式成功解读人的思维。但目前对大脑信号的读取和对内容的完整理解仍有很大的局限性。

奥地利格拉茨理工大学生物医学研究所的Gert Pfurtscheller教授研究的"人机界面"帽子能探测到人脑中特定的运动区域的神经细胞活动，该技术将帮助瘫痪的病人移动机器人手臂，或是帮助他们在虚拟的键盘上打字，如图12-32所示。

大脑思维体系完整读取目前还处在初级阶段，读大脑工作还远未达到完整理解个人想法的程度。不过，随着技术的进步和完善，大脑思维体系"完整下载"还需要较长一段时间。

2. 人脑智慧上载

人脑智慧上载就是将已经"下载"的人脑智慧系统完整地迁移进入一个新的载体中的过程。可以加载人脑智慧的载体有人、动物、计算机、网络、智能设备、多个智能系统混合体。要想完成这一过程，有两个问题需要考虑，一是找到新的适合载体，二是如何将已经下载的

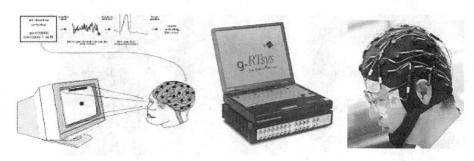

图 12-32　"人机界面"帽子

人脑智慧迁移进入新的载体内。

1）人脑智慧载体

实际上，选择一个非常合适的载体是件很困难的事。解决这个问题的思路有如下三个。

（1）自然物改造。既然寻找到一个理想载体是困难的，我们不妨寻找"大体"或"基本"合适的自然物，然后加以改造。另外，动物躯体也是不错的载体，它在某些方面具有超过人体的机体优势，稍加改造后就可以加载人脑智慧。图 12-33 是一些影视作品中具有人类智慧的马身人。

（2）人工物。计算机、网络、智能设备等都属于人工物。从理论上说，可以设计出非常适合某一个人脑智慧系统的载体，但是，就目前的技术和工艺水平，生产出一个可以加载人脑智慧的人工物载体，依然存在很大的难度。图 12-34 是电影《阿凡达》中的重机械外骨骼战争机器。

图 12-33　人头马身　　　　　　　图 12-34　电影《阿凡达》中的重机械
　　　　　　　　　　　　　　　　　　　　　　　外骨骼战争机器

（3）混合体设计。混合体是一种折中的选择。它可以将自然物的优势与人工物的优势结合起来，同时也可以节约人工制造的时间和费用。图 12-35 是一些科幻电影中混合体的例子。

2）上载

人脑智慧，一旦离开人体就必须进入新的载体才能生存。上载是进入新载体的过程，也是与新载体合二为一的过程。这一过程需要选型配型、加载控制和共生演化三个步骤完成。

第一步：选型与配型。为了避免或减少人脑智慧与载体彼此的不适应，人脑智慧必须先进行载体的选型和配型。选型和配型的关键是两者的结构和数据类型要匹配。人脑智慧

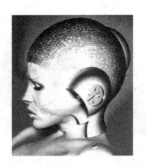

图 12-35 半人半机器和《星球大战前传》电影中的智慧动物

加载应尽量选择与之配型的新载体。人脑智慧与载体有 80% 以上的部件匹配属于"较好匹配",这种情况可以加载;有 50%~80% 部件匹配属于"基本匹配",这种情况要调整人脑智慧或载体后才可以加载;有 10%~50% 的部件匹配属于"不匹配",这种情况不能加载;只有 10% 以内的结构匹配属于"禁止匹配",这种情况绝对不能加载。

第二步:加载与控制。加载是指人脑智慧进入新载体的过程。人脑智慧加载进入新载体后首先要找到一处存储空间驻留,紧接着是逐步与载体的相应部分接口连通,然后是接管新载体的神经指挥系统,最后才是对整个新载体的控制。由控制到共生有一个配合过程。刚刚加载进入时,人脑智慧首先尝试对载体各部分的控制,然后是与载体各部分的配合,这有一个训练、学习和调整的过程。人脑智慧对载体的控制要达到从有意识到无意识操控的程度,最后要达到本能反应的程度。一旦人脑智慧与载体合二为一,融为一体,即进入共生阶段。人脑智慧加载就像一个司机驾驶一部新的汽车。司机开门进入新车后,系安全带,看仪表,启动引擎,控制油门和刹车,驾驶汽车上路,了解汽车在不同路况下的功能和性能,实现人车合一。

第三步:共生与演化。如果说接管和控制新载体是第一步,那么,彼此适应和共生演化才是稳定合作的新阶段。进入共生阶段后,人脑智慧与新的载体融为一体。为了使自身功能更强大,人脑智慧将对新的载体进行改造,使之与人脑智慧协同演化。具体过程是:首先,人脑智慧与新载体全面信息联通;其次是数据一体化和共享,然后是数据资源的综合利用。

12.4.7 生物电子造人

1. 基因造人

(1)克隆人。1997 年 2 月 22 日世界上第一头用体细胞克隆的绵羊"多莉"在英国诞生,此后,又先后克隆出牛、老鼠、山羊、猪、兔子和猫等 6 种动物。2002 年 12 月 27 日,法国女科学家布瓦瑟利耶宣布世界首个克隆婴儿已经降临人世。

(2)人造子宫。2002 年初,美国研究人员宣称研制出世界上第一个人造子宫,为人体胚胎在母体外生长发育创造了可能。由于美国体外受精条例的限制,胚胎植入"人造子宫"6 天后不得不终止试验。人造子宫如图 12-36 所示。

(3)细胞重新编程。美国《科学》杂志 2008 年 12 月 18 日评出 2008 年十大科学进展,细胞重新编程领域的相关进展位列第一。所谓细胞重新编程,是指通过植入新的基因,改变

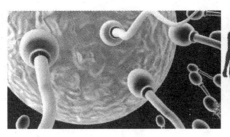

图 12-36　人造子宫

细胞的发育"记忆"，使其回到最原始的胚胎发育状态，就能像胚胎干细胞那样进行分化，这样的细胞被称作"诱导式多能干细胞"。

（4）基因重组是将两个及以上的基因源的遗传信息进行重组来实现新的基因再造的过程。通过基因编程技术，可以得到人与纳美人的重组基因，然后培育混血人种。图 12-37 是电影《阿凡达》的造人过程。

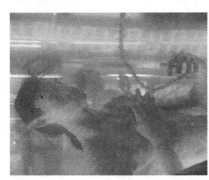

图 12-37　电影《阿凡达》的造人过程

（5）人脑思维上载

从培养皿中生长出来的阿凡达是没有思维的"裸人"，就像没有操作系统的"裸机"是不能运行的。要想阿凡达"活"起来，就要对阿凡达上载人脑思维信息。而电影《阿凡达》采用的是真人对阿凡达的实时控制。实际上，可以采用直接上载人脑思维到阿凡达的思维中的方案。

2．Greengoo 的人体组装

美国未来学家德雷克斯勒创造了"灰色黏质"（greygoo）的概念。这是一种由纳米机器人组成的东西，这种机器人可以通过移动单个原子制造出任何人们想要的东西，土豆、服装或者是计算机芯片等任何人工产品，而不必使用传统的制造方式。更有人提出了"绿色黏质"（greengoo）的概念，这是生物技术和纳米技术的结合，用于制造新的生物物种。如果土豆的设计图精确到原子水平，纳米机器人就可以制造出人们想要的土豆。

同样，如果某人信息精确到原子水平，纳米机器人同样可以制造人。与基因造人不同，纳米机器人造人时，人体制造和思维上载一次完成。

12.5　智慧环境与生活

12.5.1　智慧城市

1. 数字地球

数字地球是以计算机技术、多媒体技术和大规模存储技术为基础,以宽带网络为纽带运用海量地球信息对地球进行多分辨率、多尺度、多时空和多种类的三维描述,并利用它作为工具来支持和改善人类活动和生活质量。

数字地球是美国副总统戈尔于 1998 年 1 月在加利福尼亚科学中心开幕典礼上发表的题为"数字地球——新世纪人类星球之认识"演说时,提出的一个与 GIS、网络、虚拟现实等高新技术密切相关的概念。数字地球的核心是地球空间信息科学,地球空间信息科学的技术体系中的技术核心是"3S"技术及其集成。所谓"3S"是全球定位系统(GPS)、地理信息系统(GIS)和遥感(RS)的统称。

2. 数字城市

数字城市是综合运用地理信息系统、遥感、遥测、多媒体及虚拟仿真等技术,对城市的基础设施、功能机制进行自动采集、动态监测管理和辅助决策服务的技术系统。它指在城市规划建设与运营管理以及城市生产与生活中,利用数字化信息处理技术和多媒体技术,将城市的各种数字信息及各种信息资源加以整合并充分利用,如图 12-38 所示。

图 12-38　数字城市和数字社区

数字城市的内容包括:第一是信息基础设施的建设,要有高速宽带网络和支撑的计算机服务系统和网络交换系统。第二是城市基础数据的建设。数据涉及的内容包括城市基础设施(建筑设施、管线设施、环境设施)、交通设施(地面交通、地下交通、空中交通)、金融业(银行、保险、交易所)、文教卫生(教育、科研、医疗卫生、博物馆、科技馆、运动场、体育馆、名胜古迹)、安全保卫(消防、公安、环保)、政府管理(各级政府、海关税务、户籍管理与房地产)、城市规划与管理的背景数据(地质、地貌、气象、水文及自然灾害等)、城市监测、城市规划等。

数字社区,就是通过数字化信息将管理、服务的提供者与每个住户实现有机连接的社区。这种数字化的网络系统,使社会化信息提供者、社区的管理者与住户之间可以实时地进行各种形式的信息交互,由于现代网络浏览器的先进性以及多态的表现性,加上各种网络多媒体技术的应用,从而营造出了一个丰富多彩的虚拟社区。

3．智慧地球

　　智慧地球也称为智能地球,就是把感应器嵌入和装备到电网、铁路、桥梁、隧道、公路、建筑、供水系统、大坝、油气管道等各种物体中,并且被普遍连接,形成所谓"物联网",然后将"物联网"与现有的互联网整合起来,实现人类社会与物理系统的整合。这一概念由 IBM 首席执行官彭明盛首次提出。同时智慧地球也是一本图书,一本电子杂志。

4．智慧城市

　　智慧城市是指充分借助物联网、传感网,涉及智能楼宇、智能家居、路网监控、智能医院、城市生命线管理、食品药品管理、票证管理、家庭护理、个人健康与数字生活等诸多领域,把握新一轮科技创新革命和信息产业浪潮的重大机遇,充分发挥深圳信息通信(ICT)产业发达、RFID 相关技术领先、电信业务及信息化基础设施优良等优势,通过建设 ICT 基础设施、认证、安全等平台和示范工程,加快产业关键技术攻关,构建城市发展的智慧环境,形成基于海量信息和智能过滤处理的新的生活、产业发展、社会管理等模式,面向未来构建全新的城市形态。

12.5.2　智能交通

1．智能交通

　　智能交通是一个基于现代电子信息技术面向交通运输的服务系统。智能交通技术,是指将先进的信息技术、数据通信传输技术、电子控制技术、计算机处理技术等应用于交通运输行业从而形成的一种信息化、智能化、社会化的新型运输系统,它使交通基础设施能发挥最大效能。智能交通系统(ITS)是 21 世纪交通事业发展的必然选择,如图 12-39 所示。

图 12-39　智能交通系统

2．智能交通的原理

　　智能交通是一个综合性体系,它包含的子系统大体可分为以下几个方面。

　　(1) 车辆控制系统。指辅助驾驶员驾驶汽车或替代驾驶员自动驾驶汽车的系统。该系统通过安装在汽车前部和旁侧的雷达或红外探测仪,可以准确地判断车与障碍物之间的距离,遇紧急情况,车载电脑能及时发出警报或自动刹车避让,并根据路况自己调节行车速度,称为"智能汽车",如图 12-40 所示。

（2）交通监控系统。该系统类似于机场的航空控制器,它将在道路、车辆和驾驶员之间建立快速的通信联系。哪里发生了交通事故、哪里交通拥挤、哪条路最为畅通,该系统会以最快的速度提供给驾驶员和交通管理人员,如图 12-41 所示。

图 12-40　智能汽车　　　　　　　　　图 12-41　交通监控系统

（3）运营车辆管理系统。该系统通过汽车的车载电脑、管理中心计算机与全球定位系统卫星联网,实现驾驶员与调度管理中心之间的双向通信,来提供商业车辆、公共汽车和出租汽车的运营效率。

（4）旅行信息系统。是专为外出旅行人员提供各种交通信息的系统。该系统提供信息的媒介是多种多样的,驾驶员可以采用任何一种方式获得所需要的信息。

3. 世界 ITS 发展历程

美、欧、日是世界上经济水平较高的国家,也是世界上 ITS 开发应用的较好国家。ITS 的发展已不限于解决交通拥堵、交通事故、交通污染等问题,也成为缓解能源短缺、培育新兴产业、增强国际竞争力、提升国家安全的战略措施。经过 30 余年发展,ITS 的开发应用已取得巨大成就。ITS 的应用大致经过了如下三个阶段。

（1）起步阶段。ITS 发展史可追溯到 20 世纪 60—70 年代。20 世纪 60 年代后期,美国运输部和通用汽车公司研发电子路线诱导系统,利用道路和车载电子装置进行路、车之间的交通情报交流,提供高速公路网路线指南,尝试构筑路、车之间情报通信系统。但 5 年的研发和小规模试验后,便处于了停滞状态。1973 年—1979 年,日本通产省进行了路、车双向通信汽车综合控制系统研发。欧洲原西德 1976 年进行了高速公路网诱导系统研发计划,但在此期间因实用化技术难于实现及通信基础设施费用过于庞大等原因,均未能实现实用化和市场化。

（2）关键技术研发和试点推广阶段。20 世纪 80 年代的信息技术革命,不仅带来了技术进步,还对交通发展传统理念产生了冲击。ITS 概念被正式提出。由此开始,美、欧、日等发达国家都先后加大了 ITS 研发力度,并根据自己的实际情况确定了研发重点和计划,形成较为完整的技术研发体系。在此阶段,各国通过立法或其他形式,逐渐明确了发展 ITS 战略规划、发展目标、具体推进模式及投融资渠道等。

（3）产业形成和大规模应用阶段。美、欧、日等发达国家在推动 ITS 研发和试点应用的同时,从拓展产业经济视角,不断促进 ITS 产业形成,注重国际层面竞争,大规模应用研发成果。如美国,参与ITS研发公司达600多家。日本,在四省一厅联合推动ITS研发活动后,一直在加速ITS实际应用进程,积极推动如车辆信息通信系统、电子收费系统等应用。车辆信息通信系统已进入国家范围内实施阶段并迅速扩展。

12.5.3　智能交通工具

1. 智能车辆

智能车辆是一个集环境感知、规划决策、多等级辅助驾驶等功能于一体的综合系统,它集中运用了计算机、现代传感、信息融合、通信、人工智能及自动控制等技术,是典型的高新技术综合体。

智能汽车与一般所说的自动驾驶有所不同,它指的是利用多种传感器和智能公路技术实现的汽车自动驾驶。智能汽车不需要人去驾驶,人只需要舒服地坐在车上享受这高科技的成果就行了。因为这种汽车上装有相当于汽车的"眼睛"、"大脑"和"脚"的电视摄像机、电子计算机和自动操纵系统之类的装置。汽车能和人一样会"思考"、"判断"、"行走",可以自动启动、加速、刹车,可以自动绕过地面障碍物。在复杂多变的情况下,它的"大脑"能随机应变,自动选择最佳方案,指挥汽车正常、顺利地行驶,如图12-42所示。

2. 原理

智能汽车首先有一套导航信息资料库,存有全国高速公路、普通公路、城市道路以及各种服务设施(餐饮、旅馆、加油站、景点、停车场)的信息资料;其次是具有一系列智能系统,包括:①GPS定位系统,利用这个系统可以精确定位车辆所在的位置,与道路资料库中的数据相比较,确定以后的行驶方向;②道路状况信息

图12-42　智能汽车

系统,由交通管理中心提供实时的前方道路状况信息,如堵车、事故等,必要时及时改变行驶路线;③车辆防碰系统,包括探测雷达、信息处理系统、驾驶控制系统,控制与其他车辆的距离,在探测到障碍物时及时减速或刹车,并把信息传给指挥中心和其他车辆;④紧急报警系统,如果出了事故,自动报告指挥中心进行救援;⑤无线通信系统,用于汽车与指挥中心的联络;⑥自动驾驶系统,用于控制汽车的点火、改变速度和转向等。

12.5.4　智能家居

1. 智能家居定义

智能家居,又称智能住宅,它是融合了自动化控制系统、计算机网络系统和网络通信技术于一体的网络化智能化的家居控制系统。智能家居将让用户有更方便的手段来管理家庭设备,比如,通过家触摸屏、无线遥控器、电话、互联网或者语音识别控制家用设备,更可以执行场景操作,使多个设备形成联动;另一方面,智能家居内的各种设备相互间可以通信,不需要用户指挥也能根据不同的状态互动运行,从而给用户带来最大程度的高效、便利、舒适与安全。

　　智能家居集成是利用综合布线技术、网络通信技术、安全防范技术、自动控制技术、音视频技术将家居生活有关的设备集成。网络通信技术是智能家居集成中关键的技术之一。安全防范技术是智能家居系统中必不可少的技术，在小区及户内的可视对讲、家庭监控、家庭防盗报警、与家庭有关的小区一卡通等领域都有广泛应用。自动控制技术是智能家居系统的核心技术，广泛应用在智能家居控制中心、家居设备自动控制模块中，对于家庭能源的科学管理、家庭设备的日程管理都有十分重要的作用。音视频技术是实现家庭环境舒适性、艺术性的重要技术，体现在音视频集中分配、背景音乐、家庭影院等方面。

　　智能家居系统包含的主要子系统有：家居布线系统、家庭网络系统、智能家居（中央）控制管理系统、家居照明控制系统、家庭安防系统、背景音乐系统、家庭影院与多媒体系统、家庭环境控制系统等8大系统。

2. 智能家居的起源

　　20世纪80年代初，随着大量采用电子技术的家用电器面市，住宅电子化（Home Electronics，HE）出现。80年代中期，将家用电器、通信设备与安保防灾设备各自独立的功能综合为一体后，形成了住宅自动化概念（Home Automation，HA）。80年代末，由于通信与信息技术的发展，出现了对住宅中各种通信、家电、安保设备通过总线技术进行监视、控制与管理的商用系统，这是现在智能家居的原型。1984年美国联合科技公司（United Technologies Building System）将建筑设备信息化、整合化的概念应用于美国康乃迪克州哈特佛市的CityPlaceBuilding时，才出现了首栋的"智能型建筑"，如图12-43所示。

图12-43　比尔盖茨的数字豪宅

12.5.5　数字生活

1. 数字生活

数字生活是依托互联网和以一系列数字科技技术应用为基础的一种生活方式，可以方便快捷地带给人们更好的生活体验和工作便利。计算机、互联网问世后将世界变小了。随着互联网技术应用的日益普及,互联网已经全面改变了全人类的生活方式。"智慧地球"、"智慧国家"、"智慧城市"、"智慧社区"等工程的启动让老百姓的生活模式成为一种便捷、舒适的高品质的数字生活模式。

2. 生活模式的演变

从原始生活,到现在生活,人类已经历了几千年的生活方式演变(表 12-1)。

表 12-1　生活模式的演变

第一个演变阶段 农业生活	石器时代——1770 年,从人类祖先第一次用石头取火烤鱼开始,就从原始社会迈上了一个新的生活台阶——农业时代
第二个演变阶段 工业生活	1770——1870 年,从瓦特发明蒸汽机开始,人类又迈上了一个新的生活台阶——工业时代
第三个演变阶段 商业生活	1870——1970 年,工业技术在一些发达国家广泛普及,商品的质量、服务和信誉都是竞争的重点,这就是商业时代
第四个演变阶段 电子生活	1970——2009 年,电子产品、计算机和互联网的广泛普及,一种崭新的生活方式改变了全人类的生活习惯
第五个演变阶段 数字生活	2010——未来,数字方式的计算机模式代替所有电子产品的运行模式,数字生活已经来临

思考题

1. 什么是信息材料? 什么是 Soc 技术? 什么是纳米器件?

2. 什么是网格计算? 什么是云计算? 什么是普适计算?

3. 什么是遗传程序设计? 什么是基因编程? 什么是软件开发工具酶?

4. 什么是生物计算机? 什么是生物信息学? 什么是生物芯片? 什么是人工免疫? 什么是人工生命?

5. 简述未来的大脑思维下载与上载。

6. 你认为生物电子造人可能吗? 如果可能,请解释。

7. 什么是智慧城市? 什么是智能交通? 什么是智能交通工具? 什么是智能家居?

第二部分　基本操作能力

第13章

微机操作与实验

13.1 微机操作

微机操作主要是学习微机的启动和关闭，及怎样与微机进行交互操作。

13.1.1 微机操作简介

1. 微机启动

1) 正常启动微机的步骤基本如下。

（1）接通电源，打开显示器，再打开主机电源。

（2）微机进行硬件测试，测试通过后，开始启动操作系统。

如果用户不是在网络环境下运行，开机后就可以直接进入 Windows XP 界面。如果用户是在网络环境下运行，还要按屏幕上的提示，输入用户名和密码。

如果计算机中同时安装了 Windows XP 和其他操作系统，计算机首先显示多操作系统启动界面，通过按方向键↑和↓来选择 Windows XP 系统，并按 Enter 键进入。

（3）启动完成，显示器屏幕上显示 Windows XP 桌面。

2) 非正常启动

在 Windows XP 系统运行的过程中，如果因为某些程序运行出错而导致键盘、鼠标操作无反应，或出现其他故障造成的死机，可以重新启动微机。

非正常启动方法有以下几种。

（1）同时按下 Ctrl＋Alt＋Del 组合键，弹出"Windows 安全"对话框，移动鼠标指针到"任务管理器"选项，单击左键，弹出"Windows 任务管理器"对话框，如图 13-1 所示。在其"应用程序"选项卡的任务列表中，选择出现故障的任务，并单击"任务结束"按钮，关闭所选择的程序，然后再用其他方式重新启动。

（2）按下主机面板上的复位(Reset)按钮，重新启动计算机系统。

当以上两种方法都不能启动计算机时，只能按住主机电源开关不放，直到断电，再按电源开关重新启动。

2. 关闭微机

在使用完计算机后，保存所有程序中处理的结果，关闭所有运行着的应用程序。

单击任务栏上的"开始"按钮，单击"关机"选项，弹出"关闭 Windows"对话框。在"关闭

图 13-1　Windows 任务管理器

Windows"对话框中,"希望计算机做什么?"下拉列表提供的 4 个选择中选择"关机"选项,单击"确定"按钮即可关闭计算机。

如果选择"重新启动",将重新启动计算机。

选择"等待",将使计算机处于休眠状态以节省电能,但会将内存中所有内容全部保存在硬盘上。

单击"取消"按钮,则表示不退出 Windows。

3. 键盘使用

键盘输入是目前人机交流的主要方式之一,在熟悉键盘各个键位置的基础上,掌握正确的打字姿势和键盘指法,才能有效地访问计算机、输入信息和控制计算机。

观察键盘,认识微机标准键盘的布局,并熟悉各键的功能,键盘布局如图 13-2 所示。

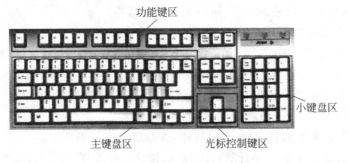

图 13-2　微机标准键盘的布局

键盘由主键盘区、功能键区、光标控制键区、小键盘区 4 个功能区组成,一些比较常用的字符键和控制键如下。

1) 空格键(Space Bar)

键盘下部最长的一个键,当按下此键时会得到一个空格。文本录入时,如果是在插入状态,显示空格的同时光标右移;如果是在改写状态(Insert 关闭状态),当前的字符就会被空格替换。

2) 转换键(Alt,主键盘区下方左右各一个)

Alt 键总是与其他键同时使用,一般作为快捷键使用,如:当前窗体中有"文件"菜单,按 Alt+F 可以快捷地打开该菜单。(注:+ 号表示按住 Alt 键不放,同时按另一个键)

3) 控制键(Ctrl,主键盘区下方左右各一个)

Ctrl 键也总是与其他键同时使用,组合实现各种功能,这些功能是被操作系统或其他应用软件定义的。如 Ctrl+X 剪切、Ctrl+C 复制、Ctrl+V 粘贴、Ctrl+Alt+Del 热启动等。

4) 上档切换键(Shift,主键盘区下方左右各一个)

Shift 键也需要与其他键同时使用,功能主要有两种:一是按下该键的同时按数字键实现上档键功能,如按下 Shift+2 可输入数字键 2 上面的@;二是使小写状态临时转换为大写状态(注:按一次只对一个字符有效,需要连续使用时需多次按下或按住不放)。

5) 大写锁定键(Caps Lock)

大、小字母转换键。当设置为大写状态时,键盘右上角的 Caps Lock 指示灯亮,灯灭表示当前是小写状态。

6) Enter 键(小键盘区也有一个)

Enter 键一般是确认用的。按下该键后被选择的功能或按钮才被计算机确认并执行。另外,在文本录入时作为换行使用。

7) 退格键(←或 Backspace)

按一次该键可以删除当前光标位置左边的一个字符,并将光标左移一个位置。

8) 制表定位键(Tab)

用来定位移动光标,每按一次 Tab 键,光标就跳到下一个位置(一般是 8 个字符位)。在程序窗口中,它可以作为移动当前焦点用,按一下,焦点就移动到下一个对象上。

9) 取消键(Esc)

在应用程序中常用来取消某个操作,退回到上一级菜单等。

10) 拷屏键(PrintScreen)

拷屏键也称打印屏幕键,具有简单的截图功能。按一下可以把当前屏幕的信息拷贝到剪贴板中,然后可以用 Ctrl+V 粘贴到某个文档中。

11) 插入键(Insert)

在文本录入时,切换插入/改写状态。在插入状态下,输入的字符插在光标之前,光标后的字符后移;在改写状态下,输入的字符将覆盖光标处的原有字符。

12) 删除键(Delete)

按一次键可以删除当前光标位置右边的一个字符,并将光标右移一个位置,可对比退格键的使用。

13) 数字锁定键(Num Lock)

切换小键盘区的功能,按下此键后,键盘右上方的数字锁定指示灯 Num Lock 亮,表示小键盘用来输入数字和进行四则运算;否则小键盘的功能与光标控制区相同,起移动光标的作用。

4. 鼠标使用

鼠标是一种通过手动控制光标位置的设备。现在系统普遍使用的是二键或三键的鼠标。

操作鼠标可以做如下工作：确定光标位置、从菜单栏中选取所要运行的菜单项、在不同的目录间移动复制文件并加快文件移动的速度等。

通常鼠标由左键、右键和滑轮来和计算机进行交互。对左键的操作分为单击和双击。单击左键一般用来确定光标位置，对计算机内的文件对象进行选择确定；双击左键一般用来启动应用程序。对鼠标右键的操作一般为单击，这样就可以启动相应的"右键菜单"。鼠标滑轮用于在应用软件使用中、或者网页浏览中更新屏显内容。

13.1.2　指法练习

在熟悉了键盘布局之后，就应该掌握微机键盘操作的正确姿势和基本指法，熟练找出键盘上常用键的位置，双手在键盘上的控制区域如图 13-3 所示。

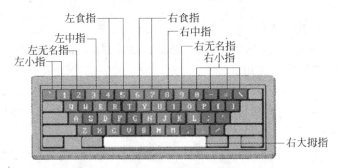

图 13-3　双手在键盘上的控制区域

使用计算机键盘时，键盘的高低位置要放置适当；要坐姿端正、腰背挺直，双脚自然地放在地面上；肩部放松，大臂自然下垂并微靠近身体，小臂与手腕略向上倾斜；手腕要放松，不可拱起也不可触到键盘；十指稍作弯曲，其中八个手指轻放在基准键上，两个大拇指轻置于空格上。注意，击键时眼睛要看屏幕而不是键盘，即"盲打"。

键盘上的 A、S、D、F、J、K、L、；是 8 个基准键，F 键和 J 键上分别有一个凸起；左手小指、无名指、中指、食指分别放在 A、S、D、F 这 4 个键上，右手食指、中指、无名指、小指分别放在 J、K、L、；这 4 个键上。击键时用力适当，不可用力过猛或过轻，击键后各手指迅速返回到基准键上。

为了键盘输入的高效和准确，使用键盘时采用了根据不同手指分区进行击键输入的方法。注意，除了常用的打字键区有指法分区外，小键盘区主要针对右手也进行了指法分区。如果是大量输入数字，采用正确的小键盘指法输入将会起到事半功倍的效果。

小键盘上的数字基准键是 4、5、6 三个键，对应右手的食指、中指和无名指。5 键上一般有个小凸起。其中，右手食指负责 7、4、1、Num Lock 四个键，右手中指负责 8、5、2、/四个键，右手无名指负责 9、6、3、* 和小数点五个键，右手小指负责 −、＋、Enter 三个键，还有一个键是 0，由大拇指负责。其实，用得最多的是 0～9 这 10 个数字和一个小数点，其他 6 个键使用频率相对较低。

13.1.3　金山打字软件介绍

金山打字是金山公司推出的系列教育软件,主要由金山打字通和金山打字游戏两部分构成,是一款功能齐全、数据丰富、界面友好的、集打字练习和测试于一体的打字软件,适用于打字教学、电脑入门、职业培训、汉语言培训等多种使用场景。金山打字通针对用户水平定制个性化的练习课程,循序渐进,提供英文、拼音、五笔、数字符号等多种输入练习,并为收银员、会计、速录等职业提供专业培训,其界面如图 13-4 所示。

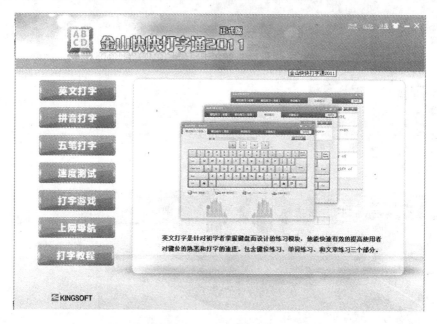

图 13-4　金山打字通界面

(1) 英文打字:分为键位练习(初级)、键位练习(高级)、单词练习和文章练习。在键位练习的部分,通过配图引导以及合理的练习内容安排,帮助用户快速熟悉和习惯正确的指法,由键位记忆到英文文章全文练习,逐步让用户盲打并提高打字速度,其界面如图 13-5所示。

(2) 拼音打字:包括音节练习、词汇练习、文章练习。在音节练习阶段不但可以让用户了解拼音打字的方法,还可以帮助用户学习标准的拼音。同时还加入了异形难辨字练习、连音词练习,方言模糊音纠正练习,以及 HSK(汉语水平考试)字词的练习。这些练习给初学汉语或者汉语拼音水平不高的用户提供了极大的方便,同时也非常适合中小学生及外国留学生的汉语教学工作。拼音打字为拼音录入学习提供了全套的解决方案,其界面如图 13-6所示。

(3) 五笔打字:分86和98两个版本的编码,从字根、简码到多字词组逐层逐级的练习,如图 13-7 所示。

(4) 速度测试:包括屏幕对照,书本对照,同声录入三种方式。其中,书本对照功能允许用户自行选择要测试的内容,也可以将软件内置的测试文章打印出来,作为测试素材,如

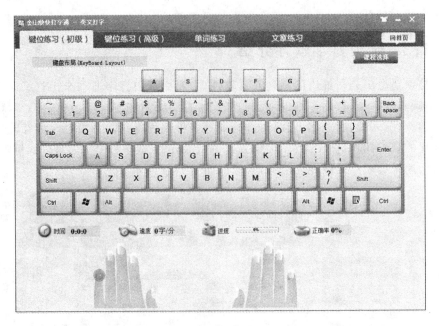

图 13-5　英文打字界面

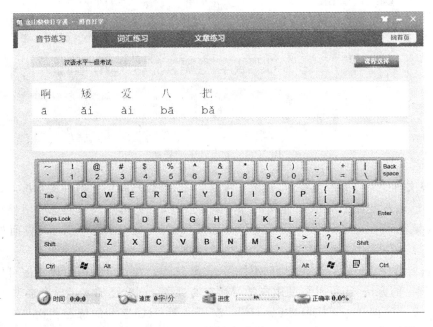

图 13-6　拼音打字界面

图 13-8 所示。

（5）其他用法：金山打字提供了多个行业的专业文章/词汇练习,通过使用金山打字的练习功能,可以帮助用户以及智能输入法快速熟悉相关词库,极大提高专业文章录入速度。

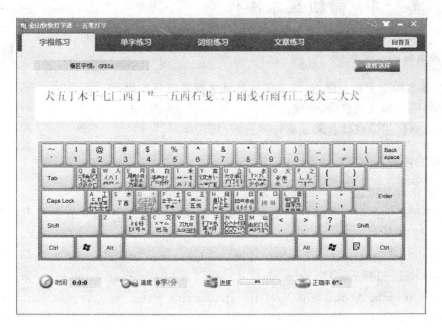

图 13-7 五笔打字界面

图 13-8 速度测试界面

13.2 实验 1 微机基本操作

1. 实验目的

通过基本操作实验的学习,要求学生熟练掌握微机基本操作。

(1) 熟练掌握微机启动、关闭。

(2) 掌握使用微机键盘和鼠标,进行键盘指法练习。

2. 实验内容

(1) 启动计算机,进入 Windows XP 系统。

(2) 字母输入练习。打开一个文本文档,在其中输入下列字母,如有误请用右手小指按 Backspace 键删除。

Six hundred years ago Sir Johan Hawkwood arrived in Italy with a band of soldiers and settled near Florence He soon made a name for himself and came to be known to the Italians as Giovanni Acuto Whenever the Italian city states were at war with each other Hawkwood used to hire his soldiers to princes who were willing to pay the high price he demanded

(3) 非字母键与综合打字练习。输入下列内容,如有误请用右手小指按 Backspace 键删除。

,,,,,,, ...。。。 ///; ;!
:'? {}[]`=+^
!@#$%^&*()_
! @#￥%……&* ( ) ——
、\\<> 《》

(4) 将打字练习的文档保存在硬盘上,关闭所有应用程序。关闭计算机,切断电源。

第14章

Windows操作与实验

14.1 Windows 基本操作

14.1.1 Windows 桌面与配置

启动 Windows XP 后,出现在用户面前的整个屏幕区域称为桌面,如图 14-1 所示。它是显示窗口、图标、菜单、对话框等的平台,也是 Windows 用户和计算机交互的工作区域。

图 14-1　Windows XP 桌面

1. 桌面上的图标

Windows 采用图形符号来表示计算机的各种资源,这些图形符号称为图标,由代表程序、文件、文件夹等各种对象的小图像和标题组成。每台计算机的桌面上的图标是不完全相同的,每个对象的图标也可以自行更换,但是一般在 Windows XP 的桌面上都有下列图标。

1) 我的电脑

"我的电脑"管理着计算机的所有资源,包括文件、软硬件配置、控制面板等。双击桌面上的"我的电脑"图标,将在"我的电脑"窗口中显示计算机中有效的驱动器和文件夹等。利用"我的电脑",可以对文件夹及文件进行创建、移动、复制等所有有关文件的操作。

2) 我的文档

"我的文档"是 Windows 为计算机用户创建的个人文件夹,含有"图片收藏"、"我的视频"、"我的音乐"子文件夹,其中保存的文档、图形或其他文件可以得到快速访问,便于存取。在应用程序中保存文件时,如果没有选择其他位置,该文件将自动保存在"我的文档"中。

3）回收站

"回收站"用于暂时存放被删除的文件及其他对象(通过 USB 接口的外接存储设备,删除文件及对象时,不会存放进"回收站")。

4）网上邻居

"网上邻居"文件夹包含了工作组内的计算机、共享的打印机和整个网络等,可用于快速访问当前计算机所在的局域网中的硬件和软件资源及网络资源。例如访问共享的网络打印机,就像访问自己的计算机上连接的打印机一样。

5）Internet Explorer(IE)

IE 是一个集成的 Internet 套件,双击 IE 图标,可以快速地打开 Internet Explorer 浏览器,使用 Internet 网络上丰富的网络资源。

6）桌面快捷方式图标

快捷方式图标是左下脚带有弧形箭头的图标,双击这些图标,可以快速启动程序或打开文件或文件夹。这些图标由用户根据需要在桌面上创建。

以上介绍的系统资源如果桌面上没有放置,用户可以通过"显示属性"进行添加。首先在桌面上单击鼠标右键,在弹出菜单中选择"属性"命令,弹出"显示属性"对话框,单击"桌面"选项卡中的"自定义桌面"按钮,在弹出的"桌面项目"选项卡中,可以给桌面添加"我的电脑"、"我的文档"、"网上邻居"、Internet Explorer 等各类系统资源,如图 14-2 所示。

2. "开始"按钮

"开始"按钮是 Windows XP 的一个重要的按钮,用户对计算机的所有操作可以从这里开始。单击"开始"按钮,打开"开始"菜单,如图 14-3 所示。"开始"菜单由当前用户的名称、常用程序的快捷方式、所有程序、系统常用的文件夹和系统命令构成。

图 14-2　"桌面项目"窗口

图 14-3　桌面"开始"菜单栏

将鼠标指向(或单击)"所有程序",显示计算机当前安装的所有程序的列表。选择列表中的命令项,可以启动某个相应的程序。

"我最近的文档"中包含最近使用过的 15 个文档名,选择列表中的文档名可以快速打开最近用过的文档。

3. 任务栏

启动一个程序或打开一个文件(夹)等操作通常称为执行一个任务,任务栏就是用来显示当前系统正在执行的任务的数量和种类的区域。每启动一个程序或打开一个窗口后,任务栏上就会出现一个代表该窗口的任务按钮,单击任务按钮可以快速地进行各窗口间的切换。除此以外,任务栏上还有"开始"菜单、快速启动栏及通知区域,如图 14-4 所示。单击"快速启动栏"中的图标,可以快速启动相应的程序。"通知区域"中显示系统的时间及音量控制、电源选择等快速访问程序的快捷方式及提供关于活动状态信息的快捷方式。

快速启动栏 通知区域

"开始"菜单 活动任务栏

图 14-4　任务栏

任务栏的位置、大小及是否锁定任务栏、显示任务栏及显示时钟等属性,用户可以通过调整"任务栏和[开始]菜单属性"对话框中的任务栏选项卡进行重新设置和改动。

1) 改变任务栏位置

通常任务栏显示在桌面的底部,如果用户需要,可将鼠标指针移至任务栏空白处,单击鼠标左键,可将任务栏拖动到屏幕的任何一边。

2) 改变任务栏的大小

将鼠标指针移至任务栏的边缘,鼠标将变为双箭头,此时按住鼠标左键,拖动任务栏,可使任务栏扩大或缩小。

3) 任务栏的属性设置

在任务栏空白处单击鼠标右键,在弹出的快捷菜单中选择"属性"选项,打开"任务栏和[开始]菜单属性"对话框,如图 14-5 所示。

(1) 锁定任务栏:选择该复选框,任务栏被锁定,不能改变大小和位置。

(2) 自动隐藏任务栏:一般情况下,任务栏一直会在屏幕上出现,选择此项后,任务栏就会在不需要的时候自动隐藏。当用户需要任务栏出现时,可以把鼠标移至任务栏消隐的位置,任务栏就会再度出现。

(3) 显示快速启动:选择该复选框,在任务栏上显示有快速启动栏,用户可以将桌面上经常使用文件的图标拖到"快速启动栏"中,便于快速启动;否则,快速启动栏隐藏。

(4) 将任务栏保持在其他窗口的前端:当窗口最大化时,任务栏总是在其他窗口的前面,即任务栏总是可见的。

(5) 分组相似任务栏按钮:选择此项,当任务栏上按钮太拥挤时,同一类型文件的按钮将会折叠为一个按钮,单击按钮上的下拉类表箭头,显示文件名列表,选择相应选项可进行

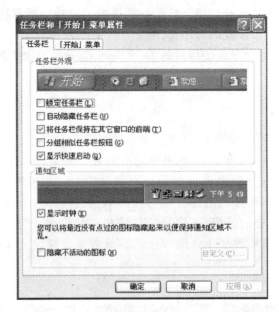

图 14-5 "任务栏和[开始]菜单属性"对话框

切换。

（6）显示时钟：选择此项后，在任务栏的右端将显示一个时钟，如果把鼠标放到这个时钟上，还会显示当前系统的日期信息。

任务栏的"通知区域"中显示的系统时间也是可以设置或修改的，双击任务栏右边的系统时间，可以打开"日期/时间属性"对话框进行设置。

1）时间和日期选项卡

用户可根据需要修改计算机的系统时间和日期。在对话框的日期选择区中可以设置日期，修改年、月、日；在对话框的时间选择区中可以设置时间，修改时、分、秒。

2）时区选项卡

用户可以根据所在的地区，在下拉列表中选取所需时区实现时区的调整。中国应选择"（GMT＋08：00）北京，重庆，香港特别行政区，乌鲁木齐"选项。

也可以双击控制面板的"时间/日期"图标来打开"时间/日期属性"对话框。

14.1.2 Windows 文档与磁盘管理

14.1.2.1 Windows 文档管理

1. 创建文件和文件夹

用户可以通过"桌面"→"我的电脑"或"Windows 资源管理器"→"浏览"来创建新的文件或文件夹。

（1）菜单："文件"→"新建"→"相应的文件类型"或"文件夹"→输入相应的文件或文件夹名，按 Enter 键确认。

（2）快捷菜单：用鼠标右键单击选定窗口的空白处，选择"新建"→"相应的文件类型"

或"文件夹"→输入相应的文件或文件夹名,按 Enter 键确认。

(3) 工具创建法(只适合在部分窗口,前提是有"新建"的常用工具按钮):单击即可创建某一类型的文件,在保存对话框中,会有新建文件夹的按钮,直接单击即可创建。

2. 重命名文件和文件夹

(1) 菜单:单击"文件"→"重命名",在输入新的名称后,按 Enter 键。

(2) 快捷菜单:单击鼠标右键,在弹出的快捷菜单中选择"重命名",输入新的名称后,按 Enter 键。

(3) 鼠标单击:两次单击需重命名的文件或文件夹的"名字区",输入新的名称后,按 Enter 键。

3. 选定文件或文件夹

在以下几种情况下进行文件或文件夹的选定,方法如下。

1) 单个文件或文件夹

单击该文件或文件夹。

2) 多个连续的文件或文件夹

(1) 按住 Shift 键不放,单击第一个文件或文件夹和最后一个文件或文件夹。

(2) 在要选择的文件的外围单击并拖动鼠标,则文件周围将出现一虚线框,鼠标经过的文件将被选中。

3) 多个不连续的文件或文件夹

单击第一个文件或文件夹,按住 Ctrl 键,单击其余要选择的文件或文件夹。

4) 所有文件或文件夹

按下快捷键 Ctrl+A,或单击"编辑"→"全选"。

4. 复制、移动文件和文件夹

1) 通过菜单

"编辑"→"复制/剪切"→选定目标地→"编辑/粘贴"

2) 通过快捷键

Ctrl+C 或 Ctrl+X→选定目标地→Ctrl+V

3) 通过鼠标拖动

(1) 同一磁盘中的复制:选中对象→按 Ctrl 再拖动选定的对象到目标地。

(2) 不同磁盘中的复制:选中对象→拖动选定的对象到目标地。

(3) 同一磁盘中的移动:选中对象→拖动选定的对象到目标地。

(4) 不同磁盘中的移动:选中对象→按 Shift 键再拖动选定的对象到目标地。

4) 通过快捷菜单

单击右键→"复制"→选定目标地,再单击右键→"粘贴"。

注意:移动与复制的区别如下。

(1) 从执行的步骤看:复制执行的是"复制"命令,而移动执行的是"剪切"命令。

(2) 从执行的结果看:复制之后,在原位置和目标位置都有这个文件;而移动后,只有在目标位置有这个文件。

（3）从执行的次数看：在复制中，执行一次"复制"命令可以"粘贴"无数次；而在移动中，执行一次"剪切"命令却只能"粘贴"一次。

5．删除文件或文件夹

（1）删除文件到回收站，方法有以下 4 种。

① 菜单：选择"文件"，再"删除"。

② 快捷键：Delete。

③ 鼠标拖动：将其拖动到回收站中。

④ 快捷菜单：单击右键，选择删除。

（2）彻底删除文件和文件夹：使用 Shift＋Delete 键。

（3）彻底删除回收站的文件和文件夹：清空回收站。

（4）更改回收站的属性：更改 C 盘和 D 盘的回收站空间为 15％磁盘大小，并且不显示删除确认对话框。

6．恢复删除的文件或文件夹

Windows 提供了一个恢复被删除文件的工具，即回收站。如果没有被删除的文件，它显示为一个空纸篓的图标，如果有被删除的文件，则显示为装有废纸的纸篓图标。

借助"回收站"，可以将被删除的文件或文件夹恢复。

方法一：

（1）双击"回收站"图标，打开"回收站"窗口；

（2）选择要恢复的文件或文件夹；

（3）单击"文件"→"还原"或单击右键，选择"还原"，则选定对象自动恢复到删除前的位置。

方法二：

选择要恢复的文件或文件夹，直接拖拉到某一文件夹或驱动器中。

7．创建快捷方式

可以设置成快捷方式的对象有：应用程序、文件、文件夹、打印机等。

1）快捷菜单法。选定对象，单击鼠标右键，在快捷菜单中选择发送到桌面快捷方式。

2）拖放法。选定对象，单击鼠标右键并拖动到目标位置后松开右键，在快捷菜单中选择"在当前位置创建快捷方式"。

3）直接在桌面上创建快捷方式，具体步骤如下。

（1）在桌面空白处单击鼠标右键，在快捷菜单中选择"新建"→"快捷方式"，出现创建快捷方式对话框。

（2）在命令行中输入项目的名称和位置。如果不清楚项目的详细位置，可以单击"浏览"按钮来查找该项目。当在"浏览文件夹"对话框中查找到所需的项目后，单击打开按钮返回到创建快捷方式对话框。

（3）单击下一步按钮，出现选择程序的标题对话框。在选择快捷方式的名称文本框中已经显示了一个默认的标题名称,也可以重新命名。

(4) 单击完成按钮,即可在桌面上创建一个快捷方式。

8. 查找文件或文件夹

"开始"菜单→"搜索"→选择"文件或文件夹",则弹出"搜索结果"窗口,如图 14-6 所示。

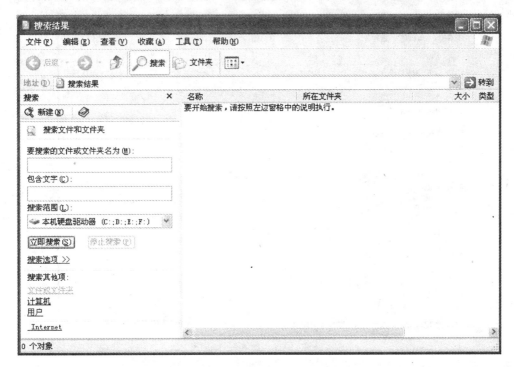

图 14-6　"搜索结果"窗口

1) 利用文件名进行查找

(1) 在"名称"栏中输入要查找的文件或文件夹的名称。

其中文件或文件夹的名称可以包含有通配符"?"和"＊"。如果要查找多个文件或文件夹名称,那么在输入名称时还可以同时输入多个查找的名称,各个名称之间用逗号、分号或空格隔开即可。

例1:＊.doc,即查找所有的 Word 文档。

例2:＊.＊,即查找所有文件。

例3:A? B＊.exe,即查找所有 A 开头的 B 为第三个字符的可执行文件。

(2) 在"查找范围"列表栏中设定文件或文件夹的查找范围,即在哪一个磁盘驱动器或是在哪一个文件夹中进行查找。

可以单击列表栏右边的下拉按钮,在下拉的选项中选择搜索的范围;也可单击"浏览"按钮打开浏览窗口,然后在其中选择查找的具体位置或范围。

(3) 可单击"其他高级选项"进行查找。

(4) 单击"搜索"按钮开始查找,如果中途要停止查找,可单击"停止"按钮。如果要查找新的文件或文件夹名称,可以单击"新搜索"按钮,然后重复上面的操作步骤即可。

2) 利用日期进行查找

在 Windows XP 中,系统记录的文件或文件夹的信息中除了其名称以外,还包括文件或文件夹的创建日期以及修改日期。所以可以通过日期进行文件或文件夹的查找。操作方法如下。

单击"什么时候修改的",可根据相关提示分 4 种情况进行查找,如图 14-7 所示。

图 14-7　搜索结果

3) 查看、修改文件或文件夹的属性

选定文件或文件夹后,单击鼠标右键,在弹出的快捷菜单中选择"属性",然后在属性对话框的属性设置区域中,选择"只读、隐藏、存档"等复选框。

DOS 系统中文件的属性分 4 种: 存档文件(C)、只读文件(R)、隐藏文件(D)和系统文件(S)。

一个文件可以具有上述一种或多种属性,只读文件只能读出不能改写;隐藏文件和系统文件不能用简单的列目录命令显示;只读文件、隐藏文件和系统文件都不能用删除命令删除。

14.1.2.2　Windows 磁盘管理

1. Windows XP 磁盘管理工具

磁盘管理工具可以对计算机上的所有磁盘进行综合管理,可以对磁盘进行打开、管理磁盘资源、更改驱动器名和路径、格式化或删除磁盘分区以及设置磁盘属性等操作。步骤如下。

(1) 右键单击"我的电脑"图标,在快捷菜单中选择"管理"命令,打开"计算机管理"窗口,如图 14-8 所示。

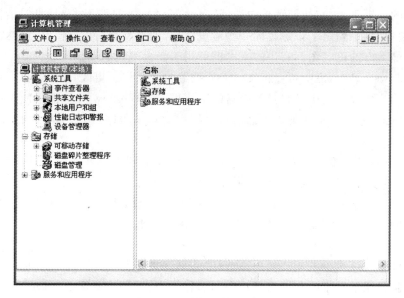

图 14-8 "计算机管理"窗口

（2）在左边窗口中双击展开"磁盘管理"项，在右边窗口的上方列出了所有磁盘的基本信息，包括类型、文件系统、容量、状态等信息。在窗口的下方按照磁盘的物理位置给出了简略的示意图，并以不同的颜色表示不同类型的磁盘。

（3）右键单击需要进行操作的磁盘，便可以打开相应的快捷菜单，选择其中的命令便可以对磁盘进行管理操作。

1）物理磁盘的管理

物理磁盘是计算机系统中物理存在的磁盘，在计算机系统中可以有多块物理磁盘。在 Windows XP 中分别以"磁盘 0"、"磁盘 1"等标注出来。右键单击需要进行管理的物理磁盘，在快捷菜单中选择"属性"命令，打开物理磁盘属性对话框。

在"常规"标签中可以看到该磁盘的一般信息，包括设备类型、制造商、安装位置和设备状态等信息。在"设备状态"列表中可以显示该设备是否处于正常工作状态，如果该设备出现异常，可以单击"疑难解答"按钮来加以解决。在"设备用法"下拉列表框中可以禁用或启用此设备，需要注意的是操作系统所在的磁盘不能被禁用。

在"磁盘属性"标签中选中"启用写入缓存"复选项，将允许磁盘写入高速缓存，这样可以提高写入的性能。

在"卷"标签中列出了该磁盘的卷信息，在下面的"卷"列表框中选择卷，单击"属性"按钮，可以对卷进行设置。

在"驱动程序"标签中，用户可以单击"驱动程序详细信息"按钮，查看驱动程序的文件信息。如果需要更改驱动程序，单击"更新驱动程序"按钮，将打开升级驱动程序向导。当新的驱动程序出现异常时，可以单击"返回驱动程序"按钮，恢复原来的驱动程序。单击"卸载"按钮可以将设备从系统中删除。

2）逻辑磁盘属性设置

通过 Windows XP 的磁盘管理工具，用户可以分别设置单个逻辑磁盘的属性。右键单击需要管理的逻辑磁盘,在快捷菜单中选择"属性"命令,打开逻辑磁盘属性对话框。

在"常规"标签中列出了该磁盘的一些常规信息,如类型、文件系统、打开方式、可用和已用空间等。最上方的磁盘图标右边的文本框可用于设置逻辑驱动器的卷标。

在 Windows XP 中,磁盘可以像文件一样设置关联,单击"更改"按钮,可以打开"打开方式"对话框,用户可以在其中设置打开磁盘的默认程序。Windows XP 推荐使用资源管理器打开,"打开方式"对话框中还列出了当前可以使用的其他程序,选中其中的打开程序,单击"确定"按钮即可。

在"工具"标签中,给出了磁盘检测工具、磁盘碎片整理工具和备份工具按钮,单击这些按钮,可以直接对当前磁盘进行相应的操作。

在"硬件"标签中列出了所有有关的硬件,选定某个选项后单击"疑难解答"按钮可以进行磁盘故障的排除,单击"属性"按钮可以打开属性对话框。

"共享"标签用于设置共享属性。如果选择"不共享该文件夹"选项,此逻辑磁盘上的资源将不能被其他计算机上的用户使用。选择"共享该文件夹"项后,可以对共享进一步设置。其中"共享名"是用于共享时在网络环境中的名称。当在"用户数限制"选项组中选中"最多用户"项时,系统将尽可能地允许用户访问,或者通过文本框设定用户的最大数量限制。单击"缓存"按钮可以对缓存进行设置,在打开的"缓存设置"对话框中的设置下拉列表框中有"自动缓存文档"、"自动缓存程序和文档"、"手动缓存文档"等选项,用户可以根据自己的需要进行选择。已完成一次共享设置后,属性对话框中会出现"新建共享"按钮,单击"新建共享"按钮,可以设置新的共享,在打开的"新建共享"对话框,用户可以对共享名、备注、最多用户、允许的用户数量等项进行设置。

2. 分区管理

Windows XP 集成了强大的分区管理功能,用户可以方便地创建或删除分区。

(1) 创建分区:创建分区可以通过分区向导来完成,其具体步骤如下。

第一步,在标识为未分配的磁盘空间处单击鼠标右键,在快捷菜单中选择"新建分区"命令,以打开分区向导。单击"下一步"按钮。

第二步,在出现的界面中选择分区的类型。系统提供了主分区、扩展分区、逻辑分区等3 种分区类型供用户选择。保持系统默认值,单击"下一步"按钮。

第三步,在"指定分区大小"界面中,系统给出了最大磁盘空间量和最小磁盘空间量供用户选择,用户可以在这两个值之间选择分区容量。设置完毕后单击"下一步"按钮。

第四步,在"指派驱动器号和路径"界面中,可以进行分配一个驱动器号、将驱动器装入NTFS 文件夹、不分配驱动器号或路径等操作,根据需要进行选择即可。单击"下一步"按钮。

第五步,在"格式化分区"界面中进行格式化分区设置,如果选中"不要格式化这个磁盘分区"项,系统将不格式化此分区。选中"按照下面的设置格式化这个磁盘分区"项后,可进一步设置格式化选项,包括文件系统、分配单位大小、卷标、执行快速格式化、启动文件或文件夹压缩等。

第六步,设置完成后,单击"下一步"按钮,在出现的界面中将列出具体的分区信息,单击"完成"按钮结束分区的创建。

（2）删除分区：右键单击需要删除的分区，在快捷菜单中选择"删除分区"命令，在弹出的提示框中单击"是"按钮，即可删除该分区。

（3）格式化分区：右键单击需要格式化的分区，在快捷菜单中选择"格式化"命令，打开格式化对话框。在该对话框中设置该分区的卷标、文件系统、分配单位大小等选项，单击"确定"按钮即可进行分区的格式化。

（4）指定驱动器号和路径：当驱动器发生变化（如新增驱动器）时，以前安装的软件可能无法使用，这时用户可以通过指定驱动器和路径来解决。

右键单击需要更改的驱动器，在快捷菜单中选择"更改驱动器号和路径"命令，打开相应的对话框。在对话框列表中列出了此驱动器拥有的驱动器号和路径，用户可以通过从列表中的任意一个驱动器号和路径来访问此驱动器。

Windows XP 允许一个卷同时拥有多个驱动器号和路径，但其前提是使用 NTFS 文件系统。单击"添加"按钮可以添加驱动器号和路径，在打开相应的对话框中，用户可以通过单选项选择是使用驱动器还是 NTFS 文件夹来标示此卷，然后在下拉列表框或文本框中具体指定链接的位置。设置完毕单击"确定"按钮。

3. 磁盘清理

系统使用一段时间之后，有可能存在各种各样无用的文件，它们往往占据了部分硬盘空间，如果手工对其删除清理需要切换到不同的目录中进行操作，非常麻烦，但是通过 Windows XP 提供的磁盘清理程序就可以很快搞定。

（1）在资源管理器窗口中，右键单击需要进行清理的磁盘盘符，在快捷菜单中选择"属性"命令，打开属性对话框。然后单击"常规"标签。

（2）单击"磁盘清理"按钮，Windows XP 会首先自动扫描该磁盘上的可删除文件，然后以列表的形式询问你是否对某个项目进行删除。如果进行进一步的清理工作，单击"磁盘清理"窗口里的"其他选项"标签，这里面集成了 Windows 组件、安装的程序和系统还原三部分内容，它们也能够释放出更多的磁盘空间。

（3）单击"确定"按钮即可进行磁盘的清理。

4. 磁盘工具的使用

上面我们已经谈到，通过磁盘"属性"对话框中的"工具"标签可以对磁盘进行"查错"、"碎片整理"和"备份"等操作。这里我们着重讲解前两个工具的使用。

1）磁盘查错功能

"查错"工具类似于 Windows 98/2000 中的磁盘扫描工具，Windows XP 的这个功能非常简单，它只提供了"自动修复文件系统错误"和"扫描并试图恢复坏扇区"两个选项，同时选中，单击"开始"按钮即开始磁盘扫描工作。

2）磁盘碎片整理

单击"开始整理"按钮，打开"磁盘碎片整理程序"对话框，单击列表中需要整理的磁盘，然后单击"碎片整理"按钮即可进行磁盘碎片的整理。

在对话框的下面还有一个"分析"按钮。它可以对当前选中的磁盘进行磁盘分析，待分析任务完成之后，系统会给出一份包含卷信息和文件信息两方面的详细报告，依此可以判断这个分区是否需要进行碎片整理。

14.1.3　Windows 打印机管理

Windows 除了提供以上功能外,还提供打印机服务。在默认情况下,管理员组和超级用户组的成员拥有管理打印机许可。

1. 打印机安装

打印机安装基本步骤如下。

（1）单击任务栏上的"开始"→"设置"→"打印机"。显示"打印机"窗口。

（2）单击要改变其默认值的打印机的图标。

（3）在"文件"菜单中,单击"属性"。显示打印机属性。

在安装完 rpcs 打印机驱动程序后第一次打开打印机属性对话框时,将出现确认窗口。此后,将出现打印机属性对话框的初始画面。此时需要对打印机的属性进行初始设定,步骤如下。

（1）根据需要进行设定（此处进行的设定将在所有应用程序中用做默认值）,然后单击"确定"按钮。

（2）全部设定完成后,单击"确定"按钮,完成设置。

当计算机中安装有一个比目前安装的驱动程序更新的驱动程序时,会显示一个信息对话框。如果发生这种情况,则无法用自动运行程序来完成安装。此时需要使用信息中显示的驱动程序,并用"添加打印机"重新安装。

（1）单击"开始"→"设置",然后单击"打印机"。

（2）双击"添加打印机"图标。

（3）按照向导中的说明安装驱动程序。

2. 更改打印机设置

要更改打印机的设定值,必须拥有管理打印机许可。在默认情况下,管理员组和超级用户组的成员拥有管理打印机许可。当设定选购件时,需使用有管理打印机许可的账号登录。单击任务栏上的"开始"→"设置"→"打印机",显示"打印机"窗口,选择要改变其默认值的打印机的图标。在"文件"菜单中,单击"打印首选项"按钮,显示打印首选项属性。根据需要进行设定然后单击"应用",最后单击"确定"按钮,完成设置。

从应用程序指定打印机设定值,要针对特定应用程序设定打印机,应从该应用程序中打开"打印"对话框。以下说明了如何在 Windows XP 附带的写字板应用程序中进行设定。

对于不同的应用程序,打开"打印"对话框的实际步骤也可能会不同。在应用程序中的"文件"菜单中,单击"打印",显示"打印"对话框。在"选择打印机"框中选择要使用的打印机,单击要改变其打印设定值的标签。根据需要进行设定,然后单击"应用"并"确定"。最后在应用程序的菜单中,单击"打印"按钮开始打印。

14.1.4　Windows 多媒体功能

Windows XP 为用户提供了丰富多彩的多媒体功能,本文主要介绍系统自带的两种多媒体应用。

1. 录音机

作用：录制、播放和编辑声音文件。

启动步骤：单击"开始"→"所有程序"→"附件"→"娱乐"→"录音机"，录音机的显示窗口如图 14-9 所示。

录制和播放声音的步骤如下。

（1）单击菜单栏"文件"→"新建"命令，创建一个新的音频文件。

（2）单击"录制"按钮，开始录音。

（3）录制完毕时，单击"停止"按钮，这样一个文件就录制好了。

（4）再单击"播放"按钮，即可播放录制的音频文件。

使用录音机修改声音文件的方法如下。

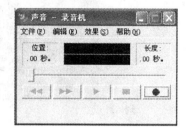

图 14-9 录音机

1）更改声音文件的音量

在录音机程序中更改声音文件的方法如下："文件"→"打开"，打开目标声音文件（＊.wav 格式），然后执行"效果"→"加大音量（按 25％）/降低音量"命令即可。

2）将声音文件插入到另一个声音文件中

方法如下："文件"→"打开"，打开目标声音文件，然后将该声音文件的播放滑块拖拽至目标位置，最后单击"编辑"→"插入文件"，在打开的"插入文件"对话框中选择目标插入文件即可。

2. 媒体播放器（Windows Media Player）

Windows Media Player 可以播放多种类型的音频和视频文件，还可以播放和制作 CD 副本、播放 DVD、收听 Internet 广播站、播放电影剪辑或观赏网站中的音乐电视。另外，Windows Media Player 还可以制作自己的音乐 CD。

启动方法：单击"开始"→"所有程序"→"附件"→"娱乐"→Windows Media Player，其显示窗口如图 14-10 所示。

1）功能任务栏

"功能任务栏"包括 7 个按钮，分别对应 7 个主要的播放机功能——"正在播放"、"媒体指南"、"从 CD 复制"、"媒体库"、"收音机调谐器"、"复制到 CD 或设备"和"外观选择器"。

要隐藏"功能任务栏"，单击"隐藏任务栏"按钮即可。

2）"播放列表"区域

"播放列表"区域显示当前播放列表中的各项。对于 DVD，"播放列表"区域显示 DVD 标题和章节的名称。

3）显示和隐藏菜单栏

在"查看"菜单上指向"完整模式选项"，然后单击"显示菜单栏"，可设置完整模式下始终显示菜单栏。若要隐藏菜单栏，则在"查看"菜单上执行相应命令即可。

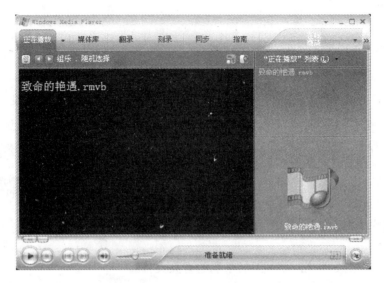

图 14-10　Windows Media Player

14.2　实验 2　Windows XP 基本操作

1. 实验目的

通过基本操作实验的学习,要求学生熟练掌握 Windows XP 的基本操作。

熟练掌握 Windows XP 系统中的文档管理、磁盘管理和桌面设置等。

掌握 Windows XP 系统中打印机的操作和多媒体软件的使用。

2. 实验内容

(1) 启动 Windows XP,熟悉"桌面",了解桌面图标、快捷方式及"开始"菜单栏。

(2) 新建文件及文件夹。在 D 盘创建一个名为"计算机基础"的文件夹,并在此文件夹目录下创建一个".txt"的文本文档。

(3) 在"D:/计算机基础"路径下进行搜索,搜索".txt"的所有文件。

(4) 将搜索到的文件创建桌面快捷方式。

(5) 删除计算机基础文件夹中所有文件扩展名为".txt"的文件。

(6) 双击打开"桌面"上的"IE"浏览器,在地址栏输入"www.baidu.com",并访问该网页,并通过浏览器菜单上的"文件"→"另存为"→"保存网页"菜单项,将此网页保存。

(7) 查看计算机的"磁盘管理"项,通过磁盘碎片整理工具对 D 盘进行整理。

(8) 查看计算机"打印机"窗口,查看各项打印机属性。

(9) 打开"录音机",录制两段声音文件,将文件 A 插入到文件 B 中,保存为文件 C。

(10) 打开 Windows Media Player,从"媒体库"中找到一个视频文件,将其播放。或者,在计算机中找到一个视频文件,通过 Windows Media Player 播放。

第 15 章

Word基本操作

15.1 Word 基本操作与实验

Office 是 Microsoft 公司推出的办公软件，目前已经更新到 2010 版本。Word 文本处理软件是 Office 套装软件中的重要组件，应用非常广泛。

Word 具有"所见即所得"的特点，可以处理文字、表格和图片，能够满足各种文档的编排、打印需求，使用 Word 可以方便、快捷地制作出各种专业化的精美文档。Microsoft Office 各个版本中以 2003 版本最经典，运用最广泛，本章中将以 Microsoft Office Word 2003 版本进行实例演示。

15.1.1 文档与文本的操作

1. 创建新文档

建立一个文档后，才能进行文本输入和编辑。可以通过创建空白文档或基于模板的文档来新建文档。常用方法有以下几种。

（1）启动 Word 时会自动新建一个空文档，并为其暂时命名为"文档 1"。

（2）选择"文件"→"新建"命令，在打开的"新建文档"任务窗口中，单击"空白文档"链接或单击"本机上的模板"链接。

（3）使用快捷键 Ctrl＋N，或单击常用工具栏 ⬜ 按钮。

如果在桌面或任意一个磁盘驱动器窗口上创建 Word 文档，操作步骤如下。

（1）右击桌面空白处或某一个磁盘驱动器应用窗口，在弹出的菜单中指向"新建"→"Microsoft Word 文档"选项并单击该项。

（2）系统默认的文档名为"新建 Microsoft Word 文档"，可以重新命名 Word 文档。

2. 打开已有文档

（1）在应用程序窗口中找到并双击要打开的 Word 文档图标。

（2）选择"文件"→"打开"命令，或单击"常用"工具栏上的"打开"按钮，在出现的"打开"对话框中（如图 15-1 所示），选择文档所在的路径、文档类型和要打开的文件，单击"打开"按钮。

图 15-1　打开文档对话框

3. 文档的输入

新建或打开一个文档后,即可在文档窗口中对文档进行录入、修改等操作。页面上竖条形的闪烁光标,称为插入点,它定位当前输入的文字或者图像。输入字符后,插入点自动向右移动 1 个字符位置。对文档进行编辑前,常常需要移动和定位插入点。用鼠标单击文档的非空白区域,插入点立即被定位在该位置。使用键盘定位光标,如表 15-1 所示。

表 15-1　键盘定位光标

按　　键	光标移动效果
→	光标右移一个字符
←	光标左移一个字符
↑	光标上移一行
↓	光标下移一行
PgUp	光标上移一页
PgDn	光标下移一页
End	光标右移至当前行末
Ctrl+PgUp	光标到整个页面的首行首字前面,再按一下,光标到了前一页的首行首字前
Ctrl+PgDn	光标到了下一页的首行首字前面
Home	光标移至当前行的开头
Ctrl+Home	光标移至文件头
Ctrl+End	光标移至文件尾
Ctrl+→	光标右移一个字或一个单词
Ctrl+←	光标左移一个字或一个单词
Ctrl+↑	光标移动到上一个段首
Ctrl+↓	光标移动到下一个段首

文本录入时主要有如下三种情况。

1) 英文、中文录入

一般英文字母以及键盘上有的符号只需按相应的键即可录入。录入文本后,插入点自动后移,同时文本被显示在屏幕上。当输入到段尾时,应按 Enter 键,表示段落结束,系统会自动换行。

2）特殊符号录入

在文档中录入拉丁字母、希腊字母、汉字偏旁部首的一些键盘上没有的特殊符号，可以将光标定位到录入位置，选择"插入"→"符号"命令，打开"符号"对话框，从中选择需要插入的符号。也可通过在输入法状态条的"软键盘"上单击鼠标右键，在弹出的快捷菜单中选择相应的选项。

3）日期时间的录入

在 Word 2003 中，当前系统的日期和时间可以利用"插入/日期时间"来快速地输入，操作方法和"插入/符号"类似。如果在"日期和时间"对话框中选中"自动更新"复选框，通过将插入点置于"日期和时间"中，再按下 F9 键，可更新日期和时间，则日期和时间可随系统的日期和时间的变化而更新。

4．编辑文档

编辑文档应遵循先选定后操作的原则。

1）删除文本

（1）删除单个字符，将插入点移到欲删除字符的左边或右边，按 BackSpace 键删去光标左边的字符，按 Delete 键删除光标右边的字符。

（2）删除一段文本，按 BackSpace 键和 Delete 键将选定的文本删除。

2）移动和复制文本

（1）剪切移动文本。选定要移动的文本，选中"编辑"菜单中的"剪切"命令，将此时选择的文本存放到剪切板中。将光标定位在欲插入的位置，选择"编辑"菜单中的"粘贴"命令或单击"粘贴"按钮 ，即可完成移动。

（2）拖动移动文本。将鼠标指针置于已选定的文本上，鼠标指针变为指向左上方的箭头，按住鼠标左键，箭头处出现一个小虚线框和指示插入点的虚线，拖动鼠标指针，直到插入点虚线到达目标位置上时松开鼠标，则选中的文本被移动到该位置。

（3）与键盘结合移动文本。选定欲移动的文本，按住 Ctrl 键并在目标位置上右击鼠标，则选定的文本移动到目标位置。

3）撤销与恢复

操作过程中，如果对先前所做的工作感到不满意或误操作时，可利用工具栏的"撤销"按钮 ，撤销刚刚做过的操作，使文档还原为操作之前的状态。单击"重复"按钮 ，还原刚才被撤销的操作。

4）查找与替换

查找和替换功能可以一次完成批量修改字或词的功能，便于快速修改文档。例如在输入文本时，对于一些复杂且重复出现的词，可以用简单字母代替，在最后定稿时进行替换即可。

（1）查找。查找命令能快速确定给定文本出现的位置。选择"编辑"→"查找"命令，打开"查找和替换"对话框。在"查找内容"文本框中输入欲查找的文本内容，单击"查找下一处"按钮，这时 Word 开始查找，将找到的内容移动到当前文档窗口，并以反白形式显示。若找不到，则显示相关的提示信息。单击"高级"按钮，出现如图 15-2 所示的高级查找对话框，可以查找某些特定的格式或符号等。

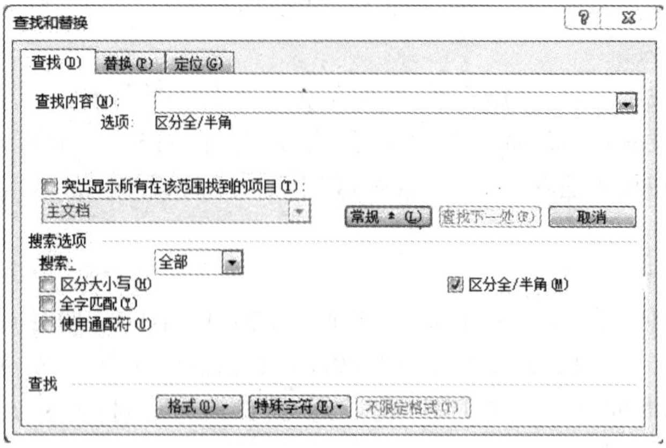

图 15-2　高级查找

（2）替换。替换功能与查找功能非常相似，所不同的是，在找到指定的文本后，替换功能可以用新文本内容取代找到的内容。选择"编辑"→"替换"命令，在对话框中选择"替换"选项卡，如图 15-3 所示。

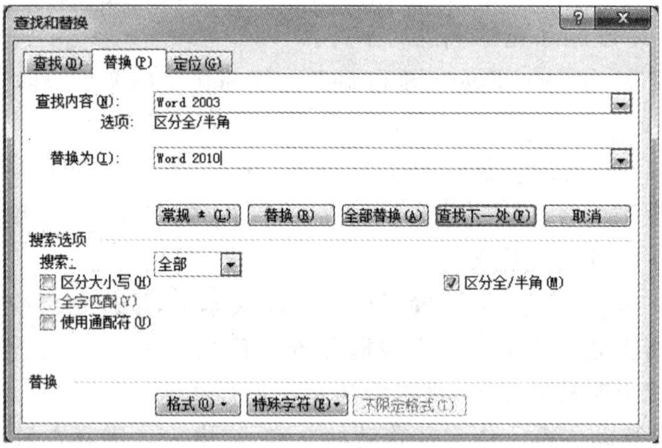

图 15-3　"替换"选项卡

在"查找内容"文本框中输入欲查找的文本内容，例如"Word 2003"，在"替换为"文本框中输入替换的新文本内容，例如"Word 2010"。若希望替换，则单击"替换"按钮，否则单击"查找下一处"按钮。如果要进行全部替换，单击"全部替换"按钮。

5. 自动更正与拼写检查

1）自动更正

Word 2003 提供的自动更正功能，可以帮助用户在输入文字的过程中，自动检查英文拼写错误、语法错误和汉语成语的输入错误，对英文还可以自动纠正错误。自动更正功能的强弱依赖于 Word 的自动更正词库，即词库中的错误词条搜集得越多，自动更正能力也就越强。利用 Word 2003 中的自动更正功能，将容易混淆的错别字设置成自动更正词条，添加到自动更正词库，一旦输入错误就自动更正。

为自动更正词库添加新词条的步骤如下。

（1）选择要建立为自动更正词条的文本（如"想象"）。

（2）选择"工具"→"自动更正选项"命令，在对话框中选"自动更正"选项卡。如图15-4所示，选中的文本将出现在"替换为"框中。

（3）在"替换"框中输入错误的词条名（如"想向"），单击"添加"按钮。

（4）该词条添加到自动更正的列表框，单击"关闭"按钮。

（5）当输入词条名"想向"时，Word就将相应的词条"想象"来代替它。

2）拼写检查

在 Word 2003 中，用户可以在输入文本时自动检查拼写错误。选择"工具"→"选项"命令，单击"拼写和语法"选项卡，可在其中进行自动拼写和语法检查设置，如图15-5所示。

图15-4　"自动更正"对话框

图15-5　"拼写和语法"对话框

拼写检查的操作步骤如下。

（1）将光标定位于需要检查的文字部分的开头，或选取要校对的文本。

（2）选择"工具"菜单中的"拼写和语法"命令。

这时，Word将自动对光标后的内容进行检查校对。

6. 保存和关闭文档

1）保存文档

在文档中输入数据后，要将其保存在磁盘上以备后用。在文档的输入和编辑过程中要随时保存文档，以免出现意外而丢失数据。

可以用不同的名称、不同的文件格式在不同的位置保存文档。可保存在编辑的活动文档，也可以同时保存选择的所有文档。

（1）保存未命名的文档。选择"文件"→"另存为"命令，或单击工具栏上的"保存"按钮，弹出"另存为"对话框，如图15-6所示。单击"保存位置"列表框箭头，选择目标盘符和文件夹，如果要把文档保存在磁盘上的某一个文件夹中，双击打开选定的文件夹。Word 保存文档的默认文件夹是 My Documents。

图 15-6　"另存为"对话框

单击"新建文件夹"按钮 ，可以在一个新的文件夹中保存文档,单击对话框左边框中的图标,可以在相应的文件夹中保存文档。在"文件名"文本框中输入要保存的文件名,例如"计算机基础",默认的保存类型是 Word 文档,系统自动添加 .doc 扩展名。若用户要保存为其他类型的文档(如纯文本、文档模板),单击该列表框右侧的向下箭头,在下拉列表中用鼠标单击选择所需的文件类型,再单击"保存"按钮。

(2) 保存一份已命名的文档。有三种方法:选择"文件"→"保存"命令;用快捷键 Ctrl + S;单击"常用"工具栏中的 按钮。

(3) 设置定时自动保存。Word 具有定

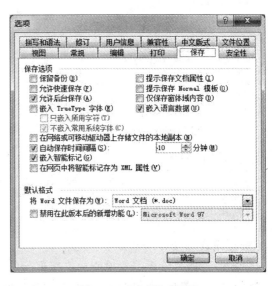

图 15-7　"选项"对话框

时自动保存功能,每隔一定的时间可以自动保存一次文档内容,这样可以减少因停电、死机等意外事件导致信息丢失造成的损失。选择"工具"→"选项",打开"选项"对话框,如图 15-7 所示。

选择"保存"选项卡和"自动保存时间间隔"复选框,在文本框中输入时间间隔,单击"确定"按钮。这样每隔一定时间(如 10min),Word 就自动对当前文档保存一次。值得一提的是,这种定时自动保存与前面的几种保存方法所做的保存不是一回事。前面的几种保存是真正意义的文件存盘,而定时自动保存只是为已选择的文档保存了一个供 Word 使用的临时备份文件,以便在遇到意外情况用户来不及存盘时,Word 可以根据临时备份文件来恢复用户文档。因此,它不能代替用户所做的存盘。

(4) 同时保存所有已选择的文档。按住 Shift 键,单击"文件"→"全部保存"命令,便可以逐个自动保存所有已选择的文档。

2) 关闭文档

关闭文档常用方法是单击文档窗口右上角的关闭按钮 × 或选择"文件"→"关闭"命令。按住 Shift 键，单击"文件"→"全部关闭"，便可逐个自动关闭所有已选择的文档。如果被关闭的文档尚未命名，Word 将给出"另存为"对话框，让用户保存之后再关闭。

15.1.2　文档排版

在文档录入工作完成之后，一般都需要对文档格式进行编排，达到理想的视觉效果。Word 2003 具有强大的排版功能，可以对文档进行字符格式化、段落格式化、页面设计等。

1. 字符的格式化

字符的格式化包括字体种类、字符大小、字形、字间距、颜色和各种修饰效果等多种形式，通过改变字符的格式，可以产生许多特殊的效果。

1) 使用格式工具栏设置字符格式

Word 文档输入的文字默认为宋体五号字，利用格式工具栏（如图 15-8 所示）可以对比较常用的字符格式进行快速设置，如改变字体、字形、字号、颜色等。

图 15-8　格式工具栏

"格式"工具栏中显示的是当前插入点字符的格式设置。如果不做新的定义，显示的字体和字号将用于下一个输入的文字。若所做的选择包含多种字体和字号，那么字体和字号的显示将为空。

"样式"框定义了文本的样式。例如，文章中的章、节、小节等各级标题及正文，可分别采用"样式"框中的各级标题和正文的设置。这样可在"大纲模式"观看文章时，从各标题级纵览全文。

2) 使用菜单方式设置字符格式

菜单方式不但可以完成"格式"工具栏中所有字体设置功能，还能增设一些特殊格式。选择"格式"→"字体"，打开"字体"对话框，如图 15-9 所示。

定义后的参数将作用于新输入字符的格式或修改选定部分的字符设置。"预览"框实时显示出选样效果。设置完毕后单击"确定"按钮。

3) 设置边框和底纹

选择"格式"→"边框和底纹"，打开"边框和底纹"对话框，通过选择"边框"或"底纹"选项卡，可以为选中的区域设置丰富多彩的边框和底纹。如图 15-10 所示。

4) 复制字符格式

利用工具栏上的"格式刷"按钮，可以将一个文本的格式复制到另一个文本上，操作如下。

（1）选定需要这种格式的文本或将插入点定位在此文本上。

（2）单击工具栏上的"格式刷"按钮。

（3）移动鼠标，使鼠标指针指向欲排版的文本头，此时鼠标指针的形状变为一个格式刷，

图 15-9　"字体"选项卡

图 15-10　"边框"选项卡

按下鼠标按钮,拖拽到文本尾,此时欲排版的文本被加亮,然后放开鼠标,完成复制格式工作。

若要复制格式到多个文本上,则双击"格式刷"按钮;完成复制格式化后,再单击"格式刷"按钮,复制结束。

2. 段落的格式化

Word 中"段落"是指以段落标记 ⏎ 作为结束符的文本、图形或其他对象的集合。一个段落可以只是一个回车符,也可以是一行或若干行。

如果对一个段落进行操作,只需在操作前将插入点置于段落中即可。倘若是对几个段进行操作,首先应该选定这几个段落,再进行各种段落的排版操作。

在 Word 中,段落格式主要是指段落对齐方式、段落缩进、段内行间距和段间距等。

1）文本的对齐

选择"格式"→"段落"命令，在"段落"对话框中选"缩进和间距"选项卡，如图 15-11 所示。点击"对齐方式"下拉框按钮，选择所需的对齐方式，通过"预览"观看，确认后单击"确定"按钮。

图 15-11　段落对话框

2）设置段落缩进

段落的缩进是指段落两侧与左、右页边距的距离，主要有首行缩进、悬挂缩进、左缩进和右缩进 4 种形式。可用菜单方式和标尺方式进行设定。

3）设置行间距和段间距

段落间距的设置主要是指文档行间距与段间距的设置，计算机默认的是单倍行距。行间距设置步骤如下。

（1）如果只设置某一段文本的行间距，把光标定位在该段的任意位置；如果要设置整篇文档的行间距，则选中整篇文档。

（2）选择"格式"→"段落"，打开段落对话框。

（3）在对话框的"行距"下拉框中选择行距倍数，或者直接在"设置值"框中键入行距的准确数值。

（4）观看"预览"窗口显示的设置效果。认可后，单击"确定"按钮。

设置段间距是调整段落与段落间的距离，设置方法与前类似。

注意：在"间距"区域中调整"段前"和"段后"的间距的单位是行数。

4）分栏

分栏是将文本分成若干个条块的排版方式，操作步骤如下。

（1）选中要分栏的段落。

（2）选择"格式"→"分栏"命令，打开分栏对话框，如图 15-12 所示。

（3）在"预设"框里设置栏数，在"宽度和间距"框里设置栏的宽度和间距，在"分隔线"复

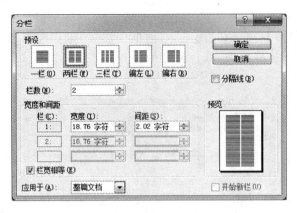

图 15-12　分栏对话框

选框里选择是否设置分隔线。

（4）在"预览"窗口中观察设置效果，单击"确定"按钮。

5）文档视图

Word 2003 提供了 5 种视图方式：普通视图、Web 版式视图、页面视图、大纲视图和阅读版式。文档视图可通过"视图"菜单命令和水平滚动条左侧的视图方式切换按钮进行切换。

15.1.3　表格处理

1．创建表格

Word 2003 提供了强大的表格处理功能，可以方便地在文档中插入表格。主要有 4 种方式：使用工具栏按钮创建表格、利用"插入表格"命令插入表格、将文本转换为表格、手工绘制表格等。以下以利用"插入表格"命令插入表格为例。

（1）把光标定位在要插入表格的位置，选择"表格"→"插入"→"表格"命令，出现"插入表格"对话框，如图 15-13 所示。

（2）在"列数"和"行数"框中输入表格的列数和行数值，在"'自动调整'操作"框中选择操作内容，确定表格的样式。

图 15-13　"插入表格"对话框

（3）单击"自动套用格式"按钮，可以按照 Word 已经定义的格式创建表格。

（4）单击"确定"按钮完成制作。选中"为新表格记忆此尺寸"复选框，可以把"插入表格"对话框中的设置变成以后创建新表格时的默认值。

2．编辑表格

1）插入单元格

将光标定位在要插入单元格的位置，选择"表格"→"插入"→"单元格"命令，打开"插入单元格"对话框。单击"确定"按钮,完成插入。

2)删除单元格

选中要删除的一个或多个单元格,选择"表格"→"删除"→"单元格"命令,打开"删除单元格"对话框,选中一个选项后,单击"确定"按钮即可。

3)插入整行或整列

把光标放在要插入点上一行的结束符上(即表格外面的回车符),按下 Enter 键,每按一次 Enter 键便插入一行。单击最后一行的最后一个单元格,按下 Tab 键或 Enter 键,可在表格末添加一行。如果要一次性插入多行、多列,可以通过以下操作完成:选择"表格"→"插入"命令,选择"行"或"列"。如果选择"行"(在上方)即在插入点上方插入一行;其他方法类似。

4)删除整行或整列

选定要删除的一行或多行,选择"表格"→"删除"命令,再单击"行/列",完成删除行/列的操作。

5)合并和拆分单元格

选定所有要合并或要拆分的单元格,选择"表格"→"合并单元格"或"拆分单元格"命令,该命令使所选定的单元格合并成一个或在对话框内输入要拆分成的单元格数将一个单元格拆分为几个。

6)绘制斜线表头

将光标定位于表头位置(第一行第一列),选择"表格"→"绘制斜线表头"命令,出现"插入斜线表头"对话框,如图 15-14 所示。在"表头样式"列表框中选定表头样式,在标题文本框中设定斜线表头的各个标题。单击"确定"按钮。

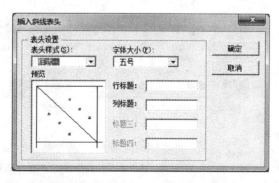

图 15-14 "插入斜线表头"对话框

3. 表格样式

(1)表格自动套用格式。将光标置于表格中的任何位置,选择"表格"→"表格自动套用格式"命令,出现"表格自动套用格式"对话框。用户可以从列表框中预定义的多种格式中挑选出自己需要的格式。

(2)边框和框线。选定需要添加边框和框线的单元格或整个表格,从"表格和边框"工具栏上的"线形"下拉框中选择框线的线形。从"粗细"下拉列表框中选择框线的宽度。单击"边框颜色"按钮,出现一调色板,从中选择框线颜色。单击"表格和边框"工具栏上的边框类型按钮组,选择相应的边框类型。

（3）表格中文本的排列方式。单击需要进行文本排列操作的表格单元格或表格单元格区域,右击鼠标,弹出的快捷键菜单上选择"文字方向"命令,打开"文字方向-表格单元格"对话框,如图 15-15 所示。从中选择所需的排列方式,单击"确定"按钮。

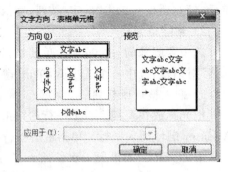

图 15-15　"文字方向"对话框

15.1.4　图片编辑

Word 2003 具有实用、灵活的图形处理功能,用户可以在文档中插入图片对象,并且可以随意安排它们在文档中的位置、改变其大小、对其进行组合等,从而轻而易举实现图文混排,使文档图文并茂。

1．插入图片

在文档中可以插入来自其他文件的图片,也可以从"剪辑库"中插入剪贴画或图片。以从其他文件插入图片为例,步骤如下。

（1）将光标定位于需要插入图片的位置,选择"插入"→"图片"→"来自文件"命令,打开"插入图片"对话框,如图 15-16 所示。

图 15-16　"插入图片"对话框

（2）在"查找范围"下面的列表框中,选择图形文件所在的文件夹,打开文件夹选择所需的图形文件。

（3）单击"插入"按钮,将图形插入当前位置,单击"插入"按钮右侧的下拉按钮可以选择插入图片文件的方式,例如是否以链接方式插入等。

2．编辑图片

利用"图片"工具栏(如图 15-17 所示)和"设置图片格式"对话框,对插入的图片做进一步的修饰,可以调整图片的色调、亮度、对比度、大小,还可以对图片进行裁剪、设置图片的边框、版式等操作。

1) 缩放和剪裁图片

(1) 单击选定图形对象,在其对角和沿选定矩形的边界会出现8个尺寸控制点(黑色方形点),可拖动尺寸控制点来调整对象的大小。

图15-17 "图片"工具栏

(2) 选中图片,右击弹出快捷菜单,在菜单中选择"设置图片格式",弹出设置图片格式对话框。

(3) 选择"大小"选项卡,在对话框中列出图片的原始尺寸、现在尺寸和缩放比例,可以按对象指定的长、宽百分比来精确地调整其大小。如果选中"锁定纵横比"复选框,那么在调整对象大小时要保持其高与宽的比例。如果选中"相对于图片的原始尺寸"复选框,那么每次调整缩放比例时,都是相对于图片的原始尺寸调整比例,否则改变比例是相对于当前的图片大小。

(4) 如果对象是图片、照片、位图或者是剪贴画,可对其进行裁剪。单击"图片"工具栏的"裁剪"按钮 ,在尺寸控制点上拖动定位裁剪工具,当放开鼠标左键后,可实现对图片的裁剪。

2) 设置图片的版式

通过设置图片的版式可以调整图片在文档中的位置以及文字的环绕方式。

(1) 选中图片,单击绘图工具栏中的"绘图"按钮右边下拉按钮,指向"文字环绕"选项,弹出文字环绕菜单。

(2) 选择一种环绕方式,单击该选项,比如四周型环绕,图片就放置在文字的中间。

(3) 将光标移动到图片上,这时光标变成一个十字形箭头,按住鼠标拖动图片,调整图片位置,选择合适的位置后松开鼠标,显示所选的文字环绕图片的形式。

(4) 也可以通过"设置图片格式对话框"来准确设置版式。鼠标右键单击图片,弹出快捷菜单,选择"设置图片格式"项,打开的对话框如图15-18所示。在其中选择"版式"选项卡,可以选择不同的图文环绕方式和水平对齐方式。Word 2003中默认的环绕方式为"嵌入

图15-18 "设置图片格式"对话框

型"。单击对话框中的"高级"按钮,弹出"高级版式"对话框,在对话框中可以准确设置图片和文字的相对位置。

15.1.5 文档打印

选择"文件"→"打印"命令,显示"打印"对话框,如图 15-19 所示。在对话框中,用户可以设置打印选项,如选择打印机并设置属性、页面范围、份数等。当有关参数设置完毕后,单击"确定"按钮,即可按设置要求打印文档。

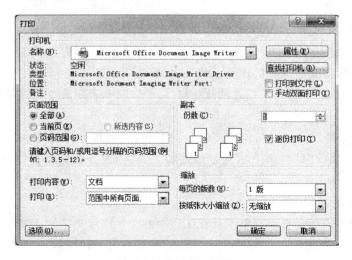

图 15-19 "打印"对话框

15.2 实验 3 Word 基本操作

1. 实验目的

熟练掌握 Word 中基本的排版功能(如设置字体、字号、段落缩进、行对齐方式、表格及图片插入等);掌握分栏设置的操作过程;熟练掌握页面设置及文档打印技术。

2. 实验内容

(1) 将新建文件以 word1.doc 为文件名存入 D 盘"word 练习"文件夹。

(2) 设置页面:设置文本页面、页边距(上下、左右均为 3cm)和纸张大小(A4 竖放)。

(3) 设置分栏格式:把第二段文本设置为两栏格式,不加分割线。

(4) 字体设置:将正文设为"楷书,4 号,蓝色"。

(5) 段落设置:将正文行距设置为 1.5 倍,各段首行缩进 2 个字符。

(6) 设置底纹:对正文第一段进行设置,底纹填充红色,图案式样选择 20%。

(7) 插入图片:从文件中选择一个合适的图片文件,以宽 4.5cm、高 3.5cm 的大小,插入正文第二段中合适的位置,设置为"紧密型"图文环绕方式。

(8) 插入表格:表格菜单插入表格,设置行数、列数分别为 10、5。设置表格中文本对齐方式为"居中"。

第 16 章

Excel操作与实验

16.1 Excel 操作

16.1.1 Excel 基本操作

1. 打开 Excel

1）创建新文档

将鼠标移动到电脑屏幕右下角的"开始"按钮上，单击左键打开"开始"按钮。在"程序"上找到"Microsoft Office 2003"，然后找到"Microsoft Office Excel 2003"再单击鼠标左健，就可以打开 Excel 2003，如图 16-1 所示。

图 16-1　Excel 的打开方法

2）打开已有文档

在应用程序窗口中找到 ，或者选择"文件"→"打开"，出现"打开"对话框中，选择文件所在路径，单击"打开按钮"，如图 16-2 所示。

2. 认识 Excel

Excel 操作界面分为功能区、工作区、状态提示区、任务窗格，如图 16-3 所示。

1）功能区

功能区可划分为 5 个部分，即标题栏、菜单栏、常用工具栏、格式工具栏和数据输入/编辑栏。

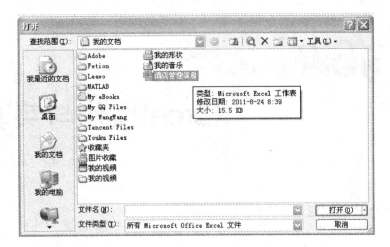

图 16-2　打开已有的文件

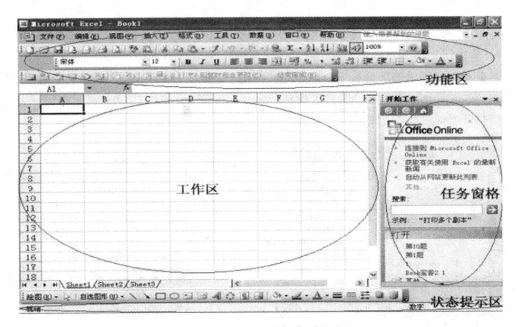

图 16-3　Excle 的操作界面

2) 工作区

工作区就是一张很大的表,其中包括工作簿名称、行号、列号、滚动条、工作表标签、工作表标签切换按钮、窗口水平分割线、窗口垂直分割线以及当前工作表的一部分。工作表有16384 行(1~16384)、256 列(A~Z、AA~IV)。

3) 状态栏

状态栏的功能是显示当前工作状态,或提示进行适当的操作。它分为两部分,前一部分显示工作状态(如"就绪"表示可以进行各种可能的操作,Excel 已准备就绪),后一部分显示设置状态(如 NUM 表示小键盘处于数字输入状态)。

4）任务窗格

操作者可使用任务窗格直接进行各种文件操作。

3．输入符号

1）字符的输入

左键单击需要输入的单元格，使之成为活动单元格，在格中输入文字"姓名"，输入文字的方法与 Word 中相同。按 Enter 键后确认输入，光标会移动到下一行同列的单元格中。用鼠标或键盘的方向键选定另外的单元格，输入的内容也会被确认。例如按一下键盘的右方向键，当前单元格中输入的内容也会被确认，B1 单元格将成为活动单元格，如图 16-4 所示。

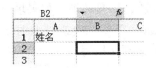

图 16-4　字符的输入

有些特殊的字符，例如某职工的编号是"001"，我们称为数字型字符串。数字型字符串虽然由数字组成，但它不表示大小，并不是一个数字。如果直接输入"001"，Excel 2003 会按数字处理，自动省略前面两个"0"，造成输入错误。在输入时，数字型字符前面要加一个英文状态下的单引号"'"，而且单引号要在英文输入状态下输入。如输入"'001"，按回车键确认，在单元格内单引号不会显示出来，但编辑栏中还是可以看到。

2）数字的输入

数字可以直接输入单元格，若数字位数太多，会自动以科学计数法显示，例如输入"6560000000"，显示如图 16-5 所示的 B3 单元格。输入分数时，整数与分数之间应有一个空格，分数分隔符用斜杠"/"表示。例如输入 4，应该输入"4＋空格＋7/8"，如图 16-5 所示的 B4 单元格。对纯分数，例如，应该输入"0＋空格＋7/8"，如图 16-5 所示的 B6 单元格（0 没有显示）。如果直接输入"7/8"，就会被作为日期看待，结果如图 16-5 所示的 B5 单元格。

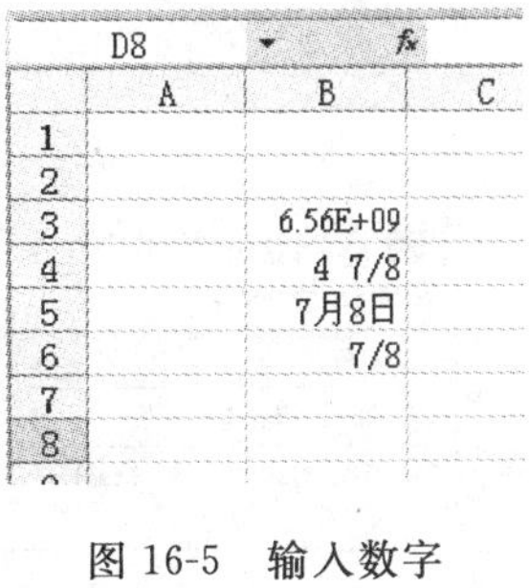

3）日期和时间的输入

输入日期和时间要用 Excel 能识别的格式。如果需要输入当前的系统日期和系统时间，只需要分别用快捷键"Ctrl＋;"和"Ctrl＋Shift＋;"即可完成。

图 16-5　输入数字

4．数据的输入和修改

1）填充文本和时间

不同类型的数据，填充的方式是不同的。输入如图 16-6 所示的内容，选中要填充的数据所在单元格，例如这里的 A1 单元格。单元格右下角有个黑色实心的正方形，我们称为"填充柄"。将鼠标放在填充柄上，鼠标的指针将由空心十字变为实心十字，如图 16-6 所示。

按住鼠标左键不放，拖动鼠标到需要的位置，行方向或列方向都可以。放开左键，填充就完成了,如法炮制,把图中 A3 和 A5 单元格的内容也进行填充,结果如图 16-7 所示。

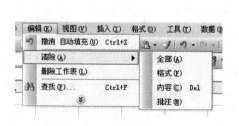

图 16-6　文本和时间的输入　　　　　　　图 16-7　填充单元格

从这个例子可以看出,有一些填充是复制,有些不是简单的复制。Excel 2003 预定了很多有规律排列的数据,例如时间型数据,还有"甲、乙、丙……"等。如果填充的内容正好符合这些系统,就会按规定的内容填充。对于数字,Excel 需要三项或以上的数据决定是否按规律填充还是复制。对于固定内容的序列,Excel 可按顺序填写。

2）删除单元格里面的内容

首先选中将要删除的单元格或多个单元格,按下键盘上的 Delete 键,单元格里面的内容就被删除了。

Delete 键只能删除单元格的内容,而单元格的格式等都保留下来。如果想清除它们,可以使用"编辑"菜单中的"清除"命令,如图 16-8 所示。

无论是 Delete 键还是菜单中的"清除"命令,都不会删除单元格本身,如果要把单元格本身删除,应该使用"编辑"菜单中的"删除"命令,如图 16-9 所示。

图 16-8　清除单元格的格式　　　　　　　图 16-9　删除单元格

删除单元格后,它的位置需要其他单元格填补,在"删除"对话框中,可以选择填补的方式。由于删除单元格会影响到其他单元格的位置,所以要慎用,一般删除内容就可以了。

5. 保存和关闭 Excel

1）保存 Excel 文件

单击左上角的"文件"菜单,选择"保存"命令,打开"另存为"对话框。在"保存位置"下拉列表中选择合适的文件夹,在"文件名"输入框中输入文件名。设置完成后,单击"确定"按钮。如果工作簿已经保存过,又不想改变保存的位置和保存的名字,选择保存命令就不会有"另存为"对话框,也可以直接使用工具栏上的"保存"按钮来保存,如图 16-10 所示。

图 16-10　保存 Excel 文件

　　Excel 保存文档的默认文件夹是"我的文档",单击对话框左边框中的图标,可以在相应的文件夹中保存文档。在"文件名"文本框中输入要保存的文件名,例如"Book1",默认的保存类型是 Excel 文档,系统自动添加 .xls 扩展名。若用户要保存为其他类型的文档,单击该列表框右侧的向下箭头,在下拉列表中用鼠标单击选择所需的文件类型,再单击"保存"按钮。

　　2）关闭 Excel

　　关闭文档通常的方法是单击文档窗口右上角的关闭按钮 ,或选择"文件"→"关闭"。如果被关闭的文档尚未保存或命名,会出现提示对话框,让用户保存后再关闭。

16.1.2　工作表的编辑

1．工作表的插入

　　首先,给表格加一个标题。通常,标题应该在第一行,而第一行已经有内容了,所以首要的操作是插入一行。在行号"1"上单击,选中此行。由于新行插入的位置在当前选中行的上边,所以这一操作是给插入的行定位。单击"插入"菜单,选择"行"命令,如图 16-11 所示。

　　操作完成后,在表格中就新插入了一行,而原来的第一行变成第二行。插入列的方法与插入行的方法一样。

2．合并单元格

　　现在准备输入标题,为了整齐和美观,标题放在某一个单元格内都不合适,它的宽度应该和下面的内容的总宽度相同,所以要进行合并单元格。合并单元格是把多个单元格合并成一个单元格。如选中 A1 至 D1,单击单元格式工具栏中的合并按钮,如图 16-12 所示。

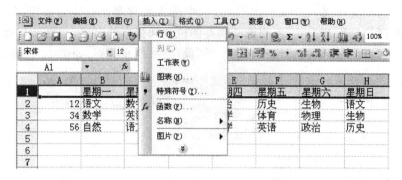

图 16-11　插入行

图 16-12　合并单元格

完成这一步操作后，A1 至 D1 单元格就合并成一个大的单元格了，在这个单元格中输入标题就可以了，如图 16-13 所示。

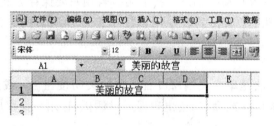

图 16-13　输入标题

3．工作表的格式

对 Excel 2003 有了大致的了解后，下面我们将对表格里面的文字进行设置，让它看上去漂亮一些。设置单元格内文字的字体和字号的方法。

1）设置字体字号

选中要改变字体的单元格，单击格式工具栏中"字体"下拉按钮"↗"，拖动列表框右边缘的滚动条，在下拉列表中选择需要的字体，例如选择"黑体"。单击格式工具栏中"字号"下拉按钮，在弹出的下拉列表中选择"24"磅，如图 16-14 所示。

2）设置颜色

文字颜色的设置方法如下。

选中将要设置的文字，单击工具栏中的"字体颜色"的下拉按钮，在弹出的对话框中选择"红色"。或者，单击"格式"→"字体"→"字体颜色"，选择颜色然后确定，也可以达到同样的效果，如图 16-15 所示。

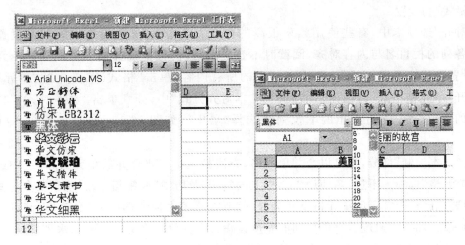

图 16-14　设置字体和字号

图 16-15　设置文字颜色

表格背景颜色的设置：

和字体颜色一样，首先选中要设置背景的单元格。单击工具栏中的"填充颜色"的下拉列表框，选择合适的颜色，如"黄色"。填充后的效果如图 16-16 所示。

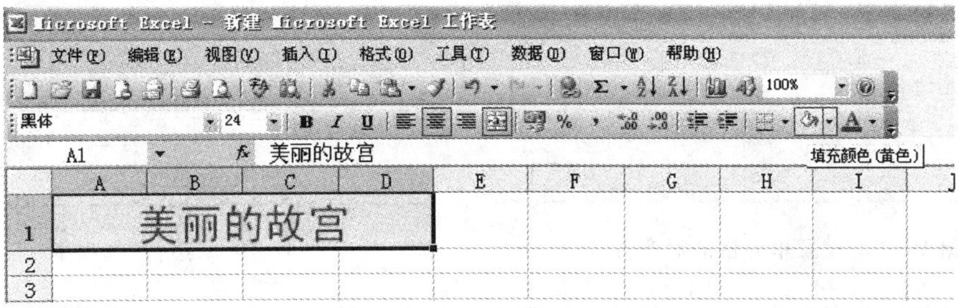

图 16-16　设置表格背景颜色

4．单元格的格式

1）单元格对齐方式

单元格是 Excel 的基本单位，它的格式设置就显得非常重要。用格式工具栏上的命令可以进行部分格式设置，不过，"格式"菜单中的"单元格"命令更为全面。下面我们来学习

"对齐格式"的设置。

"对齐"选项卡中,有些使用频率很高的命令。首先是"文本对齐方式",常设置为居中,让各列的栏目名与内容对齐,阅读时不容易出错,而且更整齐美观。例如把单元格的内容设置为居中显示。首先,选中工作表的所有内容,单击"格式"菜单中的"单元格"命令,打开"单元格格式"对话框。然后在"文本对齐方式"中,分别单击"水平对齐"和"垂直对齐"的下拉按钮"",在弹出的下拉列表选择"居中",如图 16-17 所示,最后单击"确定"按钮。

在"文本控制"部分,也可以合并单元格,方法是选中需要合并的单元格,再选中这里的"合并单元格"选项。不过,与使用工具栏上的"合并及居中"按钮相比较,步骤要多一些。但如果想要把已经合并了的单元格重新分开,就要在这里去掉该选项。"自动换行"可以在单元格内容较多时分行显示,避免把列的宽度设得过大。单元格文本一般都水平排列,有些情况需要竖直排列,例如在列方向上合并了多个单元格,想把这个单元格的内容也竖直排列,可以在"方向"部分进行调节。

2)边框格式设置

现在的单元格虽然看上去有淡淡的边框线,但打印时不会打印输出,需要加上真正的边框线。而 Excel 2003 为单元格准备了多种边框线条,加边框也更自由准确。不仅可以把内部和外边框分别设置,甚至可以控制每一线条。

给表格加边框的步骤如下。选中所有包含内容的单元格,单击"格式"菜单,选中"单元格"命令,进入"单元格格式"对话框,选择"边框"选项卡,如图 16-18 所示。

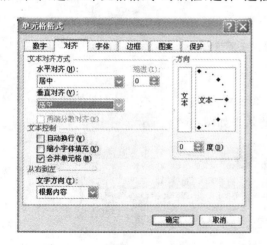

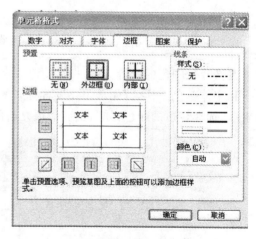

图 16-17　设置单元格的对齐方式　　　　图 16-18　"边框"选项卡

加边框时,原则上先选择线条加框。现在先加上外边框,在"线条"的列表中,用鼠标在双线条上点击选中它,然后在"预置"卡项里点击"外边框"即可。用鼠标在单线条上点击选中它,然后在"预置"卡项里点击"内部",就给内部加了单线,在对话框的"边框"部分可以预览加框的效果。在"边框"部分预览框周围有 8 个小框,单击它们,可以控制局部的线条,例如单击最左上方的小框,在预览框中可以看到外边框的上部都去掉了。

如果需要,还可以在"颜色"下拉列表中,给边框加上颜色,这个例子不需要颜色,单击"确定"按钮就可以了,如图 16-19 所示。

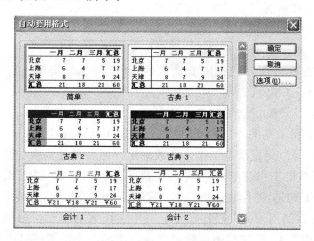

图 16-19 加边框后的效果

3) 图案格式设置

有些时候,给自己的表格加上底纹可以让你的表格看上去更漂亮。先进入"图案"选项卡。在"颜色"列表中选择一种喜欢的颜色,单击"确定"按钮即可。

5. 格式化工作表

工作表的格式化可以给不想花功夫又想做一个漂亮的表格的人一个"偷懒"的办法。Excel 2003 为此提供的方法很简单。单击"格式"菜单,选择"自动套用格式"命令,打开"自动套用格式"对话框。如图 16-20 所示。

图 16-20 "自动套用格式"对话框

在列表中,包括近 20 种样式,选择自己喜欢的样式,然后点击确定就可以了。还有一种方法是利用工具栏上的"格式刷"改变格式。选择一种样式,然后单击工具栏上的 图标,此时鼠标的符号不再是箭头了,取而代之的是在鼠标的前面的像"刷子"一样的符号。选择将要设置格式样式的单元格(有几个选几个),直到满意为止。最后单击工具栏上的 就可以了。

16.1.3 数据图表

1. Excel 中使用的函数

Excel 函数一共有 11 类,分别是数据库函数、日期与时间函数、工程函数、财务函数、信息函数、逻辑函数、查询和引用函数、数学和三角函数、统计函数、文本函数以及用户自定义函数。

(1) 数据库函数。当需要分析数据清单中的数值是否符合特定条件时,可以使用数据库工作表函数。例如,在一个包含销售信息的数据清单中,可以计算出所有销售数值大于 1000 且小于 2500 的行或记录的总数。Microsoft Excel 共有 12 个工作表函数用于对存储在数据清单或数据库中的数据进行分析,这些函数的统一名称为 Dfunctions,也称为 D 函数,每个函数均有三个相同的参数:database、field 和 criteria。这些参数指向数据库函数所使用的工作表区域。其中参数 database 为工作表上包含数据清单的区域。参数 field 为需要汇总的列的标志。参数 criteria 为工作表上包含指定条件的区域。

(2) 日期与时间函数。通过日期与时间函数,可以在公式中分析和处理日期值和时间值。

(3) 工程函数。工程工作表函数用于工程分析。这类函数中的大多数可分为三种类型:对复数进行处理的函数、在不同的数字系统(如十进制系统、十六进制系统、八进制系统和二进制系统)间进行数值转换的函数、在不同的度量系统中进行数值转换的函数。

(4) 财务函数。财务函数可以进行一般的财务计算,如确定贷款的支付额、投资的未来值或净现值,以及债券或息票的价值。财务函数中常见的参数如下。

① 未来值(fv):在所有付款发生后的投资或贷款的价值。

② 期间数(nper):投资的总支付期间数。

③ 付款(pmt):对于一项投资或贷款的定期支付数额。

④ 现值(pv):在投资期初的投资或贷款的价值。例如,贷款的现值为所借入的本金数额。

⑤ 利率(rate):投资或贷款的利率或贴现率。

⑥ 类型(type):付款期间内进行支付的间隔,如在月初或月末。

(5) 信息函数。可以使用信息工作表函数确定存储在单元格中的数据的类型。信息函数包含一组以 IS 开头的工作表函数,在单元格满足条件时返回 TRUE。例如,如果单元格包含一个偶数值,ISEVEN 工作表函数返回 TRUE。如果需要确定某个单元格区域中是否存在空白单元格,可以使用 COUNTBLANK 工作表函数对单元格区域中的空白单元格进行计数,或者使用 ISBLANK 工作表函数确定区域中的某个单元格是否为空。

(6) 逻辑函数。使用逻辑函数可以进行真假值判断,或者进行复合检验。例如,可以使用 IF 函数确定条件为真还是假,并由此返回不同的数值。

(7) 查询和引用函数。当需要在数据清单或表格中查找特定数值,或者需要查找某一单元格的引用时,可以使用查询和引用工作表函数。例如,如果需要在表格中查找与某一列中的值相匹配的数值,可以使用 VLOOKUP 工作表函数。如果需要确定数据清单中数值的位置,可以使用 MATCH 工作表函数。

(8) 数学和三角函数。通过数学和三角函数,可以处理简单的计算(例如对数字取整、计算单元格区域中的数值总和）或复杂计算。

（9）统计函数。统计工作表函数用于对数据区域进行统计分析。例如，统计工作表函数可以提供由一组给定值绘制出的直线的相关信息，如直线的斜率和 y 轴截距，或构成直线的实际点数值。

（10）文本函数。就是可以在公式中处理文字串的函数。例如，可以改变大小写或确定文字串的长度；可以替换某些字符或者去除某些字符等。而日期和时间函数则可以在公式中分析和处理日期值和时间值。

（11）用户自定义函数。如果要在公式或计算中使用特别复杂的计算，而工作表函数又无法满足需要，则需要创建用户自定义函数。这些函数，称为用户自定义函数，可以通过使用 Visual Basic for Applications 来创建。

2．绘制图表

1）产生一个表

创建一个数据表，选中需要产生图表数据的区域 A1：D4。选择工具表上的"绘图"导向，或者选择菜单"插入"→"图表"命令，打开"图表向导"对话框，如图 16-21 所示。

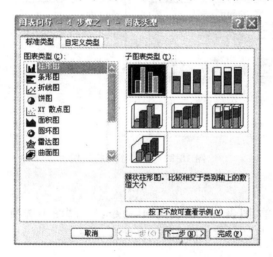

图 16-21 "图表向导"对话框

默认"图表类型"为"柱形图"和"子图表类型"，按下下方的"按下不放可查看示例"按钮，可以看到将要得到的图表外观预览。单击"完成"按钮，将在目前工作表中得到产生的图表，如图 16-22 所示。

如果想要更新表中的数据，可以在表格中直接修改，图表会自动对于修改做出变动。

2）更换表的类型

选中图表，然后选择菜单"图表"→"图表类型"命令，打开"图表类型"对话框。修改图表类型为"条形图"，子类型默认，一直按住"按下不放可查看示例"按钮，即可以预览该图表类型得到的效果图。如果满意，单击"确定"按钮。接着，尝试其他图表类型。将图表类型改为"折线图"，一直按住"按下不放可查看示例"按钮，预览该图表类型得到的效果图，如图 16-23 所示。

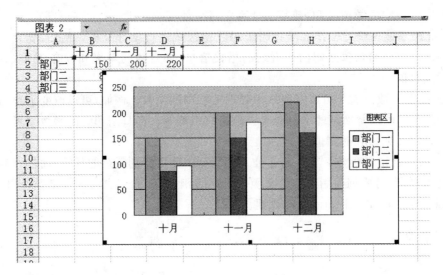

图 16-22　产生的图表

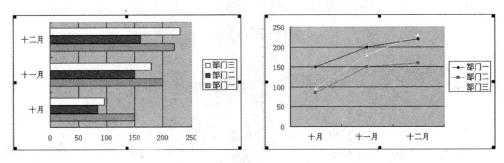

图 16-23　条形图与折线图

3）图表选项

（1）标题：选择菜单"图表"→"图表选项"命令，打开"图表选项"对话框，如果没有选择"标题"选项卡，单击"标题"进入，如图 16-24 所示。

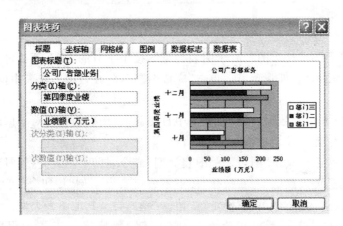

图 16-24　"图表选项"对话框

在"图表标题"文本框中输入"公司广告部业务",在"分类(X)轴"文本框中输入"第四季度业绩",在"数值(Y)轴"文本框中输入"业绩额(万元)",具体效果将出现在预览中。

(2)坐标轴和数字标志:选择"坐标轴"选项卡。如果希望将图表底部的分类标签隐藏起来,可以取消选择"分类(X)轴"核对方块以清除复选标记。少数情况下,我们可以隐藏坐标轴标签。钩选"分类(X)轴"核对方块以重新显示标签。取消选择"数值(Y)轴"核对方块可以清除其复选标记。单击"资料标签"选项卡,然后钩选"内容"核对方块。这种选择会在图表上显示每个部门每月确切的销售业绩。接下来取消选择"内容"核对方块,再次进入"坐标轴"选项卡,并再次钩选"数值(Y)轴"核对方块,让图表恢复原来的外观。

(3)网络线:单击"网格线",进入"网格线"选项卡。在"数值(Y)轴"下,选择"主要网格线"核对方块以清除它。在预览中查看图表效果,如图 16-25 所示。

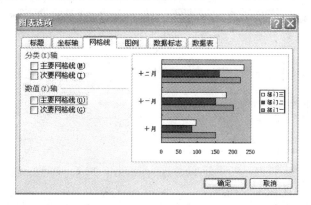

图 16-25 "网格线"选项卡

(4)图例:单击"图例",进入"图例"选项卡。点选"靠上"单选框,将图例的位置定到上方。点选"底部"单选框,将图例的位置定位到底部。实际操作时根据自己的需要将图例定位到恰当的位置即可,如图 16-26 所示。

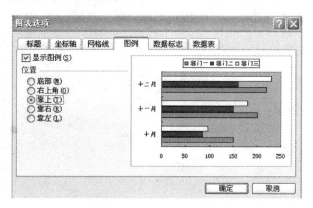

图 16-26 "图例"选项卡

单击"数据表"选项卡,点选"显示数据表",在预览中可以看到图表底部添加了相应的数据表。

16.1.4 页面设置和打印

1. 页面设置

"页面设置"对话框包括页面、页边距、页眉/页脚、工作表 4 个选项卡,现在分别介绍如何来设置它们。

1)"页面"选项卡

以课程表为例,在"页面"选项卡中,主要完成以下设置。在"方向"中选择"横向",使页面的安排更合理。在"缩放比例"调节框中,调节到 130%,打印时把课程表放大一些。在"纸张大小"下拉列表中选择"A4",如图 16-27 所示。

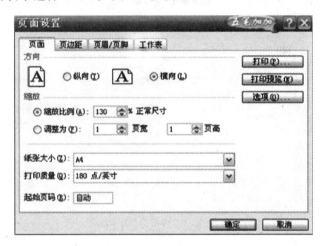

图 16-27 "页面"选项卡的设置

所有的设置完成以后,单击"确定"按钮,回到打印预览视图,效果如图 16-28 所示。

图 16-28 打印预览视图

从预览中可以看出，课程表已经变为横向，而且尺寸也加大了，使页面的利用更为合理。

2）"页边距"选项卡

"页边距"选项卡的设置内容比较少，主要就是调节上、下、左、右页边距，如果有页眉或页脚，还可以设置它们的位置，如图16-29所示。

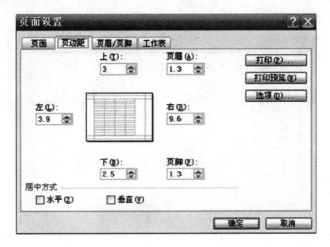

图16-29　"页边距"选项卡的设置

把左、右边距设置为2.4，其他可以不作改动。其实，在打印预览视图的预览框中，页边距用虚线表示，把鼠标放在虚线上，可以直接拖动调节页边距。这种方法更为直观，而且可以直接看到调整以后的效果。

3）"页眉/页脚"选项卡

"页眉/页脚"选项卡的界面如图16-30所示。

如果要设置页眉，可以单击"页眉"下方的下拉按钮，在列表中选择Excel 2003提供的页眉。如果这些页面并不是自己需要的，单击"自定义页眉"按钮，打开"页眉"对话框，如图16-31所示。

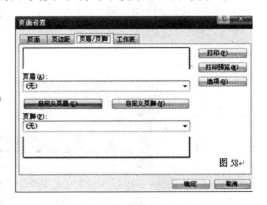

图16-30　"页眉/页脚"选项卡设置

图16-31　"页眉"设置对话框

在左、中、右三个文本框中，输入自己的页眉，单击"确定"按钮，完成页眉的设定。对页脚的设定与页眉的设置基本相同。

4)"工作表"选项卡

在"工作表"选项卡中，可以准确地设置打印区域、打印的内容、打印的顺序等，工作表选项卡如图 16-32 所示。

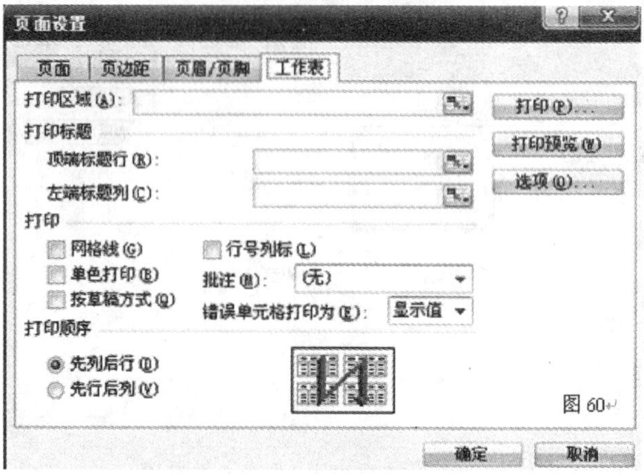

图 16-32 "工作表"选项卡的设置

下面介绍设置打印区域的方法。

单击"打印区域"部分的选定区域按钮，出现"页面设置-打印区域"对话框，如图 16-33 所示。

图 16-33 "页面设置-打印区域"对话框

用鼠标选定打印区域，框中会自动加入选定区域的单元格地址，单击"输入"按钮。设置完成后，将会只打印选中的部分。单击"确定"按钮，回到打印预览视图，单击"打印"按钮，打开"打印内容"对话框，如图 16-34 所示。

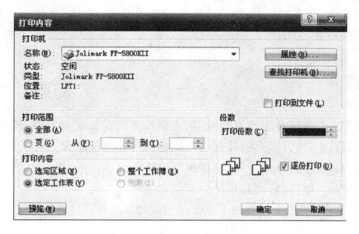

图 16-34 "打印内容"对话框

在这个对话框中,主要设置"打印范围"和"打印份数"两个选项,设置完成后,单击"确定"按钮,开始打印。

2. 工作表的打印

完成工作表的制作之后,后期工作就是打印工作表了。打印工作表首要的工作就是连接打印机,然后把工作表打出来。在打印工作表之前,应该通过打印预览来观察打印的效果,如果不满意,可以及时修改。这样既节约了纸张,也节约了打印等待的时间。

需要说明的是,Excel 和 Word 不同,就算计算机没有安装打印机,Word 文档也可以进行页面设置和打印预览,但 Excel 就不可以。所以,只有计算机安装了打印机,才能进行下面的操作。单击工具栏上的"打印预览"按钮,(或者选择"文件"→"打印预览")进入打印预览视图,如图 16-35 所示。

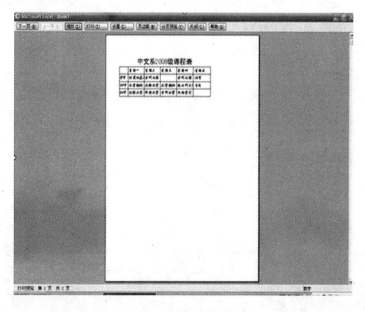

图 16-35 打印预览视图

单击"设置"按钮,进入"页面设置"对话框。如果单击"文件"菜单,选择"页面设置"命令,也会打开"页面设置"对话框。

16.2　实验 4

（1）基本操作：工作簿及工作表管理、单元格数据格式设置与内容编辑。

（2）公式与函数：公式的建立、数据与公式的复制和智能填充；函数的使用。

（3）数据管理：数据的排序与筛选、数据的分类汇总。

（4）图表的使用：创建、修改和修饰图表。

（5）图形、文本框、艺术字体等在 Excel 中的应用。

（6）Excel 的假设分析工具：变量求解及规划求解应用。

第17章
PowerPoint演示文稿制作

17.1 PowerPoint 操作

17.1.1 PowerPoint 启动和退出

1. 启动 PowerPoint 2003

方法一：选择"开始"→"所有程序"→"Microsoft Office"→"Microsoft Office PowerPoint 2003"命令。

方法二：双击桌面上的 Microsoft Office PowerPoint 2003 快捷方式图标。

方法三：通过资源管理器找到 PowerPoint 2003 系统执行文件，双击即可。

2. 退出 PowerPoint 2003

方法一：选择"文件"→"退出"命令。

方法二：单击应用程序窗口的关闭按钮。

17.1.2 PowerPoint 窗口界面

当打开一个已有的演示文稿时，窗口界面的组成主要包括标题栏、菜单栏、工具栏、工作区、任务窗格、视图切换区、状态栏、帮助搜索栏等。

(1) 标题栏：标题栏位于窗口的最上方，用于显示当前正在编辑演示文稿的文件名等相关信息。

(2) 菜单栏：菜单栏包含"文件"、"编辑"、"视图"、"插入"、"格式"、"工具"、"幻灯片放映"、"窗口"、"帮助"等菜单。

(3) 工具栏：工具栏中包含许多由图标表示的命令按钮。

(4) 任务窗格：任务窗格像个浮动面板，提供 PowerPoint 应用程序的常用命令及剪贴板的操作，利用它可以方便地实现很多功能。任务窗格通过选择"视图"→"任务窗格"命令显示，一般在窗口右边，还可以通过按 Ctrl 或 Alt 键再拖动来调整位置。

(5) 视图切换区：PowerPoint 2003 系统提供了 3 种视图，即普通视图、幻灯片浏览视图和幻灯片放映视图。用户可以通过视图切换区实现对不同视图方式的切换。

(6) 工作区：工作区是 PowerPoint 的主要操作界面，在这里用户可以对幻灯片和演示文稿进行编辑或者应用各种效果进行操作。在不同的视图方式下，工作区界面有所不同。

在普通视图方式下,工作区包括三个部分:大纲与幻灯片缩略图区、幻灯片编辑区和备注区。在幻灯片浏览视图方式下,工作区只显示幻灯片缩图。

大纲与幻灯片缩略图区:显示幻灯片的标题、大纲信息和缩略图。在这里可以方便用户对不同幻灯片之间进行快速选择和显示。

幻灯片编辑区:对幻灯片的信息对象进行编辑和设置的区域。

备注区:在这里实现对幻灯片备注信息的添加、修改及管理。

(7) 状态栏:显示 PowerPoint 当前的各种状态信息。

(8) 帮助搜索栏:用于搜索引擎,查询有关 PowerPoint 操作的使用帮助。

17.1.3 演示文稿的组成

一个演示文稿由若干张幻灯片组成,一张幻灯片通常又包含多个信息对象。幻灯片的信息对象有不同的类型,常见的有标题、文本、图形、表格、声音等。由于幻灯片中各信息对象的布局不同,每张幻灯片都采用了某种排版格式,称之为幻灯片版式。

PowerPoint 2003 系统提供了文字版式、内容版式、文字和内容版式、其他版式等 4 大类共 31 种版式。常用的版式有:标题幻灯片、只有标题、标题与文本、标题和两栏文本、空白、内容、标题和内容、标题文本与内容、标题文本与文本、文本与图表等。

演示文稿的每一张幻灯片可以看成由两层组成,一是信息对象层;二是背景层。不同层的编辑和设置分别在不同的操作环境中进行。

幻灯片外观是整个幻灯片的外观,一个演示文稿中各张幻灯片可以设置统一的外观格式,也可以设置不同风格的外观。幻灯片的外观格式的设置一般通过使用母版、幻灯片背景、使用配色方案、应用设计模板,以及设置页眉和页脚、编号、页码来实现。

17.1.4 演示文稿视图

Microsoft PowerPoint 2003 有三种主要视图:普通视图、幻灯片浏览视图和幻灯片放映视图。而 PowerPoint 2000 包括 5 种视图,即幻灯片视图、大纲视图、普通视图、幻灯片浏览视图和幻灯片放映视图。PowerPoint 2003 将 PowerPoint 2000 中的"幻灯片视图、大纲视图、普通视图"合三为一成为"普通视图"。选用不同的视图可以使文档的浏览或编辑更加方便。

1. 普通视图

普通视图是主要的幻灯片编辑视图,可进行插入新幻灯片、插入和编辑信息对象、设置信息对象的格式、设置幻灯片外观、设置幻灯片动画、设置超级链接等操作。

普通视图是 PowerPoint 2003 默认的视图方式,在普通视图方式下的 PowerPoint 2003 窗口工作区由大纲与幻灯片缩略图区、幻灯片编辑区和备注区三个部分组成。大纲与幻灯片缩略图区又包括两个选项标签"大纲"和"幻灯片"。

(1)"幻灯片"标签用于查看幻灯片的缩略图,可看到一列缩小了的幻灯片,使用鼠标拖动中间的分界线可以调整"幻灯片"缩略图区的大小,同时使幻灯片以最大限度自动缩放。

(2)"大纲"标签中并不显示幻灯片图形,而是显示每张幻灯片的大纲信息,包括幻灯片的标题与文本内容,其他内容不显示。这样便于对幻灯片标题和文本信息的修改,以及对幻灯片顺序的调整。

2. 幻灯片浏览视图

幻灯片浏览视图是缩略图形式的幻灯片的专有视图,幻灯片浏览视图用于将幻灯片缩小、多页并列显示,便于对幻灯片进行移动、复制、删除、调整顺序等操作。

在结束创建或编辑演示文稿后,幻灯片浏览视图给出演示文稿的整个图片,使重新排列、添加或删除幻灯片以及预览切换和动画效果都变得很容易。

3. 幻灯片放映视图

幻灯片放映视图占据整个计算机显示屏幕,就像一个实际的幻灯片全屏幕放映。在这种全屏幕视图中,用户所看到的演示文稿就是将来观众所看到的,如用户可以看到图形、时间、影片、动画元素以及将在实际放映中看到的切换效果。

PowerPoint 2003 三种视图方式的切换可通过视图切换按钮进行,也可以通过选择"视图"→"普通"(或"幻灯片浏览"→"幻灯片放映")命令来实现。

17.2　文稿制作

创建演示文稿的一般步骤如下。

(1) 创建.ppt文件,包括演示文件的创建和保存,幻灯片的插入、编辑和设置等。

(2) 设置幻灯片的外观格式,一般通过使用母版、幻灯片背景、使用配色方案、应用设计模板,以及设置页眉和页脚、编号、页码等实现。

(3) 设置幻灯片的动画和超级链接。幻灯片的动画包括幻灯片中各信息对象显示的动画和演示文稿放映时幻灯片切换的动画。演示文稿的超级链接包括使用超级链接命令和设置动作按钮。

(4) 演示文稿的放映、打印和打包等处理。

17.2.1　演示文稿创建方式

1. 创建空演示文稿

在"新建演示文稿"任务窗格中选择"空演示文稿"将会产生空白的文档窗口。这种方式建立的幻灯片不包含任何背景图案、格式和内容,但包含了31种自动版式供用户选择。

用户可以从"幻灯片版式"任务窗格中任意选择某种版式,然后在窗口中根据信息对象占位符的提示,插入文本、内容或其他的信息对象,并进行格式设置。

如果要插入新的幻灯片,通过"插入"→"新幻灯片"命令,或单击常用工具栏中的插入新幻灯片按钮即可。

2. 根据设计模板创建演示文稿

在"新建演示文稿"任务窗格中选择"根据设计模板创建",任务窗格将会切换到"幻灯片设计"任务窗格。在"幻灯片设计"任务窗格中单击一种设计模板,此时所选的模板格式将会应用到幻灯片上,此幻灯片已有了相应的背景图案和格式。

3. 根据内容提示向导创建演示文稿

在"新建演示文稿"任务窗格中,如果用户选择"根据内容提示向导"选项,就可以按照向导提示,经过 5 个步骤创建出新演示文稿。

在"根据内容提示向导"创建演示文稿时,用户可以根据 PowerPoint 的每个提示对话框逐步进行设置。完成 5 个步骤后,选择"完成"按钮,将弹出保存对话框,给出保存文件的文件名。

这样,系统将自动生成一个已包括多张幻灯片的新的演示文稿,演示文稿的幻灯片不仅包括了基本的信息内容,还包括了背景图案和格式。这种方式比较方便、直观,用户操作起来十分简便。

4. 根据现有演示文稿创建新演示文稿

如果用户想在以前编辑的演示文稿的基础上创建新的演示文稿,就可以在"新建演示文稿"任务窗格中,选择"根据现有演示文稿"选项。这样就会弹出"根据现有演示文稿新建"对话框,在此选择根据现有演示基础上新建或修改幻灯片,实现创建新的演示文稿。这样,新的演示文稿将包括现有演示文稿的全部内容和格式。

注意:这与打开一个已有的演示文稿是不同的。

5. 根据相册创建演示文稿

除了上面所讲的演示文稿创建方式外,利用 PowerPoint 还可以以相册的方式创建演示文稿。

在"新建演示文稿"任务窗格中,选择"相册"选项,将会弹出"相册"对话框,从该对话框中选择一个图片,单击"插入"按钮即可完成图片插入。此时,在"相册版式"选项组中,用户可以对"图片版式"、"相册形状"和"设计模板"进行设置。

17.2.2　演示文稿创建实例分析

现以制作如图 17-1 所示的演示文稿为例,说明演示文稿创建的一般过程。

创建演示文稿的操作步骤如下。

(1) 启动 PowerPoint 2003 系统。

(2) 选择"文件"→"新建"命令,弹出"新建演示文稿"任务窗格。在任务窗格中选择"空演示文稿",弹出"幻灯片版式"任务窗格。

(3) 在"幻灯片版式"任务窗格中选择版式,选择"标题,文本与内容"版式,此时创建了空幻灯片。

(4) 根据新幻灯片版式中各占位符的提示,输入幻灯片对象的内容、标题、文本和图片。

这样就完成了第一张幻灯片的制作。

图 17-1　演示文稿示例

17.2.3　演示文稿编辑

1. 插入新幻灯片

在演示文稿中插入一新的幻灯片,可以在普通视图和幻灯片浏览视图中进行。一般是在普通视图窗口左边的"幻灯片"窗格中进行。

操作如下。

(1) 选取一张幻灯片。

(2) 选择"插入"→"新幻灯片"命令,或在工具栏中单击插入新命令按钮。

(3) 从窗口右边的"幻灯片版式"窗格中选择需要的版式。

这样,就在选取幻灯片之后插入了一张新幻灯片,原选取的幻灯片往后移动一张。

另外,选取一张幻灯片并右击鼠标,在快捷菜单中选择"新幻灯片"命令,也可以在选择的幻灯片之后插入一张新幻灯片。直接使用快捷键 Ctrl＋M 也能实现新幻灯片的插入操作。如果需要在两张幻灯片之间插入一张新幻灯片,可以使用鼠标在两张幻灯片之间的区域单击,待提示线出现后,再选择"插入"→"新幻灯片"命令即可。

2. 插入一个已存在的幻灯片

操作方法如下。

(1) 选择"插入"→"幻灯片(从文件)"命令,弹出"幻灯片搜索器"对话框。

(2) 单击"浏览"按钮,选择要插入的幻灯片后,在对话框下方的"选定幻灯片"列表框中将会显示其缩略图形式。

如果用户选择"保留原格式"复选框,那么原先演示文稿的格式将保持不变被插入到新的文稿中。如果不选此复选框,那么所插入的演示文稿将被应用为现有的文稿格式。设置好"幻灯片搜索器"对话框中的选项后,单击"全部插入"按钮。

3. 选取幻灯片

在选择幻灯片的时候按住 Ctrl 键,可以选中不连续的多张幻灯片;单击选取一张幻灯片后,按住 Shift 键再选中另一张幻灯片,将同时选取多张连续的幻灯片;全部选取幻灯片可以使用"编辑"→"全选"或 Ctrl+A 命令。

4. 删除、移动和复制幻灯片

在普通视图的"幻灯片"窗格中,先选取要操作的幻灯片,右击鼠标,在快捷菜单中使用剪切、复制、粘贴和幻灯片删除命令,可实现幻灯片删除、移动、复制等操作。

如果选择"插入"→"幻灯片副本"命令,将在选取幻灯片后插入其幻灯片副本。幻灯片副本与选定幻灯片完全相同,包括版式、文字及图形等所有对象及属性。

5. 隐藏幻灯片

设置幻灯片的隐藏,一般在普通视图窗口左边的"幻灯片"窗格中进行。

操作方法如下。

(1) 选取一张或多张幻灯片。

(2) 右击鼠标,弹出快捷菜单,选择"隐藏幻灯片"命令。

被"隐藏"的幻灯片在"幻灯片"窗格中仍可看到其缩略图,但是在幻灯片播放的时候 PowerPoint 将跳过这些被隐藏的幻灯片。

17.2.4 幻灯片编辑

1. 通过占位符插入信息对象

用户制作幻灯片时,通过选择"幻灯片版式"为新幻灯片提供了插入信息对象的占位符,以供插入所需的标题、图片、表格等对象之用。

2. 在幻灯片中添加对象

在幻灯片中除了通过选择"幻灯片版式"所提供的占位符插入信息对象外,PowerPoint 还提供了用户自由插入图片、图示、文本框、影片和声音、对象、书签等信息对象的方法。一般通过"插入"命令插入对象。

3. 插入影片和声音

为了使演示文稿更加生动形象,更能吸引观看者的注意力,经常会在 PowerPoint 幻灯片中插入影片。为了在幻灯片放映时同时播放解说词或音乐,可在幻灯片中插入事先准备好的声音文件等。

1) 插入声音文件

操作:选择"插入"→"影片和声音"→"文件中的声音"命令,弹出"插入声音"对话框。

在选择插入声音文件后,弹出一个提示对话框,询问放映时如何播放声音。若选"自动"则在放映幻灯片时自动播放该声音,若选"单击时"则在放映幻灯片时需要单击幻灯片上的插入标记才会播放。成功插入声音文件后,在幻灯片中央位置上以一个插入标记图标显示。

2）插入影片文件

操作：选择"插入"→"影片和声音"→"文件中的影片"命令，弹出"插入影片"对话框。之后的操作与插入文件中的声音类似。在"插入影片"对话框中还可以设置影片大小。

4．文本格式设置

PowerPoint 幻灯片中的标题、副标题、各类文本框等信息对象均为文本对象，对其进行设置的方法与 Word 中文本设置类似。

1）字符格式

幻灯片中字符格式包括：中西文字体、字形、字号、颜色、阴影、上下标等格式。

设置字符格式的操作如下。

（1）选取字符内容或文本对象。

（2）选择"格式"→"字体"命令，或者，右击文本框的边框，在弹出的快捷菜单中选择"字体"选项，弹出"字体"对话框。

2）段落格式

幻灯片中段落格式包括：段落对齐、段落缩进、行距、段间距（包括段前距和段后距）、项目符号和编号等格式。段落格式的设置一般从"格式"菜单中进入，选择"格式"命令并选中相应选项，包括项目符号和编号、对齐方式、字体对齐方式、行距等选项。段落格式的设置还可以通过窗口中标尺的操作来实现。

3）项目符号和编号

在 PowerPoint 幻灯片中，项目符号和编号是比较常见的段落格式，使用它可使文本信息的表示层次更分明、更具有可读性。

操作：设置项目符号和编号格式可通过选择"格式"→"项目符号和编号"命令，弹出"项目符号和编号"对话框，从中选择符号和编号。

5．对象格式设置

对象需要设置基本的格式，包括：填充颜色、线条颜色、字体颜色、边框线型、阴影、三维效果等格式。

操作一：在"绘图"工具栏使用相应的按钮。

操作二：选择占位符，单击鼠标右键，在快捷菜单中选择"设置占位符格式"，在弹出的对话框中进行相应设置。

操作三：选择要设置格式的对象，如文本框、图片、表格等。单击鼠标右键，在快捷菜单中选择相应的格式设置选项，如设置文本框格式、设置图片格式、设置对象格式等。这里选择的对象不同，弹出的对话框也不同。

17.3　实验 5　ppt 操作

1．实验目的与要求

（1）掌握 PowerPoint 的基本编辑技术。

（2）熟悉向幻灯片中添加对象的方法。

（3）掌握给幻灯片添加动画、设置动作按钮的方法。

（4）掌握幻灯片放映效果的设置。

2．实验内容与步骤

要求：制作如图 17-2 所示的演示文稿。

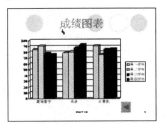

图 17-2　"我的大学生活"演示文稿

1）启动 PowerPoint 程序

操作步骤如下。

选择"开始"→"程序"→"Microsoft Office"→"Microsoft Office PowerPoint 2003"命令即可打开 PowerPoint 编辑窗口。

2）新建演示文稿

操作步骤如下。

① 选择"文件"→"新建"命令，在窗口右侧的任务窗格中选择"根据设计模板"选项，在列表中选择名称为 Watermark.pot 的模板。

② 在窗口左侧的"大纲"窗格选中第一张幻灯片后，按 Enter 键可以依次产生 5 张新的幻灯片。

3）编辑第 1 张幻灯片（包含有艺术字、页脚、幻灯片编号）

操作步骤如下。

① 选择"插入"→"图片"→"艺术字"命令，选择一种艺术字样式，并编辑内容"我的大学生活"。

② 在副标题占位符中输入姓名"李明"。

③ 单击"插入"→"幻灯片编号"命令，在如图 17-3 所示的对话框中设置幻灯片的编号和页脚信息。

4）编辑第 2 张幻灯片（包含项目符号、超级链接）

操作步骤如下。

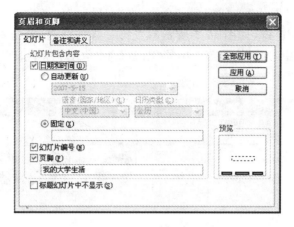

图 17-3 "页眉和页脚"对话框

① 输入标题,字体设置为宋体、54 号字、加粗、红色。在下方占位符中选定项目符号,在快捷菜单中选择"项目符号和编号"命令,在对话框中可以设置项目符号的颜色等。

② 输入项目内容,字体设置为楷体、40 号。

③ 选定第一个项目内容,在快捷菜单中选择"超链接"命令,弹出如图 17-4 所示的对话框。

图 17-4 "插入超链接"对话框

④ 单击"书签"按钮,弹出如图 17-5 所示的对话框,选择"幻灯片 3",即创建了一个由"个人简介"到第 3 张幻灯片的超级链接。

⑤ 参照上述步骤,依次创建第 2 张幻灯片中其余的几个项目到第 4、5、6 张幻灯片的超级链接。

5)编辑第 3 张幻灯片(包括标题、项目符号、剪贴画、动作按钮)

操作步骤如下。

① 输入标题和项目内容,并设置字体格式(同第 2 张幻灯片)。

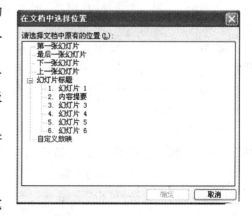

图 17-5 选择链接位置

② 选择"插入"→"图片"→"剪贴画"命令,在"剪贴画"任务窗格中选择"管理剪辑"选项,打开"剪辑管理器"窗口(如图 17-6 所示),选择一张剪贴画,单击右侧的箭头,选择"复制"命令,再到幻灯片中,选择快捷菜单中的"粘贴"命令,幻灯片中即出现了该图片,将其移动到合适的位置。

图 17-6　剪辑管理器

③ 选择"幻灯片放映"→"动作按钮"命令,在按钮列表中选择"后退"类型,然后在幻灯片的合适位置拖动鼠标即出现了一个动作按钮,同时弹出"动作设置"对话框(如图 17-7 所示),设置动作为超级链接到第 2 张"内容提要"幻灯片。

④ 双击动作按钮,打开"设置自选图形格式"对话框,可以设置按钮的颜色等。

6) 编辑第 4 张幻灯片(包括表格、动画)

操作步骤如下。

① 选择"格式"→"幻灯片版式"命令,在任务窗格中选择"标题和表格"版式。

② 输入标题"在校成绩表",并设置字体格式。

③ 双击表格占位符,在弹出的对话框中设置为 5 行、4 列,创建表格。

④ 在"表格和边框"工具栏中单击"绘制表格"按钮 ,然后在表格左上角的单元格内画斜线,输入表头和其他单元格的内容。

图 17-7　按钮动作设置

⑤ 选定整个表格,单击"表格和边框"工具栏中的"垂直居中"按钮 ,使单元格居中对齐。

⑥ 分别选定表格的第一行和第一列,单击"表格和边框"工具栏中的"填充颜色"按钮 🖎 ,为单元格选定一种背景色。

⑦ 选择表格占位符,在快捷菜单中选择"自定义动画"命令,然后在任务窗格中选择"添加效果"→"进入"→"向内溶解"命令,即可为表格的出现设置一个动画形式。

⑧ 参照第3张幻灯片中动作按钮的操作方法,为此张幻灯片添加一个同样的按钮。也可以直接将第3张幻灯片中的动作按钮复制过来。

7) 编辑第5张幻灯片(包括标题、图表、动作按钮)

操作步骤如下。

① 选择"格式"→"幻灯片版式"命令,在任务窗格中选择"标题和图表"版式。

② 输入标题"成绩图表",并设置字体格式。

③ 双击图表占位符,出现一个图表模板和数据表,更改数据表中的数据,使其与第4张幻灯片表格中的数据一致,然后关闭数据表。

④ 参照以前的方法为此张幻灯片添加动作按钮。

8) 编辑第6张幻灯片(包括标题、项目清单、动画、动作按钮)

操作步骤如下。

① 输入标题和项目内容,并设置字体的格式。

② 选定第一项内容,在快捷菜单中选择"自定义动画"命令,在任务窗格中选择"百叶窗"的进入动画效果。

③ 用同样的方法为以下几项内容设置百叶窗的动画效果。

④ 在幻灯片右下角添加动作按钮,使其能链接返回到第2张幻灯片。

9) 为演示文稿中的幻灯片设置水平百叶窗的切换方式

操作步骤如下。

选择"幻灯片放映"→"幻灯片切换"命令,在任务窗格中选择"水平百叶窗"效果,设置速度为"慢速",声音为"打字机"效果,单击"应用于所有幻灯片"按钮。

10) 保存演示文稿

选择"文件"→"保存"命令,将演示文稿命名为 my.ppt,保存到磁盘。

第 **18** 章

Internet操作与实验

18.1　WWW 网页浏览与信息搜索

18.1.1　WWW 概述

WWW 带来的是世界范围的超级文本服务,只要操纵电脑的鼠标器,就可以通过因特网从全世界任何地方调来所希望得到的文本、图像(包括活动影像)和声音等信息。

环球网(World Wide Web)有多个名称,如万维网、3W、WWW、Web、全球信息网等。

WWW 最初是欧洲粒子物理实验室 CERN 的 Tim Berners Lee 于 1989 年负责开发的一种超文本设计语言 HTML,为分散在世界各地的物理学家提供服务,以便交换彼此的想法、工作进度及有关信息。WWW 问世后并未引起太大重视。

WWW 服务采用客户机-服务器(C/S)工作模式。WWW 服务主要具有以下特点。

(1) 以超文本方式组织。

(2) 用户可以在世界范围内任意查找、检索、浏览信息。

(3) 提供生动直观、易于使用、统一的图形用户界面。

(4) 网站间可以互相连接,以提供信息查找和漫游的透明访问。

(5) 可访问图像、声音、影像和文本信息。

WWW 服务器一般性的定义:WWW 服务器是任何运行 Web 服务器软件,提供 WWW 服务的计算机。理论上说,这台计算机应该有一个非常快的处理器、一个巨大的硬盘和大容量的内存,但是,所有这些技术需要的基础就是它能够运行 Web 服务器软件。

WWW 服务器的详细定义如下。

(1) 支持 World Wide Web 的协议——HTTP(基本特性)。

(2) 允许同时建立大量的连接(辅助特性)。

(3) 允许设置访问权限和其他不同的安全措施(辅助特性)。

(4) 提供了一套健全的例行维护和文件备份的特性(辅助特性)。

(5) 允许在数据处理中使用定制的字体(辅助特性)。

(6) 允许俘获复杂的错误和记录交通情况(辅助特性)。

18.1.2　WWW 服务

1. Internet 信息服务器

IIS 是 Internet Information Server 的缩写,Microsoft IIS 是允许在公共 Intranet 或因特网上发布信息的 Web 服务器。IIS 支持 HTTP(Hypertext Transfer Protocol,超文本传输协议)、FTP(File Transfer Protocol,文件传输协议)以及 SMTP(Simple Mail Transfer Protocol,简单邮件传输协议)。

IIS 支持与语言无关的脚本编写和组件。IIS 的设计目的是建立一套集成的服务器服务,用以支持 HTTP、FTP 和 SMTP,它能够提供快速且集成了现有产品,同时可扩展的 Internet 服务器。

IIS 适应性极高,同时系统资源的消耗也很少。IIS 支持 ISAPI,使用 ISAPI 可以扩展服务器功能,而使用 ISAPI 过滤器可以预先处理和事后处理储存在 IIS 上的数据。

2. Apache

Apache 是世界排名第一的 Web 服务器,根据 Net craft(www. netsraft. co. uk)所做的调查,世界上 50%以上的 Web 服务器在使用 Apache。

Apache 具有以下特性。

(1) 几乎可以运行在所有的计算机平台上。

(2) 支持最新的 HTTP 1.1 协议。

(3) 简单而且强有力的基于文件的配置。

(4) 支持通用网关接口(CGI)。

(5) 支持虚拟主机。

(6) 支持 http 认证。

(7) 集成 perl。

(8) 集成的代理服务器。

(9) 可以通过 Web 浏览器监视服务器的状态,可以自定义日志。

(10) 支持服务器端包含命令(SSI)。

(11) 支持安全 socket 层(SSL)。

(12) 具有用户会话过程的跟踪能力。

(13) 支持 java servlets。

18.1.3　Internet Explorer 浏览器

1. Internet Explorer 基本应用

IE 的工作界面包括如下部分,如图 18-1 所示。

(1) 标题栏:显示浏览器的名称和打开的网页的标题。

(2) 菜单栏:包括"文件"、"编辑"、"查看"、"收藏"、"工具"、"帮助"6 个下拉式菜单,通

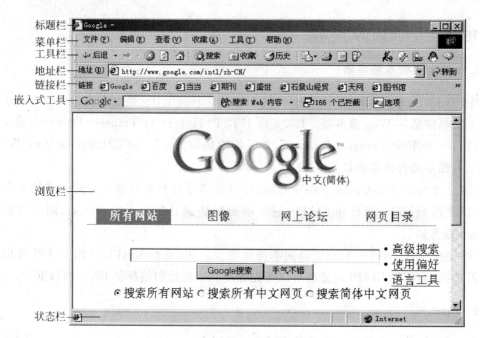

标题栏 —— Google -
菜单栏 —— 文件(F) 编辑(E) 查看(V) 收藏(A) 工具(T) 帮助(H)
工具栏 —— 后退 → 搜索 收藏 历史
地址栏 —— 地址(D) http://www.google.com/intl/zh-CN/ 转到
链接栏 —— 链接 Google 百度 当当 期刊 盛世 石景山经贸 天网 图书馆
嵌入式工具 —— Google - 搜索 Web 内容 166 个已拦截 选项

浏览栏 ——

Google
中文(简体)

所有网站   图像   网上论坛   网页目录

• 高级搜索
• 使用偏好
• 语言工具
Google搜索 手气不错
搜索所有网站 搜索所有中文网页 搜索简体中文网页

状态栏 —— Internet

图 18-1 IE 的工作界面

过下拉式菜单可以完成 IE 的全部操作。

（3）工具栏：工具栏上包括了一些基本命令，点击一个按钮会执行一个相应动作。

（4）地址栏：显示当前文档或网页的地址，也用来输入要浏览的网页的网址。

（5）链接栏：显示常用的网址，通过点击链接栏上网址的名称就可以直接访问该网址。

（6）嵌入式工具：显示安装的嵌入在 IE 中工作的软件，例如 Google 搜索工具。

（7）浏览栏：显示当前所浏览网页的内容。

（8）状态栏：显示当前网页装载的进度，并提供有关命令的其他信息。

2. Internet Explorer 高级技巧

（1）"自动完成"功能；

（2）语言编码自动选择；

（3）自动从地址栏中搜索；

（4）自动传递功能；

（5）自动匿名登录 FTP 站点；

（6）自动搜索设置；

（7）自动转换 Explorer 书签；

（8）自动安装插件；

（9）自动识别网络连接和发觉断线；

（10）自动保存网页中的图像和动画；

（11）自动升级。

18.1.4　信息搜索

搜索引擎以一定的策略在互联网中搜集、发现信息，对信息进行理解、提取、组织和处理，并为用户提供检索服务，从而起到信息导航的目的。

1. 搜索引擎的组成

现有的搜索引擎主要由 4 部分组成：搜索器，索引器，检索器，用户接口。智能搜索引擎组成图如图 18-2 所示。

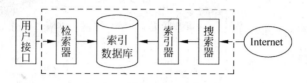

图 18-2　智能搜索引擎组成图

2. 搜索引擎的工作原理

（1）从互联网上抓取网页。

（2）建立索引数据库。

（3）在索引数据库中搜索排序。

衡量一个搜索引擎的好坏需要用到以下两个指标。

（1）召回率（Recall）：检索出的相关文档数和文档库中所有的相关文档数的比率，衡量的是搜索引擎的查全率。

（2）精度（Precision）：检索出的相关文档数与检索出的文档总数的比率，衡量的是搜索引擎的查准率。

常见的搜索引擎有百度 www. baidu. com、搜狐 dir. sohu. com、雅虎 cn. search. yahoo. com、北大天网 e. pku. edu. cn、谷歌 www. google. com. hk 等。

18.2　电子邮件

18.2.1　电子邮件基础

邮箱是 E-mail 服务器硬盘上的一块存储区，电子邮件的工作原理是采用客户机-服务器结构。

电子邮箱的地址形式为：账号@域名。如 liums@263. net。

18.2.2　Outlook 的运行与设置

Outlook Express 的运行与设置步骤如下。

（1）启动 Outlook Express。

（2）出现 Outlook Express 主窗口，如图 18-3 所示。

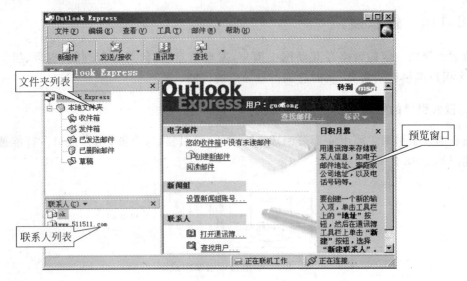

图 18-3 Outlook 主窗口

（3）设置电子邮件账号。

首次运行 Outlook 软件或未在本机上连接过自己的邮箱，要进行如下设置。

① 选择"工具"菜单→"账号"→"邮件"标签。弹出电子邮件账号设置向导，如图 18-4 所示。

② 单击"添加"按钮，选择"邮件"选项。

③ 输入发件人的姓名。

④ 选择"使用一个已有的电子邮件地址"项，并输入邮件地址。

⑤ 在"接收邮件服务器"和"外发邮件服务器"中输入 IP 地址。

⑥ 输入账号和密码。

⑦ 完成设置。

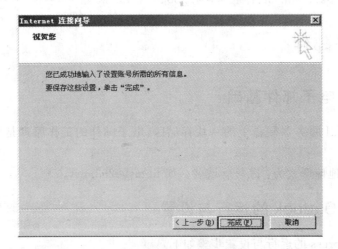

图 18-4 电子邮件账号设置向导

（4）使用 Outlook。使用界面如图 18-5 所示。

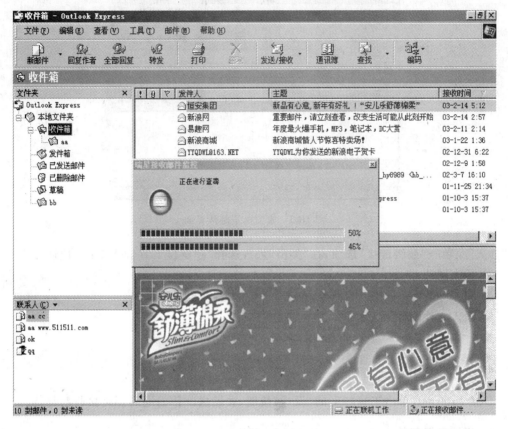

图 18-5　Outlook 的使用

18.2.3　收发电子邮件

收发电子邮件的步骤如下，其界面如图 18-6 所示。

1. 撰写新邮件

打开新邮件窗口，找到工具栏的"新邮件"按钮，选择"邮件"菜单→"新建"→"邮件"命令，选择邮件格式。如果是纯文本，就选"格式"→"纯文本"，如果是 HTML 格式，则选择"格式"→"多信息文本"。撰写邮件项目，再输入正文。

2. 应用信纸写邮件

点击"新邮件"下拉按钮，或选择"邮件"菜单→"新邮件使用"命令即可应用信纸撰写邮件。

3. 在邮件中插入超级链接、图片、附件

1）插入超级链接

在 Outlook 中使用 HTML 格式：光标定位超级链接插入处，或选定要链接的文本，选

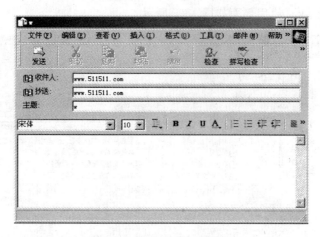

图 18-6   收发电子邮件界面

择"插入"菜单→"超级链接"选项,在"类型"列表选择"超链接",并输入 URL 地址。

2）插入图片

选择"插入"菜单→"图片"命令,单击"浏览"按钮确定图片位置。

3）插入文件附件

选择"插入"菜单→"文件附加"选项,确定文件位置。

4. 收发邮件

连接 Internet,单击工具栏上的"发送"按钮,在发送邮件的同时还可接收新邮件。

5. 阅读电子邮件

单击"收件箱"图标,在右窗口中单击阅读的邮件标题。

6. 回复电子邮件

打开要回复的邮件,单击"回复作者"按钮,并输入邮件内容。

7. 转发电子邮件

打开邮件,单击"转发"按钮。

8. 邮件管理

邮件管理包括将邮件移动、复制于收件箱、发件箱和已发送邮件之间,删除邮件、保存邮件和打印邮件。

18.3   文件传输服务

文件传输协议(File Transfer Protocol,FTP)的主要功能是完成从一个系统到另一个系统的完整的文件复制,是 TCP/IP 中使用最广泛的应用之一。

FTP 并不是针对某种具体操作系统或某类具体文件而设计的文件传输协议。它通过一些规程,利用网络低层提供的服务,屏蔽了各种计算机系统的细节来完成文件传输的任务。它只提供文件传送的一些基本的服务,可以在异构网中任意计算机间传送文件。

1. FTP 的主要功能

文件的下载:就是将远程服务器上提供的文件下载到本地计算机上。使用 FTP 实现的文件下载与 HTTP 相比较,具有使用简便、支持断点续传和传输速度快的优点。

文件的上传:是指客户机可以将任意类型的文件上传到指定的 FTP 服务器上。

FTP 服务支持文件的上传和下载,而 HTTP 仅支持文件的下载功能。

2. FTP 的应用

在 4.3 BSD UNIX 中,客户端用户调用 FTP 命令后,便与服务器建立控制连接,一旦建立控制连接,双方便进入交互式会话状态。然后,客户端用户每调用一个 FTP 命令(如文件复制命令),客户进程便与服务器之间再建立一个数据连接并进行文件传输。

3. FTP 的工作原理

FTP 的工作原理如图 18-7 所示。

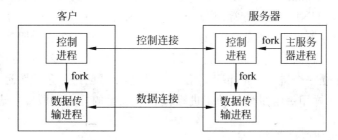

图 18-7　FTP 的工作原理

4. FTP 连接建立

FTP 连接建立如图 18-8 所示。

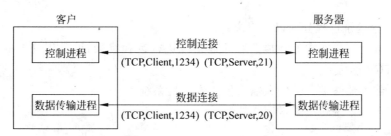

图 18-8　FTP 连接的建立

5. 简单文件传输协议 TFTP

TFTP(Trivial File Transfer Protocol)是一种简化的 TCP/IP 文件传输协议。TFTP

只限于简单文件的传输操作,它不提供权限控制,也不支持客户与服务器之间复杂的交互过程,因此 TFTP 软件比 FTP 软件小得多。

TFTP 具有短小实用的特点,它的这一特点对有些应用来说非常重要。TFTP 之所以简洁,一个重要的原因在于它不需要可靠流传输服务,而是建立在 UDP 数据报基础上,利用确认与超时重传机制保证数据传输的正确性。TFTP 的另一个特点是提供对称性重传,客户机和服务器都提供超时重传机制。

18.4　远程登录 Telnet

远程登录(Telnet)就是某用户通过网络登录到远程计算机系统中,并使用远程计算机系统的所有资源。

远程登录的根本目的在于访问远地系统的资源,一个本地用户通过远程登录进入远地系统后,远地系统内核并不将它与本地登录加以区分,因此远程登录和远地系统的本地登录一样可以访问远地系统的、权限允许的资源。

1. 为什么要引入远程登录

客户-服务器方式要求在远地系统上为每一种服务创建一个服务器进程。但对于像用户登录这样的服务,单纯的客户-服务器方式就不适用了。因为用户登录到远地系统后,可访问的资源很多(如 UNIX 系统中常用的 shell 命令就有上百条),假如为每一种可访问的资源都建立一个服务器进程,毫无疑问,远地系统会很快被服务器进程阻塞。

远程登录很好地解决了这个问题,它不要求远地系统创建众多的服务器进程,只需为每个远程登录用户建立一个进程(如 shell 进程),这个进程再创建子进程为远程登录用户提供各种允许的服务,这样用一组少量的动态进程代替了大量的静态的服务器进程,其效率是可想而知的。

2. Telnet 协议

Telnet 允许某机器上的用户与远程计算机上的登录服务器建立 TCP 连接,然后通过该连接将用户输入的命令直接传递到远程计算机上,远程计算机执行命令,并将结果送回到用户机器的屏幕上。

Telnet 远程登录过程分为以下三个步骤。

第一步:本地用户在本地终端上对远地系统进行远程登录,该远程登录的内部视图实际上是一个 TCP 连接。

第二步:将本地终端上的键盘输入传送到远地系统。

第三步:远地系统将结果送回本地终端。

3. Telnet 工作原理

Telnet 工作原理如图 18-9 所示。

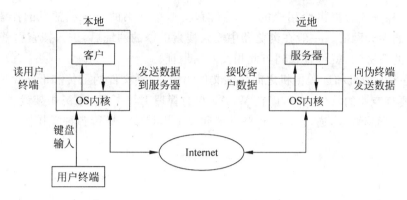

图 18-9 Telnet 工作原理

18.5 实验 6 Internet 实验

1. 实验内容

（1）浏览器和搜索引擎的使用。

（2）E-mail 的使用和常见的收发 E-mail 软件。

（3）FTP 的使用和常见的 FTP 软件和 ftp 服务器的设置。

（4）Telnet 的使用。

2. 实验目的

（1）通过实际使用 Internet，增强对 Internet 的认识和感受。

（2）了解目前常用的网络操作软件。

3. 实验简介

Internet，又称因特网，是目前使用最广泛的、遍及全球的国际互联网络，它来源于美国军方的 ARPANET 网络，后来由于许多大学、科研机构和商业组织的加入，它逐渐演变成为一个国际性的网络。人们通过 Internet 可以检索到自己所需要的信息，还可以传播消息，使Internet 成为真正的"信息的海洋"。从 20 世纪 90 年代以来，由于个人电脑的普及，使得Internet 的用户的数目以及 Internet 上信息的流量呈爆炸式的增长。现在 Internet 已成为人们获取知识、生活娱乐的一个必不可少的工具。

Internet 的功能一般包括电子邮件传输、文件传输、远程登录、信息检索、提供商业数据和发布新闻广告等。

电子邮件，即 E-mail，是目前使用最为广泛的一种 Internet 功能。通过 E-mail，人们可以和世界各地的亲戚朋友交流信息和感情，并且它费用低廉、方便快捷。E-mail 的提供者一般是网络服务供应商，E-mail 分免费和收费两种。E-mail 的使用比较简单。登录到自己注册的网站后，在指定的地方输入用户名和密码，就可以进入自己的邮箱。

人们使用 Internet 检索信息一般是通过浏览器和搜索引擎进行的。浏览器是人们进入某一网址搜索信息的工具。目前最常使用的浏览器是微软的 IE。而搜索引擎是将大量信息收集、汇总和分类后提供给用户的一个页面,类似一本书的目录。常见的搜索引擎是百度、Google、北大天网等。一般在浏览器中输入搜索引擎的网址后,进入搜索引擎,在指定地方输入相关的关键词,就可查找到与此相关网站地址。

FTP 是本地主机和远程主机之间传输文件用的,包括文件的上传和下载。FTP 服务器的架设,需要有专业的软件,亦可以在 Win2000 的管理工具中 IIS 服务中架设。

Telnet 是远程登录,通过 Telnet 登录到远程主机就可以进行各种操作。

第19章

网页制作

网页制作要能充分吸引访问者的注意力,让访问者产生视觉上的愉悦感。因此在网页创作的时候就必须将网站的整体设计与网页设计的相关原理紧密结合起来。网站设计是将策划案中的内容、网站的主题模式,以及自己的认识通过艺术的手法结合并表现出来。网页制作通常就是将网页设计师所设计出来的设计稿,按照 W3C 规范用 html 语言将其制作成网页格式。

19.1 创建和管理 Web 站点

19.1.1 Dreamweaver 的工作界面

Dreamweaver 是集网站管理和网页制作于一身的可视化网页编辑软件,利用它可以不用编写代码就能轻而易举地制作出跨越平台、跨越浏览器的、充满活力的网页。为了能够更好地使用 Dreamweaver,首先来了解一下 Dreamweaver 工作界面的基本元素。如图 19-1 所示,Dreamweaver 的操作界面布局结构紧凑、合理,界面由菜单栏、插入栏、文档编辑窗口、属性面板以及浮动面板等组成。

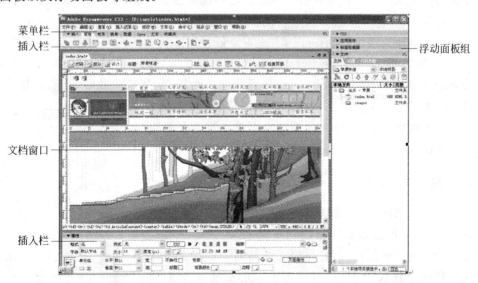

图 19-1 Dreamweaver 的工作界面

1．菜单栏

菜单栏包括"文件"、"编辑"、"查看"、"插入记录"、"修改"、"文本"、"命令"、"站点"、"窗口"和"帮助"10 个菜单。可以通过菜单栏中的命令来完成某项特定的操作。

2．插入栏

插入栏位于菜单栏的下方,该栏内放置的是经常用到的对象和工具,在编辑网页时能够方便地应用这些对象和工具以提高编写的效率。

3．浮动面板组

浮动面板组位于工作界面的右侧,面板集中了 CSS、应用程序、标签检查器、文件等面板,是网页制作、站点管理常用的工具。这些面板都可以展开或折叠,也可以根据自己的习惯自由地组合面板。

4．属性面板

属性面板能够显示文档窗口中所选对象的属性,并能够通过该面板来修改相关属性。如果在文档窗口中选择了表格,那么属性面板中将显示表格的相关属性。

5．文档窗口

文档窗口主要用于文档的显示、创建和编辑,可以在代码、拆分、设计三种视图中分别查看文档。

19.1.2　创建和管理本地站点

站点是由一组相关网页以及有关的文件、脚本、数据库等内容组成的有机集合体。根据站点存放的位置不同可以把站点分为本地站点和远程站点。要制作一个完整的、能够提供给用户通过网络访问的网站,首先需要在本地磁盘上完成网站设计,这种放置在本地磁盘上的站点被称为本地站点。把制作好的本地站点通过网络传输到互联网 Web 服务器里的站点被称为远程站点。Dreamweaver 具有管理本地站点和远程站点的强大功能,利用 Dreamweaver 对站点的管理能力,能够尽可能地减少错误,如减少路径错误、连接错误等。

本地站点的实质是一个建立在本地磁盘根目录下的文件夹,在建立比较大的网站时,可以在本地站点下建立若干个文件夹用来分类保存文件或按栏目保存文件。

1．创建本地站点

在创建站点之前,首先要根据网站的规划确定好要建立的站点结构,然后依据站点规划创建站点,这样创建的站点不仅便于后续网页的创建,而且也便于网站的维护和更新管理。例如我们要建设一个网站,确定网站的结构如图 19-2 所示。

图 19-2　站点结构图

　　在站点结构中,css 文件夹用于保存网站的 CSS 样式文件,database 文件夹用于保存数据库文件,flash 文件夹保存 flash 等多媒体文件,images 文件夹保存主页 index. html 文件中用到的图片,其他文件夹(wskx、dcnews 等)用于保存子页面文件以及子页面用到的资源等,如 wskx 文件夹保存"网上看校"子页面的文件。

　　创建本地站点的具体操作步骤如图 19-3(a)~图 19-3(f)所示。

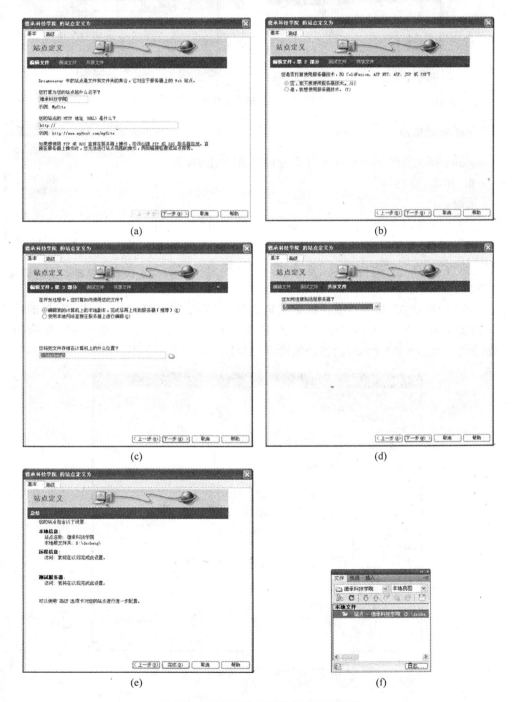

図 19-3　创建本地站点的具体操作步骤

也可以为已创建的本地站点创建子文件夹，操作步骤如图 19-4 所示。

图 19-4　创建子文件夹

2. 管理本地站点

Dreamweaver 提供了对站点进行多方面的管理能力，如打开、编辑、删除、复制等。

1）编辑站点

创建站点之后，如果要对站点进行修改，可以通过"管理站点"对话框编辑站点，具体操作步骤如下。

（1）执行"站点"→"管理站点"命令，弹出"管理站点"对话框，如图 19-5 所示。

图 19-5　"管理站点"对话框

（2）在"管理站点"对话框中选择要编辑的站点，单击"编辑"按钮，打开"苹果的味道"的站点定义为对话框，在对话框中单击"高级"选项卡，在"分类"中选择相应的分类项进行修改。如设置"默认图像文件夹"的路径等操作，如图 19-6 所示。

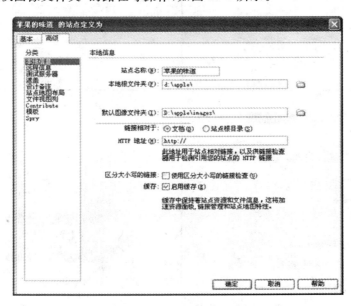

图 19-6　"苹果的味道"的"站点定义为"对话框

（3）修改完成后，单击"确定"按钮，返回到"管理站点"对话框，再单击"完成"按钮，即可完成对站点的编辑工作。

2）删除站点

如果不再需要使用 Dreamweaver 对某一站点进行操作，可以通过"管理站点"对话框删除站点，具体操作步骤如下。

（1）执行"站点"→"管理站点"命令，弹出"管理站点"对话框。

（2）在"管理站点"对话框中，单击选择要删除的站点，如"myweb"站点，如图 19-7 所示。

（3）单击"删除"按钮，弹出提示对话框，询问是否要删除选择站点。

（4）单击"是"按钮，即可删除站点。再单击"完成"按钮，完成站点的删除工作。

图 19-7　删除站点

技术要点：通过"管理站点"对话框删除站点的操作，仅仅是把站点从 Dreamweaver 中删除，而并没有删除站点存储在磁盘上的文件夹。

3）复制站点

如果用户已经创建了一个站点，而且还要创建多个与此站点结构相同或相似的站点，那么就可以利用站点复制功能。复制站点的具体操作步骤如下。

（1）执行"站点"→"管理站点"命令，弹出"管理站点"对话框。

（2）在"管理站点"对话框中，单击选择要复制的站点，如"德承科技学院"站点，单击"复制"按钮，即可复制该站点，如图 19-8 所示。

4）创建子文件

创建了站点后，可以在站点下建立若干个文件夹用来分类保存文件或按栏目保存文件。创建子文件夹的具体操作如下。

（1）在浮动面板组中单击"文件"面板，文件面板上显示当前建立的站点。

（2）在站点上单击鼠标右键，弹出一个快捷菜单，在快捷菜单选择"新建文件夹"命令，如图 19-9 所示。

（3）执行"新建文件夹"命令后，在站点下出现一个文件夹，给文件夹起一个便于识别的名字，在空白处单击以确认，如图 19-10 所示。

图 19-8　复制站点

图 19-9　新建文件夹

图 19-10　命名文件夹

5) 创建网页

在创建好站点后,就可以创建网页了。在 Dreamweaver 中,创建网页的方法比较多,一般常用的方法有如下几种。

(1) 启动 Dreamweaver 后,窗口中会出现一个启动界面,单击"新建"选项下的 "HTML"项,即可创建网页,如图 19-11 所示。

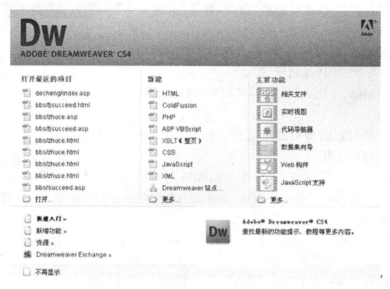

图 19-11　创建网页(方法一)

(2) 执行"文件"→"新建"命令,弹出"新建文档"对话框,单击选择"空白页"选项卡,在 "页面类型"选项中选择"HTML"项,单击"创建"按钮,即可创建网页,如图 19-12 所示。

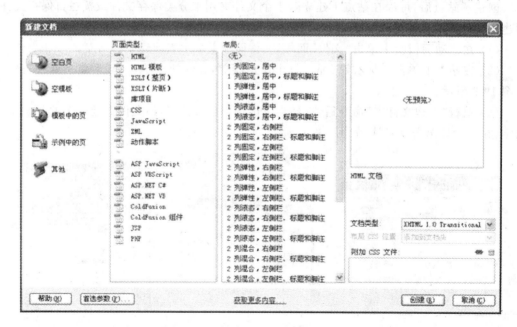

图 19-12　创建 HTML 网页(方法二)

（3）打开浮动面板中的文件面板，在站点上单击弹出一个快捷菜单，选择"新建网页"命令，即可创建网页，如图 19-13 所示。

图 19-13　创建网页（方法三）

19.2　创建并编辑简单的网页

在网上浏览时看到的一个个页面就是网页，又称为 Web 页。一个网页就是一个 HTML 文档。如图 19-14 所示的即为一个网页的界面。

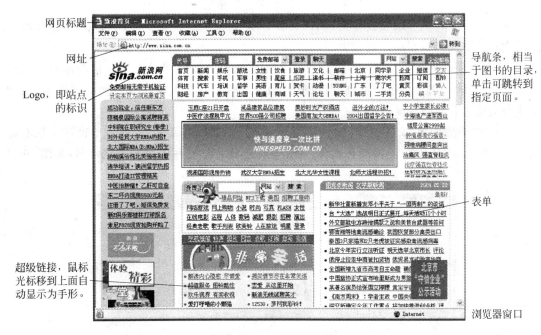

图 19-14　一个网页的界面

1．设置网页的页面属性

在创建新网页时，默认的页面总是以白色为背景，没有背景图像和标题。制作一个页面时，一般需要先设置网页的页面标题、背景图像和颜色，文本和超链接的颜色，文档编码方式，文档中各元素的颜色等属性。

　　选择"修改"→"页面属性"命令,系统将打开"页面属性"对话框,如图 19-15 所示。设计者可对页面的各项参数进行设置,下面主要介绍对"外观"的设置。

图 19-15　"页面属性"对话框

　　(1)在"页面字体"下拉列表中选择网页上主要的文字字体。

　　(2)在"大小"下拉列表中选择网页上主要的文字的大小。

　　(3)在"文本颜色"下拉列表中选择网页上文字的颜色。

　　在设计网页时就会以设置好文字的"页面字体"、"大小"和"文本颜色"输入文本,要改变网页文本的格式可以在属性面板中完成。

　　(4)在"背景颜色"文本框中,设置页面的背景颜色。如果同时使用背景图像和背景颜色,下载图像时会出现颜色,然后以图像覆盖颜色。如果背景图像包含任何透明像素,则背景颜色会透过背景图像显示出来。

　　(5)在"背景图像"文本框中,输入页面背景图片的路径和文件名,或者单击文本框右边的"浏览"按钮,在打开的"选择图像文件"对话框中选择背景图片的路径和文件名,如图 19-16 所示。选中文件后单击"确认"按钮。

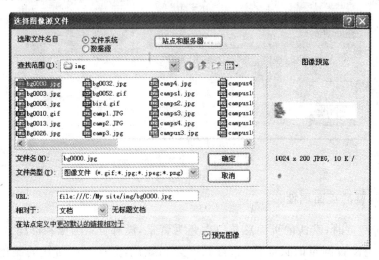

图 19-16　"选择图像源"对话框

（6）在"重复"下拉表中选择设置背景图像的显示方式，通常选"重复"选项。

（7）在"左边距"和"右边距"文本框中，设置整个页面距离浏览器左侧边缘和右侧边缘的距离，通常设置为0。

在"上边距"和"下边距"文本框中，设置整个页面距离浏览器上部边缘和下部边缘的距离，通常设置为0。

2．设置网页元素的颜色

在网页设计时，经常要对页面背景、文字、链接、激活的链接设置颜色。一种颜色可以由色调、亮度、饱和度来定义，也可以由其所含的红、绿、蓝（RGB）的比例所对应的值来定义。

例如，在Dreamweaver 8中对文字设置颜色，选择"文本"→"颜色"命令，打开"颜色"对话框，如图19-17所示。在这个对话框中可以选择"基本颜色"，也可以通过右侧的色板和滑块来选择新的颜色，并把选中的新颜色添加到"自定义颜色"中去。还可以用Dreamweaver 8中颜色的工具"吸管"来检测选取颜色。

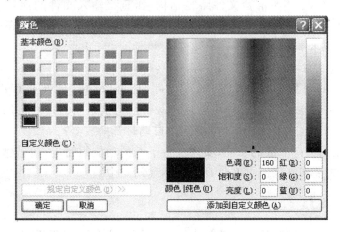

图19-17 "颜色"对话框

3．网页文本的编辑

网页文本的编辑包括如下内容。

（1）网页中文本的输入。

（2）设置汉字的字体列表。

（3）输入网页中的空格（Ctrl＋Shift＋空格）。

要在网页文档中添加连续的空格，可以单击插入栏的"常用"按钮，在弹出的菜单中选择"文本"命令，将插入栏切换到"文本"插入栏，单击"文本"插入栏中的"PRE"按钮，再连续按空格键即可。也可以选择"插入"→"HTML"→"特殊字符"→"不换行空格"命令。

（4）文本换行（Shift＋Enter）和文本分段（Enter）。

（5）文本的属性设置。

19.3 使用超链接连接信息

1. 创建内部超级链接

所谓内部超级链接，就是在同一个站点内的不同页面之间建立一定的相互关系。在 DW 中，为图像和文本添加超级链接的方法是一样的。

1) 链接网页文件

(1) 设计目标：链接样式，当鼠标移动到带有下划的文本上时就会变成手形，同时在浏览器下方的状态栏中显示链接的路径，单击时会跳转到链接页面。

(2) 页面分析：文件均为本地站点下，即添加的均为内部超级链接。（在 Internet 上常见的就是这种链接）

(3) 素材准备：创建 4 个实例性的简单网页。（这 4 个网页文件被存放到 html 目录下面，名字为 e1. htm 到 e4. htm），备用。

(4) 创建超级链接：当不清楚文件路径结构时，直接输入文件的地址或路径会导致链接不正确，从而找不到文件。为了保证路径的正确性，最好使用 Browse for file（浏览文件）按钮来浏览选择链接指向的文件。

2) 链接到其他文件

DW 中被链接的对象不仅可以是网页文件，还可以是其他文档（. doc、. exe、. mp3、. mpeg、. rar），DW 中的链接还可以提供软件下载等。特别是当链接的文件为 zip 或 rar 时，单击链接就会下载文件（如点击. mp3 链接就会自动打开播放器）。

许多网站都提供文件下载的功能，实现文件下载的功能很简单，就是建立一个到文件的超级链接（下载的文件和其他网页文件都放在本地站点中）。

2. 创建外部超级链接

所谓外部超级链接，即链接了本地站点以外的网页文件。我们平时常见的"友情链接"就是外部超级链接，当单击"友情链接"中的某个链接时，浏览器将打开相应网站。

3. 创建空链接

所谓空链接，即是一个没有指向对象的链接。利用空链接通常是为了激活网页中的广告或图像等对象，以便给它附加一个行为，当鼠标经过该链接时触发相应行为事件，比如交换图像或者显示某个层。

创建空链接的步骤如下。

(1) 选择需要创建链接的文本或图像。

(2) 在属性面板中的 Link 文本框中输入空链接符号"#"，即可创建一个空链接。

4. 创建脚本链接

利用脚本链接可以执行 JavaScript 代码或者调用 JavaScript 函数。当来访者单击了某个指定项目时，脚本链接也可以用于执行计算、表单确认和其他任务。

5. 创建锚点链接

锚点链接常用于包含大量文本信息的网页,通过在这样的网页上设置锚点,再通过锚点链接,就可以实现页内跳转,直接浏览到相应的网页内容,大大提高了浏览速度。

19.4　实验7　网页制作

(1) 收集优秀网站。

(2) 学会网页制作软件 Dreamweaver 8 的安装与卸载,熟悉 Dreamweaver 8 的工作界面及基本操作等相关知识。

(3) 学会创建站点,管理站点等基本操作。

(4) 掌握基本的网页内容编辑操作。

(5) 创建一个简单的站点,制作一个简单的文本网页。

参 考 文 献

[1]　王志强等.计算机导论.北京:电子工业出版社,2007.
[2]　王志强等.计算机导论实验指导书.北京:电子工业出版社,2007.
[3]　王玉龙等.计算机导论.第2版.北京:电子工业出版社,2005.
[4]　陈明编著.计算机导论.北京:清华大学出版社,2009.
[5]　田原.计算机导论.北京:中国水利水电出版社,2007.
[6]　朱景福,刘彦忠.计算机导论.哈尔滨:哈尔滨工业大学出版社,2008.
[7]　吕云翔,王洋,胡斌.计算机导论实践教程.北京:人民邮电出版社,2008.
[8]　朱勇,孔维广.计算机导论.北京:中国铁道出版社,2008.
[9]　朱战立等编著.计算机导论.北京:电子工业出版社,2005.
[10]　张彦铎主编.计算机导论.北京:清华大学出版社,2004.
[11]　丁跃潮.计算机导论.北京:高等教育出版社,2010.
[12]　龚鸣敏,陈君.计算机导论.武汉:武汉大学出版社,2007.
[13]　董荣胜.计算机科学导论——思想与方法.北京:高等教育出版社,2007.
[14]　J. Glenn Brookshear 著.计算机科学概论.刘艺,肖成海,马小会译.北京:人民邮电出版社,2009.
[15]　瞿中,熊安萍,蒋溢编著.计算机科学导论.第3版.北京:清华大学出版社,2010.
[16]　陶树平主编.计算机科学技术导论.第2版.北京:高等教育出版社,2004.
[17]　冯博琴主编.大学计算机基础.北京:高等教育出版社,2004.
[18]　黄国兴主编.计算机导论.北京:清华大学出版社,2004.
[19]　王昆仑主编.计算机科学与技术导论.北京:中国林业出版社,2011.
[20]　张凯.软件过程演化与进化论.北京:清华大学出版社,2009.